非真实感艺术风格绘制

(第二版)

钱文华　徐　丹　著

科学出版社

北京

内 容 简 介

本书以"非真实感艺术风格绘制"为主线，从二维纹理的角度出发，探讨和介绍一系列基于二维纹理的非真实感绘制技术。首先介绍非真实感绘制技术的概念、意义，对现有非真实感绘制技术进行分类说明；其次，对二维纹理合成和纹理传输技术进行阐述；接着对常见的非真实感艺术风格，如铅笔画、流体艺术、抽象风格的绘制方法进行介绍，同时介绍中国特有的少数民族艺术作品蜡染、烙画、东巴画、刺绣风格的绘制方法；最后介绍了大众喜闻乐见的粉笔画艺术风格绘制方法。

本书可供计算机图形学、图像处理、艺术设计等方向的教师、研究生、高年级本科生，以及计算机视觉、文化计算等相关领域的科研人员和工程技术人员阅读参考。

图书在版编目（CIP）数据

非真实感艺术风格绘制 / 钱文华，徐丹著. —2 版. —北京：科学出版社，2020.4
ISBN 978-7-03-064711-5

Ⅰ. ①非⋯　Ⅱ. ①钱⋯②徐　Ⅲ. ①计算机图形学　Ⅳ. ①TP391.411

中国版本图书馆 CIP 数据核字（2020）第 044885 号

责任编辑：任　静 / 责任校对：杨　赛
责任印制：师艳茹 / 封面设计：迷底书装

科 学 出 版 社 出版
北京东黄城根北街 16 号
邮政编码：100717
http://www.sciencep.com

天津文林印务有限公司 印刷

科学出版社发行　各地新华书店经销
＊

2017 年 3 月第 一 版　开本：720 × 1000 1/16
2020 年 4 月第 二 版　印张：19 1/4
2020 年 4 月第一次印刷　字数：388 000

定价：**149.00 元**

（如有印装质量问题，我社负责调换）

序

从 20 世纪 90 年代中期开始，非真实感图像绘制技术(Non-Photorealistic Rendering，NPR)逐渐成为计算机图形学领域的研究热点，该技术关注于不同艺术风格的模拟和不同艺术特质的表现，追求不具有照片般真实感的手绘风格，更加符合人们的审美情趣。同时，随着计算机图形硬件设备、计算机视觉的发展，人们获取和处理图形图像的方式变得轻而易举，也更加注重真实感图形之外的信息表达，通过非真实感绘制技术，有利于凸显艺术特征，彰显个性。

非真实感绘制技术已成功运用于虚拟现实、手机图像滤镜等领域，同时在网络传输、自然景点艺术漫游、游戏动画以及商业的影视作品领域中具有重要的应用价值，此外，它还被用来绘制精细程度较高的医学和工业插图、辅助医疗诊断和工业设计、艺术效果模拟等，即便是毫无艺术创作功底的用户，也可以通过非真实感绘制技术将图像转换为某一艺术风格，从而激发人们的想象力和创作力。可以看出，非真实感绘制技术已逐渐从学术界渗透到产业界，发挥着越来越重要的作用。该方向上的研究与开发人员，迫切需要系统性地了解和掌握非真实感艺术效果数字化模拟的原理、方法和支撑技术，迄今为止，满足上述学习需求和学科特点的技术书籍并不多见。

随着电子产品运算能力的提升，以及计算机视觉技术的迅速发展，以图像、视频、3D 建模、体感设备等多源信息融合为典型应用的虚拟现实、增强现实研究，成为人们关注的焦点，非真实感绘制技术与虚拟现实、增强现实、人工智能等领域的交叉融合，正在深刻地影响并不断改变着各领域的科学研究，对人们的生活和工作产生较大影响。同时，非真实感绘制技术领域正在与人文、地理、民俗、文化保护等学科交叉，吸引了艺术家、建筑师、设计师等方面的专家和学者，为不同学科领域的研究者、用户实现丰富的艺术风格绘制和模拟提供了技术手段和决策支持。

该书在第一版的基础上，扩展和丰富了非真实感艺术风格绘制研究对象，扩展了研究领域。书中仍以"非真实感艺术风格绘制"为主线，首先介绍了非真实感绘制技术的概念、意义，对现有非真实感绘制技术进行分类说明；其次，对二维纹理合成和纹理传输技术进行了阐述；接着，对常见的非真实感艺术效果，如铅笔画、流体艺术、抽象艺术效果、粉笔画的绘制方法进行介绍；此外，介绍了中国民族特有的蜡染、烙画、东巴画、刺绣艺术风格的绘制方法。

　　该书作者多年来一直从事非真实感绘制技术领域的研究，书中融入了作者在相关领域的部分研究成果，体现了非真实感绘制在艺术效果数字化模拟领域的研究理念和方法学。相信该书可以为与非真实感绘制、计算机视觉、计算机图形学等相关学科的广大研究和开发人员，以及相关专业的同学提供重要的参考和学习资料。

中国图像图形学学会副理事长
杭州师范大学 DMI 中心主任
2019 年 8 月

前　言

经典的真实感图形学主要是追求仿真世界的真实效果，通过物理建模、渲染、人机交互等方法，对实物场景的颜色、灯光、材质等属性进行模拟，产生仿真图像和视频的真实效果，从广义上讲，计算机图形学是研究与计算机绘制图形相关的一切内容，包括绘图设备及驱动程序的开发，绘图与建模软件、绘图函数和语言的开发等。计算机图形学已广泛应用于广告、娱乐、医学、教育、工程、航天等领域，然而，人类对于真实世界的认知还远远不够，对客观真实世界的数字化模拟是一项极其复杂的工作，探索新的研究和应用领域已经是计算机图形学发展的必然趋势。

从 20 世纪 90 年代开始，非真实感绘制技术(non photorealistic rendering，NPR)取得了较大进展，在建筑、教育等应用逐渐广泛。非真实感绘制技术建立在人类感知的基础上，结合了艺术的绘画规则与科学的技术方法，利用计算机生成具有手绘风格的图形，主要在于表现图形的艺术特质、模拟艺术作品，并且在自然艺术风格的模拟、图像信息的增强、动画的生成、数据的艺术表现以及医学、建筑学、教育学等方面都发挥着越来越重要的作用。人们迫切需要这种技术来表达真实感图形学之外的信息，比如减少图形图像的完整性和依附性，通过刻画随机性、模糊性、任意性来表达图像的物理属性，它的出现极大地丰富了图形学研究的领域。此外，非真实感绘制技术可以适应图像内容，忽略次要细节，有效地将用户的注意力吸引到图像中的关键部分；同时能节省大量的人力、物力和时间来完成动画的制作、艺术效果的生成，吸引了越来越多的研究者投入其中。

近年来，随着深度学习的发展，卷积神经网络(convolutional neural network，CNN)、生成对抗网络(generative adversarial network，GAN)等网络模型依靠其强大的特征提取能力与学习能力，在数字图像处理和计算机视觉领域取得了巨大成功，应用于目标检测、图像分割、图像修复、自然语言处理等多个领域。此外，图形学工作者采用网络模型对油画、抽象画等不同艺术作品进行风格传输，绘制效果不断提高、风格传输领域不断扩展，为纹理合成、艺术风格模拟、非真实感绘制领域也提供了全新的解决思路。

本书在第一版的基础上，增加了东巴画、刺绣、粉笔画艺术风格模拟算法介绍，修改完善了烙画等部分章节内容，丰富了非真实感艺术风格数字化模拟的研究领域。本书介绍了非真实感绘制技术的概念、特点和分类，指出了非真实感绘制的研究意义和应用价值。从二维纹理的角度出发，探讨和介绍了纹理合成、纹理传输等非真实感绘制技术原理和方法；通过纹理方向的确定，介绍了铅笔画、流体艺术风格、抽象画等艺术效果的生成过程，同时介绍了具有中国民族特色的蜡染画、烙画、东巴画艺术效果数字化合成算法。此外，基于卷积神经网络、生成对抗网络模型，介绍了中国刺绣、粉笔画艺术效果的数字化模拟算法。

本书共有 10 章，主要内容包括以下几个方面：

第 1 章为非真实感绘制技术的综述。讨论与非真实感绘制相关的概念，非真实感绘制技术与真实感绘制的比较，非真实感绘制的应用等内容，着重分析该技术的研究意义，对已有的非真实感绘制方法进行分类和总结。

第 2 章介绍非真实感绘制中纹理合成和纹理传输的技术。首先，综述纹理合成的原理及其应用，介绍经典的纹理合成实现方法，例如，Wei 和 Levoy 提出的基于 L 型邻域搜索匹配像素点的方法，Efros 和 Freeman 提出的基于纹理块搜索最佳缝合路径的方法，同时介绍采用多个种子点、螺旋线状路径搜索、扩充边界以及 L2 距离优化等方法加速纹理合成的过程，改进纹理合成的效果，提高合成速率。其次，介绍偏离映射的纹理传输技术。基于 Phong 光照明模型改进已有的纹理传输过程，环境光对传输效果的贡献根据目标图像的亮度自动调节。此外，介绍彩色图像的纹理传输以及局部区域纹理传输的实现过程，产生了不同艺术风格的结果图像。

第 3 章介绍基于纹理的非真实感铅笔画艺术效果实现算法。铅笔画艺术效果是非真实感绘制技术最常见、最重要的艺术效果之一，是大众喜闻乐见的艺术表现形式。首先，综述已有的铅笔画绘制技术，介绍通过白噪声图像生成、边缘提取、线积分卷积(line integral convolution，LIC)技术生成铅笔画中笔划纹理的方法，模拟实现了灰度铅笔画效果；其次，通过色彩空间的转换，介绍彩色铅笔画艺术效果图像的实现方法；此外，将铅笔画绘制算法应用于视频场景，介绍视频场景的铅笔画绘制生成方法。

第 4 章介绍流体艺术效果模拟生成算法和实现效果。流体艺术效果模拟算法根据参考纹理矢量图以及自身输入图像的梯度信息进行卷积，采用迭代积分的思想加速迭代过程，获得的结果图像中，每一笔、每一小块颜料都有无限灵动的姿态。通过对输入图像笔划方向的确立，利用积分卷积技术，对图像进行纹理线条方向控制，通过迭代卷积模拟具有漩涡状、波动感的艺术效果图像。此外，介绍颜色传输算法，将参考图像的色彩传输到最终艺术效果图像中，获得不同色彩的流体艺术效果。

第 5 章介绍抽象艺术效果的模拟实现过程。首先，基于人的视觉对亮度、颜色、线条朝向等信息较为敏感的特点，以及色彩空间的变换，介绍采用非线性扩散、量化光照信息、边缘增强等技术自动将目标图像处理为抽象艺术效果的方法；其次，由于人的注意力往往集中在图像的前景等局部区域，通过交互方式，人为指定关注区域可对目标图像进行不同程度的抽象；此外，对图像的重要度进行介绍，基于重要度计算自动对目标图像进行不同程度的抽象，获得抽象艺术效果。

第 6 章介绍具有中国少数民族特色的蜡染画艺术效果模拟。蜡染画以蜡作为原料，在布料上绘制图案，并用蓝靛对布料进行渍染，蜡溶解于布料呈现出白底蓝或蓝底白图案，清新悦目、朴雅大方，独具民族特色。首先，基于蜡染艺术作品的视觉特点，从真实蜡染作品中提取出图案元素，通过交互或自动方法进行蜡染白描图创作；其次，对白描图进行盖蜡处理，获得盖蜡区冰纹效果；最后，通过输入不同的纹理背景图像，采用图像融合的方法将蜡染冰纹图像融合到纹理背景图像中，获得蜡染艺术效果的数字化仿真结果。

第 7 章介绍了具有中国少数民族特色的烙画艺术效果模拟。烙画用烙铁为笔，高温为墨，待烙铁烧热后，在竹木、葫芦、扇骨、绢等材质上进行艺术创作，既能保持汉族传统绘画的民族风格，又可达到西洋画严谨的写实效果，具有独特的艺术魅力。根据烙画艺术风格的特点，将目标图像看作为前景图像，将木板、纸张等材质图像作为背景图像，主要介绍了前景图像的模拟算法。首先，通过各向异性滤波、图像增强等方法模拟了烙画中流畅的线条、写意画面的风格；其次，介绍了色彩模拟、凹凸效果模拟等方法，模拟了真实烙画的色彩和凹凸立体感，增强了艺术表现力。此外，艺术家常用烙笔在葫芦等材质上进行艺术创作，寓意深刻、特色鲜明的艺术特点使葫芦烙画受到人们的喜爱。针对该类艺术作品，通过等边三角形网格化技术对烙画前景图像变形，匹配并映射到葫芦背景图像，产生最终的葫芦烙画艺术效果。

第 8 章介绍了云南省少数民族纳西东巴画艺术效果模拟。云南省少数民族东巴画是纳西族东巴文化艺术的重要代表，其作品多以木片、东巴纸及麻布等为材料，采用自制的竹笔蘸松烟墨勾画轮廓，具有独特的绘画内容、特殊的绘画技法和鲜明的绘画色彩。色彩丰富、朴实生动、野趣横生，表现了人与自然的和谐关系。在东巴画艺术风格模拟过程中，建立了东巴画图案素材库及白描图绘制系统，通过对图案元素编辑变化获得白描图，并对白描图进行着色获得前景图像，之后通过与背景图像融合、局部色彩传输获得最终的东巴画艺术风格模拟结果。

第 9 章介绍了具有中国特色的刺绣艺术风格模拟。刺绣以针引线，按照设计图案在布匹织物上进行穿刺编织，组织成丰富的图案与色彩，以浓厚的民族特色、古老的神话传说、丰富的主题内容、独特的针刺手法闻名于世，是中国最古老的传统文化与手工艺术之一，成为中华文明史上的一颗耀眼明珠。针对刺绣艺术风格，采用针迹纹理合成、基于卷积神经网络两种方法对刺绣艺术风格进行数字化模拟。针迹纹理合成过程中，通过多阈值分割、针迹纹理添加、图像叠加等过程对刺绣艺术风格进行模拟；基于卷积神经网络模拟过程中，通过语义分割、特征提取、局部空间控制、艺术风格迁移等过程产生最终的刺绣艺术风格图像。

第 10 章介绍了粉笔画艺术风格模拟。粉笔画是一种喜闻乐见的绘画艺术，艺术内涵和形式丰富，其特有的纹理粗糙、色彩鲜艳等特点，受到人们喜爱，在教育事业、艺术领域都有重要的作用。基于生成对抗网络，构建了粉笔画艺术风格网络模型，对网络进行训练，训练后的模型能够将粉笔画艺术风格传输到目标图像，产生粉笔画艺术风格，提高了网络模型的泛化能力。

计算机图形学、图形图像处理、计算机视觉技术是计算机领域中最活跃的分支之一，技术成果已极大地改变了我们的生活和工作方式，同时虚拟现实、增强现实、深度学习等技术正大放异彩，在人工智能、大数据等领域发挥着越来越重要的作用。在飞速发展的信息时代，我们选择图形学领域中的一部分奉献给您，希望本书对从事计算机图形学、非真实感绘制研究与应用的读者有所裨益。

本书由钱文华、徐丹编写。特别感谢云南大学信息学院院长、学术委员会主任张学杰教授、云南大学信息学院副院长岳昆教授对本书撰写过程中所给予的帮助和提出的宝贵意见，特别感谢东南大学自动化学院曹进德教授给予的支持和帮助。同时感谢官铮高级实验师、普园媛教授、袁国武副教授、吴昊老师，博士生解李斯琪、李文、喻扬涛、赵毅力、郭丽丽，硕士生喻超超、杨萌、张波、郑锐、冯培超、李聪聪、王雪松、时永杰等提供的实验照片素材，以及对本书部分内容的代码编写、实验分析、文字排版等工作。感谢云南大学视觉媒体计算及认知实验室所有老师、同学给予的帮助，感谢云南大学信息学院赵征鹏书记、杨鉴教授、余江教授、代红兵教授对本书所提供的支持和帮助。此外，杭州师范大学潘志庚教授在百忙中为本书提出了很多宝贵意见，并为本书作序，在此表示诚挚谢意！

本书得到云南大学计算机科学与技术国家特色专业建设、国家自然科学基金项目 (61662087, 61472345, 61540062)、云南省应用基础研究计划重点项目(2019FA044)、云南省教育厅产业化培育项目(KC1610527)、云南省云岭系列万人计划青年拔尖人才项目、云南省中青年学术技术带头人后备人才项目(2019HB121)、云南省杰出青年培育项目(2018YDJQ016)、全国第 62 批博士后科研基金项目、江苏省博士后科研基金项目(1108000197)，以及东南大学自动化学院"控制科学与工程"博士后科研流动站等的资助。在本书的编写过程中，我们力求精益求精，限于作者水平，书中难免存在疏漏和不妥之处，恳请读者批评指正。

作　者

目　　录

第1章 绪 论

20 世纪 60 年代，伊凡·苏泽兰(Ivan Sutherland)在麻省理工学院发表了名为《画板》的博士论文，标志着计算机图形学(computer graphics, CG)的正式诞生。计算机图形学的主要内容是研究如何在计算机中表示图形以及利用计算机进行图形的计算、处理和显示的相关原理与算法。经过几十年的发展，计算机图形学主要通过建模(modeling)、渲染(rendering)、动画(animation)和人机交互(human-computer interaction, HCI)等方法产生令人赏心悦目的图像，可以说，真实感绘制(photorealism rendering)一直是计算机图形学研究的主旋律。同时，计算机图形学所研究的内容还包括图形硬件、图形标准、图形交互技术、光栅图形生成算法、曲线曲面造型、实体造型、真实感图形计算与显示算法，以及科学计算可视化、计算机动画、自然景物仿真、虚拟现实等。

随着计算机图形硬件和算法的不断发展和改进，到 20 世纪 90 年代中期，人们不仅能真实地模拟自然界中的客观现象，而且能逼真地模拟人们主观想象中的场景和效果，计算机图形学算法和技术也广泛应用于工业、影视作品、医疗、建筑、网络、航空等不同领域，如在早期的《侏罗纪公园》《终结者》《阿甘正传》等好莱坞电影中，真实感图形与电影胶片摄制出的图像得到了完美的结合，从这个意义上来说，真实感图形达到了它所追求的"像照片一样真实"的效果。从心理学的观点来看，真实感图形暗示着精确性和完美性，强调模拟对于现实世界的保真度[1]。然而，随着真实感图形趋向于具有更强的真实感并产生更贴近现实世界的场景，人们逐渐意识到，在某些时候，反而更需要通过计算机来生成一些不同于照片般真实的图形场景或效果，例如，图 1.1 显示了通过计算机模拟的艺术风格，它们比真实感场景更具有吸引力。事实上，照相机只是近代才有的用于捕获现实世界影像的工具，在照相机发明之前的千余年时间里，人们对丰富多彩的现实和虚幻世界的刻画只能借助于素描、卡通、绘画等各种手绘的艺术形式来记录和表现。

21 世纪以后，人们越来越迫切地需要通过图形、图像来表达真实感场景之外的内容和信息。例如，需要表现图形的艺术特制、模拟艺术作品；不必精确地再现物体的外观和轮廓，使图像的表达能适应对话语境和用户对动态信息的渴求；减少网络传输过程中的信息量等应用领域。于是，非真实感绘制技术应运而生，它的出现弥补了人们对以上需要的不足，成为计算机图形学领域的有效补充。

图 1.1 计算机模拟的艺术风格

1.1 非真实感绘制技术的背景

计算机图形学是计算机科学领域的一个重要分支，经过几十年的发展，获得客观的真实感效果始终是计算机图形学追求的目标。其中，基于物理建模的方法一直是真实感绘制技术采用的主要技术，利用计算机模拟自然界物理现象的产生过程，逼近客观自然界中存在的各种景象，通过几何变换、投影变换、消隐处理、光照明模型计算能生成非常真实的，有时会被误认为是客观真实世界中某些场景的照片或者图像。

随着计算机硬件和软件的不断发展，计算机图形学对客观世界的逼真程度越来越高，往往可以获得以假乱真的效果。然而，在现实的工作和生活中，图形或场景的表达并不需要过于精确的绘制效果，有时可以选择性地突出某些用户所关注的重点区域或细节信息，或者更好地表现作品中的某些艺术特质和艺术特征，有时在工业、医学、教学等领域，通过手工绘制的插画、插图能更加有效地反映出实际情况，简单明了又能突出微小或被隐藏的重要部分，忽略背景和其他并不重要的区域。此外，艺术绘画是对自然景物的抽象和再加工，它往往需要利用象征主义的风格，对绘制作品进行抽象，展露画家自身的精神世界。因此，非真实感绘制技术的出现正好弥补了真实感绘制技术的不足。

非真实感技术建立在人类感知的基础上，它往往能适应图像内容，保留重要的细节信息，并且将用户的注意力吸引到图像中的某些关键区域，与真实感绘制不同，它往往侧重于对自然现象或自然场景的近似表现，通过对某种艺术效果的模拟和绘制达到风格化的绘制效果。

图形研究者认为对于绘制的目的不是模拟照片和再现场景的精确光学属性的研究就可以称为"非真实感"[2]，并且通过计算机生成不具有照片般真实感，而具有手绘风格的图形技术就是非真实感绘制研究的内容。然而，如果仅仅简单地认为"不是真实感的表现手段就是非真实感"并不正确，例如，普通的三维线框图通常并不认为是非真实感绘制。不过，非真实感绘制的领域较广，任何传统的艺术效果的模拟和绘制方法都属于非真实感绘制。目前，主要存在以下几个方面的观点来描述这一领域[1]。

(1) 被模仿的图像制作方法：非相片真实感绘制(non-photorealistic rendering)。

(2) 不必精确地再现物体外观的自由：非真实感绘制(non-realistic rendering)。

(3) 表达方式能适应对话语境和用户对动态信息的渴求：抽象(abstraction)。

(4) 一种特定的图画风格绘制：草绘(sketch rendering)、钢笔画插图(pen-and-ink illustration)和点绘(stipple rendering)等。

(5) 绘画作品所具有的对观察者的影响：易于理解的绘制(comprehensible rendering)。

(6) 在其他表达媒介的上下文中，利用绘画作品传递信息：解释性绘制(illustrative rendering)，或简化为图解(illustration)。

(7) 图像可能的变形：灵活地表达(elastic presentation)。

(8) 增加绘制的智能性和适应性："智能绘制"(smart rendering)，以表示一类图像的生成方法，这类方法的目标是仿效一些智能行为，这些行为可被想象为计算机所具有的。无论图形绘画作品是怎样的，结合了智能绘制方法的系统都与应用中的符号知识表示方法相关，而该应用本身则与智能相关。因此，这一术语比上述任何一个术语的覆盖面都要宽。

非真实感绘制(non-photorealism rendering，NPR)的研究领域非常广泛，以其独特的艺术性、灵活性、多样性而区别于真实感绘制，它重视图形图像的手绘艺术特性，艺术风格灵活多样，因此也称为风格化绘制(stylistic rendering)，其绘制的主要目标往往不需要表现出图形的真实感，而主要在于突出图形中物体的某些艺术特质，如模拟艺术家的绘画作品，有时甚至模拟作品中的某些缺陷景象，因此，非真实感绘制技术的出现被逐渐应用于人们的生产、生活的各个方面。

总而言之，无论非真实感绘制的目标和实现它们的措施如何，可以肯定的是，虽然产生的是艺术绘制作品，但"艺术绘制"这个术语来描述该领域并不适合，因为用户仍将是图形创作中最活跃的因素之一，他们将形成不同风格以用作绘制软件的角色模型，将继续以图画或绘画作为观察场景的媒介。艺术家和插图画家将继续利用其独具创造性的技艺，用手工的方式创作图形，完成具有创造性的作品将是艺术家和插图画家继续追求的目标，这也将为非真实感绘制领域带来新的挑战和研究的主题。真实感绘制与非真实感绘制之间的区别见表 1.1。

表 1.1　真实感绘制与非真实感绘制的比较

比较项	真实感绘制	非真实感绘制
方　法	模拟仿真	风格化
特　征	客观	主观
效　果	物理过程的仿真	艺术效果的仿真
精确性	追求精确，精确度高	近似表现，精确度不高
欺骗性	具有迷惑性，使人们觉得是真实世界的摄影	诚实，使人们觉得结果图像是绘制作品
完整性	较完整	不完整
细节表达	忠实地反映客观事物的细节信息	适应图像内容，忽略次要细节而将人们的注意力吸引到图像所要表达的关键部分
适合表达	刚性曲面	自然现象

可以看出，真实感图形与非真实感图形在方法、精确性、效果、细节表达等方面都有很大的差别，例如，真实感绘制忠实地反映客观事物的外观和细节，更加适合表达刚性曲面，而非真实感绘制能根据图像内容自适应地区分前景和背景，更加适合描述自然现象，它们的研究方法和研究对象既为互补，又有交叉，非真实感绘制领域的绘制过程和研究内容可以用图 1.2 来概括。

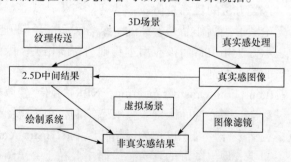

图 1.2　非真实感绘制过程及研究内容

从图 1.2 可以看出，假设从一个 3D 场景出发，可以通过两种方式来获得非真实感结果。

(1) 经过一个 2.5D 的中间处理过程。即通过分析 3D 场景，计算绘制 3D 场景的笔划，并在目标图像中产生 2.5D 的中间结果，通过纹理传送、图形变换、投影变换等过程获得最终的非真实感效果。

(2) 中间经过一个真实感图像。即先用传统的真实感绘制方法生成真实感结果图像，然后再通过图像重构笔划、图像滤镜、图像类比方法来产生非真实感的结果图像。

1.2　非真实感绘制技术的意义

近年来，真实感绘制技术得到了迅猛发展，一方面，真实感图形绘制的结果越来越接近真实的世界；另一方面，它所存在的问题也越来越明显。

首先，由于真实世界丰富多彩，自然界的种种过程极其复杂，难以预测，通过模拟真实世界来实现真实感绘制是一项极其复杂的工作。在传统的基于物理模型的方法中，研究人员在定义场景时，对研究对象的场景光照和材质等进行精挑细选，产生令人信服的结果图像。为了避免极端的计算复杂性，很多研究致力于采用特殊方法实现特定类型对象的模拟，如微观世界或者化学过程的仿真，但是人们仍然无法用一个通用的模型来描述真实世界。

其次，通过模拟真实世界进行真实感绘制的研究常常并不是为了模拟本身，而是为了产生结果图像，尤其是在工程技术人员的工作中，在进行设计时，所需要的是一种基于经验的，而不是通过对象物理建模得到的结果，对他们来说，这种要求让计算机生成和照片一样的结果图像是没有意义的。

再次，真实感图形学从技术上来说，其结果虽然精确真实，但也古板冷酷，缺乏灵活性与情感。图形学的发展使越来越多的研究者致力于解决这些方面的问题，包括建模、绘制和动画。这方面的研究正是非真实感图形学研究的内容，其中建模和动画的过程建立在和真实感图形学共有的基础上(如曲面造型、反走样、投影变换等方面)，然而，非真实感绘制与传统的关于真实感绘制的研究无论在目的、结果和方法上均有本质区别。如表达式(expressive)绘制、艺术(artistic)绘制、美术(painterly)绘制以及说明性(interpretive)绘制等术语，都属于非真实感绘制的研究范围，而这些术语也明确地表达了非真实感绘制研究的目标。

从历史的观点来看，每一次图形学新技术的出现总是直接或者间接地促进了人类信息传递形式或者艺术表现形式的发展[1]。非真实感绘制是一个面向应用的，同时也是应用驱动的技术，为图形绘制、图像合成注入了艺术风格化的表现能力，可应用于不同的生产和生活领域，具有广阔的应用前景，具体的应用表现在以下几个方面。

(1) 动画渲染过程。动画作品往往通过传统的手工绘画产生。动画制作中常常表现出水彩画、剪纸画、卡通画等多种不同的艺术效果，非真实感绘制算法的研究有助于将不同风格的艺术效果算法集成于某一软件，根据用户的需求，利用该软件自动对输入景象进行转换得到该用户所需要的动画效果。因此，非真实感绘制对于影视作品、媒体宣传等产业具有较大的应用价值。

(2) 视频实时风格化。当使用网络转播时，因为视频序列本身的海量数据会给网络传输带来巨大的压力，在用户人数很多的时候更为严重。如果将画面在传输前采用非真实感绘制技术对其进行风格化处理，可以减少在网络中的传输数据量，同时，用户在网络中通过对实时非真实感视频的点播，能得到较新颖的视觉享受。

(3) 自然景点艺术化漫游。利用非真实感绘制技术以及自然场景纹理合成技术，把这些自然场景与人文艺术有机地结合起来，将人们带领到人文艺术的殿堂。例如，将真实自然场景视频转化为具有艺术效果的漫游效果，旅行者在观看景点介绍时，除了享受自然美景、获取浏览路线，同时也能得到艺术效果的享受。

(4) 商业领域中的应用。用户利用生产厂家的绘制软件，将输入图像或视频景象处理为铅笔画、油画、抽象画等各具风格的艺术作品，在广告宣传、商品展示等方面具有较大的娱乐性，在吸引客户的同时，可以自我欣赏，或用于社交媒体。

(5) 插图领域的应用。为了能较明显地突出使用说明图或设计者的设计意图，可利用非真实感绘制技术对物体的显示过程进行简化和抽象，能突出某些区域的细节信息，而忽略背景等不太重要的区域。因此非真实感绘制技术在工程技术图、使用说明书、宣传资料等领域能表现出更好的视觉效果[3]。

(6) 在影视作品等领域的应用。通过非真实感绘制技术将自然场景视频渲染为风格化的背景，这样的艺术表现形式更加符合人们的审美情趣，更能吸引用户，非真实感绘制所产生的艺术化效果和丰富的表现力，将为娱乐作品提供较好的创作源泉和无限的想象空间。例如，将传统的艺术作品处理为动态的效果，呈现出人物走动、河水流动、动物跳跃等场景，能较好地展示人们的生产和生活场景。

在非真实感绘制技术中，纹理的分析和研究是非真实感绘制的基础性研究工作，在不同艺术效果的模拟中具有重要的作用。本书从二维纹理角度出发，首先介绍二维纹理合成、纹理方向的确定、纹理映射等一系列基于纹理绘制的关键问题，介绍了纹理传输、铅笔画、流体模拟等非真实感艺术效果的实现方法和过程，同时介绍了中国少数民族特有的蜡染、烙画艺术效果数字化仿真方法，突出了艺术效果的表现力和艺术特质，表达出一定的情绪和情感，绘制方法可应用于美术创作、文献插图、动漫游戏、工艺美术以及虚拟现实环境中。此外，介绍了抽象艺术效果的绘制方法，并结合人类的认知机理和心理学研究成果来建立认知计算模型，获取图像的重要度，对不同区域进行不同层次的抽象，在重要度较高的区域用丰富的颜色和细节表示，忽略或简化重要度较低或其他不重要区域的细节信息，突出了用户的主观情感。

1.3　非真实感绘制技术的国内外研究现状

非真实感绘制技术比较吸引人的地方在于它结合了艺术的绘画规则和图形绘制方法，该领域需要艺术家和技术工程师一起工作来解决计算机图形学中具有挑战性的新难题。由于非真实感绘制技术的研究与人类艺术创作的主观特征紧密结合，各种非真实感绘制技术方法层出不穷，所采用的技术手段和理论方法也多种多样、不尽相同，下面对已有的非真实感绘制方法进行归纳总结。

非真实感绘制技术根据输入数据源可分为三类。第一类为基于图像空间的二维艺术效果绘制，可以采用拍摄得到的自然照片、计算机生成的图像或可视化所得图像作为输入源。第二类以三维场景的几何模型描述作为输入，通过分析几何体、光照和观察信息场景信息，计算绘制的参数并通过虚拟媒质表现生成艺术效果，绘制系统可以传递场景中物体表面的色调和纹理、表面三维形状。由于输入和处理的信息增多，系统所需几何模型及模型中每个表面反射性质的创建和修改比较复杂。第三类是将视频动画作为输入源，将视频进行分解获得视频帧，对视频帧处理之后使其具有某种艺术效果，最后将视频帧合成为最终的动态输出效果。

1.3.1　基于二维图像的 NPR 技术

对二维空间的图像进行非真实感绘制时，根据绘制的方法和技术可分为定义绘制样式、笔划重构技术、基于物理过程的非真实感绘制、图像特征的抽象、基于光照明模型的 NPR 技术五类。

1. 定义绘制样式

通过定义着色系统、图像类比等绘制样式，来获得艺术家的绘制过程是较常见的绘制方式。基于笔划纹理合成过程，Kowalski 等[4]提出一种虚拟场景的绘制算法，在简单的物理模型中通过采用画家算法修改形状纹理，对花、草、树木和动物的毛发进行合成；Hertzmann 等[5,6]提出图像类比的方法，从输入的艺术参考图像中提取出风格特征，分区域将局部特征传输到目标图像中，使得目标图像与参考图像具有相同的艺术风格；Semmo 等[7]对输入图像局部特征进行感知，根据图像的局部主色调自动进行色彩量化，模拟了油画艺术风格；Stuyck 等[8]设计并实现了一种逼真的油画渲染系统，颜料以多层结构进行存储，模拟油画中的混合特性，可运用于平板电脑等便携式设备，并通过前置摄像头捕捉环境，实现真正的沉浸式用户体验。

Yang 等[9]通过去色、线性滤波及边缘提取的方法获得轮廓图像，同时对色调、方向进行纹理合成，模拟了铅笔画艺术效果；Lu 等[10]改进了已有的铅笔画绘制算法，将提取的轮廓信息与可控的灰度色调进行融合实现结果图像，提升了在阴影区域的笔划纹理；文献[11]、[12]通过对人脸等研究对象进行特征提取，采用积分卷积、边缘增强等操作模拟了人脸肖像画的铅笔画艺术效果；Zhang 等[13]采用轮廓提取和色调填充两个主要步骤模拟铅笔素描效果，并通过模拟铅笔在纸上的物理效应传递铅笔纹理；潘龙等[14]结合线积分卷积与双色调映射技术，提出了一种彩色素描模拟算法，从轮廓和纹理两方面模拟了真实的彩色铅笔绘画过程，反映出彩色图像的颜色分布特性，通过色彩差异性计算提高了算法效率；Zhao 等[15]提出一种多尺度素描绘制系统，基于小波变换生成铅笔线条的多层轮廓，采用直方图匹配获得素描色调，并通过色调和纹理的优化组合产生最终的素描效果。

纹理合成技术是纹理映射、纹理传输等方法和技术的基础，因此，我们将从二维纹理合成的角度出发，在后续章节对二维纹理合成的方法和原理进行介绍。

2. 笔划重构技术

笔划重构是较常见的非真实感绘制技术，通过定义不同的笔划模拟艺术家创作艺术作品的过程。Hertzmann 从宏观的角度出发，首次提出了基于笔刷的绘制(stroke-based rendering，SBR)的概念[16]，所谓 SBR 即通过使用笔刷或者点画来自动生成具有非真实感风格结果图像的绘制技术。很多研究者提出了不同的 SBR 算法，利用 SBR 算法能模拟出具有水彩画、油画、钢笔画、点彩画等不同艺术风格的结果图像。因此，SBR 算法在非真实感绘制研究领域内涉及的范围较广，从技术形式来看，也是一种较为基础的方法。

Hertzmann[16]提出的采用不同大小和不同形状的笔刷，对二维图像进行多层绘制的油画模拟算法成为非真实感绘制中的经典算法。算法的基本步骤如下：首先对输入图像进行滤波处理，计算滤波后的图像与输入图像之间的颜色差值；其次对于每个像素求取它邻域内的平均颜色差值，将该差值与预先指定的阈值进行比较，根据比较的结果寻找画刷的落笔点，将该落笔点位置加入链表中；接着根据链表中的落笔点位置，在输入图像上沿颜色的梯度方向进行绘制。该算法模拟画家在绘制油画时的过程，先用较大的笔刷进行绘制，然后根据需要表现的细节信息，使用较小的笔刷分层进行绘制，得到最终的绘制图像，算法可模拟水彩、点彩派、国画等多种艺术效果。

在 Hertzmann 算法的基础上，Nehab 等[17]利用颜色差异信息作为参考图像，对笔刷模型的概念进行了更为清晰的定义，用图像矩函数对每个笔刷的长度、宽度、方向以及落笔点的位置进行了严格的定义，通过分层绘制的方式达到非真实感的绘制效果。

赵芳芳[18]定义了笔刷的大小、方向、长短，还采用多分辨率的方法统计某一区域内具有最多像素点的颜色值，以该颜色值来代替局部区域内像素点的颜色，通过此方法设置笔刷，得到了线条更加柔和的油画模拟效果，用反复迭代的方法对图像进行多层绘制，如图 1.3 所示；赵文莉[19]根据画家在油画绘画时的特点，使用改进后的基于图论的分割算法对图像进行分割，根据每个区域的不同特征设置所选的笔刷，当笔刷的长度达到设置的最大长度或到达区域的边界时，停止该笔刷的绘制，模拟出最终的油画艺术效果；Wexler 等[20]的算法中设计了智能笔触，对油画等风格的绘制过程进行了算法优化，提高了绘制速度，能嵌入手机等硬件设备。

(a) 输入原图   (b) 第一层绘制结果   (c) 第二层绘制结果

图 1.3 基于多分辨率笔刷的分层绘制示例图[18]

上述基于笔刷的非真实感绘制过程中，研究者将工作重点放在如何选择笔刷的落笔点和确定笔刷的绘制方向等问题上，算法同时侧重于自动绘制过程。McCann 等[21]通过设置笔刷，提出了边缘笔刷的概念，采用不同笔刷模型的绘制算法，在画板中沿图像的梯度方向进行绘画，输出的图像能表现出非常丰富的细节信息，如图 1.4 所示。该技术可以用作数据的可视化表示以及艺术效果模拟，为普通的用户提供了一种方便实用的绘画工具，使得用户可以获得交互的、实时的、表现力丰富的、抽象的艺术作品；Baniasadi[22]采用遗传算法，针对图像混色、图像滤波、画布进行计算和渲染，绘制了如油画、水彩画、铅笔画等不同艺术风格的结果图像，并采用审美评价、统计分析、多目标适应度对算法和绘制结果进行了评价；Lindemeier 等[23]设计了一个能模拟艺术家绘画风格的绘画硬件系统，通过捕捉艺术家的绘画风格，并定义绘画颜色、方向等参数，通过优化算法在画布上进行真实的艺术创作，能真实地模拟出不同的绘画艺术风格；Chi 等[24]认为艺术效果的创作对普通用户较为困难，尤其是绘画风格、绘画图案等的设计过程，因此，Chi 等采用各向异性扩散的思路为用户提供了不同艺术效果的设计方案，通过形变、颜色、密度、方向场、尺寸等参数的设计，指导用户实现剪纸、半色调、动画等多种艺术效果的生成，为用户创作不同艺术作品提供了便利。

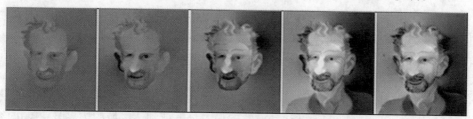

图 1.4   基于笔刷的绘制结果图[21]

通过定义笔刷的大小、方向、色彩等参数特征能较好地模拟艺术家绘画的过程，表现出较好的艺术效果，这类方法的难点是如何定义笔刷绘制的方向，自动地修改笔刷大小及提高绘制的速度。

3. 基于物理过程的非真实感绘制

基于物理过程的非真实感绘制技术主要从流体的角度出发，模拟流体的物理现象来表现非真实感的艺术和动态特征。

通过计算机仿真颜料或者色调的流动过程可模拟水彩画、铅笔画等艺术效果，Curtis 等[25]提出了一个完整的水彩画建模系统，将流体动力学应用于不同的层中，模拟出不同画刷叠加在一起时的颜色混合效果，该模型较为复杂，但能产生较逼真的绘制结果；Sousa 等[26]设计了铅笔画的绘制系统，在系统处理过程中，Sousa 模拟了铅笔在纸张中的绘画过程以及不同铅笔画的绘画技巧，可调整不同的铅笔画灰度色调，同时，通过橡皮擦交互绘制的过程，可修改和编辑画面的信息。

Treuille 等[27]通过设定烟雾密度和速度等参数信息，采用关键帧模拟了烟雾的流动过程，然而算法的时间复杂度较高；为了提高算法运行速度，McNamara 等[28]与 Stam[29]同样模拟了烟雾的流动过程，他们基于"伴随方法"(adjoint method)提高了算法运行的效率，但该方法对存储容量有较高的要求；与前两者方法不同，Fattal 等[30]并不追求对关键帧的精确匹配，他们的方法是在方程中引入驱动力，其跟关键帧密度场的梯度成正比，同时在密度对流方程中引入聚项来消除数值耗散，由于该方法不是精确匹配，较快地模拟了烟雾的流动效果，然而牺牲了最终流体效果的质量；Hong 等[31]在动量方程中添加了控制项，通过几何势能控制流体的流动速度和方向，与其他算法相比，减小了计算量；Chen 等[32]利用水彩画本身色彩具有的流动性，模拟了色彩的流动过程，实现了水彩画的各种效果，并提高了绘制速度。

流体运动的特征能表现出动态的效果，具有极强的艺术表现力，对用户具有较大的吸引力，物理过程的模拟和计算的简化是绘制的难点，本书将在后续章节对流体的模拟和绘制方法进行介绍。

4. 图像特征的抽象

很多艺术家经常采用有意义的简化、导向性的线条和颜色来吸引观众的注意力，同时采用抽象概括来高效地传递视觉信息，这种抽象可将用户的注意力吸引到艺术家所需要表达的重点区域，使观察者很轻松地理解艺术家的创作意图，因此，对图像抽象过程的研究吸引了很多非真实感绘制方面的工作者。

由于自动化技术不能有效地识别图像中的局部区域是否为一个有意义的整体，这就导致自动消除局部区域的冗余信息较为困难。在特定的绘制过程中，研究者通过采取一定的交互手段对需要重点突出的区域进行选择。

DeCarlo 等[33]使用特殊的视觉传感跟踪装置，突破了传统的交互式绘制手段(基于鼠标或键盘输入的方式)，该装置能捕捉到用户在一定时间内观察某一幅图像的信息，根据用户观察某些区域的时间长短，相应地对图像信息进行简化或者增强，抽象化的最终结果能突出用户所关注的区域，忽略或简化背景等用户不关注的区域；Kang 等[34]通过对色彩的扩散研究自动得到抽象的艺术效果，算法基于输入图像的形状或颜色自动产生矢量场,根据矢量场提升输入图像的色彩信息。图 1.5 显示了最终的绘制结果，将色彩、边缘等图像特征进行抽象风格化处理，算法简单、快速、易于实现。

(a) 输入图像　　　　　　　　(b) 色彩扩散　　　　　　　(c) 加入边缘信息

图 1.5　抽象风格的 NPR 效果[34]

抽象效果具有局部成块的颜色和卡通的艺术效果，这方面效果的实现也引起研究者的极大兴趣，如 Obrenovic 等[35]通过对图像进行勾边、图像分割、色彩量化等方法模拟了抽象艺术效果；Inglis 等[36]建立了风格化的线条数据库，提取出目标图像的边缘梯度信息，通过算法优化实时地获得简单灵活的抽象线条画；

Wang 等[37]首先增强了图像的方向场，根据特征检测图像的边缘，并基于流动矢量场滤波技术实现了抽象效果的模拟；Kyprianidis 等[38]和王山东等[39]也采用不同的滤波、色彩量化、特征流提取方法模拟了抽象艺术效果，并可扩展至视频场景的实时绘制；此外，Xie 等[40]提出了一个称为 PortraitSketch 的绘制系统，采用交互方式，用户选取人脸肖像图像，系统自动调整透明度、线条粗细等参数，针对目标图像的轮廓和阴影两个重要特征进行计算，实时地获得抽象线条画艺术效果，即使没有受过专业训练的用户，借助于该系统也能完成抽象艺术作品的创作，增强了用户的体验感、成就感。

在后续章节中，本书将介绍抽象艺术效果的绘制方法，并针对图像的不同区域进行不同程度的抽象绘制，例如，通过设备跟踪记录用户的观察区域、用户指定重点区域以及基于图像的重要度等方法突出图像中重点区域的细节信息，忽略背景区域的信息。

5. 基于光照明模型的 NPR 技术

利用光照明模型可以描述物体表面的外观特性，光照明模型是以光源、物体位置以及表面材料之间在物理上的确定关系为基础的。Phong[41]在 1975 年提出的 Phong 光照明模型几乎被用到所有的绘制工具中，由于该模型对物理光学具有较逼真的模拟，基于该模型模拟的物体表面能呈现出真实的光照和明暗效果。

光照明模型在非真实感绘制中有更为灵活的应用，能表现出阴影、色彩、透明度等多种艺术特质的绘制作品。Gooch 等[42]对 Phong 光照明模型进行改进，用颜色和色度转换对 Phong 模型进行扩展，以产生艺术插图的效果；Berberon 等[43]引入了基于成分的光照明模型的概念，当计算给定点上的亮度时，由带有阴影的标准光照明、边缘阴影光照明、曲率明暗处理、透明和透明体光照明(illumination volume lighting)五种成分组成，并通过缓冲器使模型内的计算更为有效，模拟出不同的艺术场景；Eisemann 等[44]利用光照信息，将三维图像转换为矢量风格化的艺术效果。如图 1.6 所示，算法首先提取三维物体的三维轮廓信息，计算出可见面后，将三维物体进行图像分割，用基本的矢量信息描述物体，最后对矢量信息进行简化、平滑、填充处理，获得自然过渡的阴影效果，突出了局部区域的细节信息。

从定义绘制样式的角度出发，首先基于二维纹理合成技术，本书将在第 2 章介绍基于光照明模型的纹理偏离映射技术，产生具有纹理传输效果的结果图像。其次，基于物理过程的模拟绘制，介绍线积分卷积技术，产生出流体艺术效果；此外，介绍了视频纹理合成方法，与抽象艺术效果相结合，获得了具有抽象艺术效果的视频纹理。

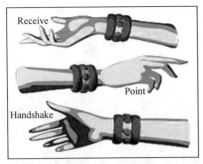

(a) 手形改变的光照效果　　　　　　　　　　(b) 突出细节的光照效果

图 1.6　光照明非真实感效果[44]

　　非真实感绘制技术在二维空间中采用的模型较简单，运算速度较快，能表现出铅笔画、油画、水彩、卡通等各种不同风格的艺术效果。此外，除西方艺术流派，很多研究者也针对中国特有的艺术风格，提出了相应的模拟绘制方法。

1.3.2　中国特色的艺术风格模拟

　　中国五千多年的历史发展过程中，形成了自己独特的艺术风格绘画作品，在文化艺术方面有自己独特的风格流派，例如，中国山水画、书法及剪纸艺术在国际上享有盛誉。目前，很多国内外的图形学工作者也致力于对中国特色的艺术风格作品进行数字化模拟。

1. 中国书法艺术作品模拟

　　不少国内外学者模拟了中国书法的创作过程，主要表现在两个方面，通过研究笔墨在宣纸上的扩散以及不同书写手法实现中国书法的数字模拟。早期的虚拟毛笔模型中，Guo 等[45]通过对宣纸材质的分析，主要采用纤维网格的方法模拟实现了笔墨扩散的过程；Nelson 等[46]将计算机书法模拟系统扩展到三维领域，产生效果逼真的、真实感强的书法文字作品；Xu 等[47]从不同的真实书法作品中提取笔画样本进行训练，并采用类似笔画传输的方法自动产生中国书法艺术作品；杨莹[48]通过对纹理映射技术及马尔可夫随机场理论的学习，提出了一种非交互式的书法模拟算法，实现了书法作品中草书及"飞白"效果的艺术仿真，如图 1.7 所示；黄冬等[49]提出一种毛笔书写行为的实时仿真技术，采用骨骼旋转参数的快速算法实现了笔头在运动过程中的弯曲和扭转，此外，采用基于粒子系统的墨水扩散模型，并佩戴头戴显示器和力反馈设备实现了一个毛笔书写仿真系统，具有很好的实时性和沉浸感。

山于丰少生

图 1.7　草书"飞白"效果模拟[48]

2. 中国工笔画艺术作品模拟

中国工笔画的模拟和研究已经较好地应用于场景宣传、广告动画等领域。孙美君等[50]采用纹理合成的方法将样本线条作用于风景画中的树木和岩石，产生中国工笔画艺术风格作品；陈钊[51]针对具体场景设计了地形处理部分和地形水墨渲染两个模块，通过插值多项式划分以及合并色阶技术，实现了场景的写意水墨效果；计忠平等[52]提出一种基于三维模型内在属性特征的水墨画渲染方法，并可通过光源调节实时调整水墨笔画的分布；牛晓东[53]提出的水墨画仿真系统不需要对笔、墨等绘制工具建模，主要对图像的边缘进行提取，通过对轮廓边界点的横、纵坐标扩散的方式获得最终的艺术效果；孙娜娜[54]基于图像的显著性计算、抽象计算、图像扩散、脱色、宣纸模拟等处理过程，将输入图像转换为具有水墨画艺术风格的结果图像。

曹毅[55]提出了一种自动的、基于图像的中国水墨画绘制方法，算法采用 2D 图像作为输入，将基于图像的绘制思想与非真实感绘制技术相结合，不需要用户的交互干预，在用户不具备先验知识以及绘画技能的前提下也可以实现风格画的绘制，具有一定的趣味性和大众性；此外，对于水墨画绘制中的重要工具，如毛笔和宣纸，分别进行了建模，对纸的吸水性、水墨的流动进行仿真，对于毛笔模型的建立侧重于模拟绘制效果，降低了算法的复杂度，减少了计算量，提高了绘制效率，模拟出中国水墨画所特有的水墨扩散效果。图 1.8 显示了对输入图像进行水墨画艺术效果处理获得的结果图像，绘制的效果也更具有水墨画的韵味，执行效率较高。

(a) 输入荷花图像　　　(b) 输出水墨效果　　　(c) 输入虾图像　　　(d) 输出水墨效果

图 1.8　中国水墨画模拟效果[55]

3. 中国剪纸艺术作品模拟

中国剪纸画采用镂空技术突出人物或场景主题，体现了中国民间丰富的艺术创造力。张显权等[56]对真实剪纸效果进行图案分析和图像分割，提取出图案中的不同细节信息，将细节信息作用于目标图像，实现最终的剪纸艺术效果。类似地，Peng 等[57]借助计算机，构建了剪纸图案单元数据库，通过对数据库中不同单元图案的组合，丰富了剪纸艺术效果的表现形式。Xu 等[58]将已有的剪纸模拟算法扩展到了三维领域，突出了镂空阴影等细节信息。Meng 等[59]对人脸图像的结构特征进行了研究，建立了人脸剪纸图案数据库，通过对图案的编辑变换，实现了人物肖像画的剪纸效果。李岳[60]收集了大量的传统手工剪纸图案，深入分析并总结出剪纸图案的造型特点，首先将剪纸图案分解为剪纸轮廓和填充轮廓的剪纸纹样，再将剪纸纹样分解为独立纹样和复合纹样。通过布尔运算等方法构建独立纹样库，选择合适的独立纹样，按照一定的组合方式形成复合纹样；另外，算法对折叠剪纸效果进行了模拟，可以根据用户的需要，生成不同形式的折叠剪纸效果。乔凤[61]提出了一种对人脸剪纸图像进行变形来生成具有剪纸风格肖像图的方法，用主动形状模型对剪纸人脸特征进行标定、提取，并采用变形方法生成了剪纸风格的人脸肖像，如图 1.9 所示。

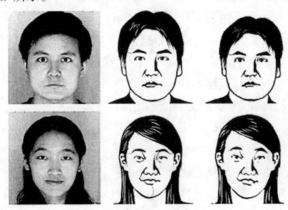

图 1.9　人脸肖像剪纸效果模拟[61]

4. 中国京剧脸谱数字化模拟

文献[62]提出了一个京剧脸谱的分析与合成系统，图 1.10 显示了系统模拟的最终效果，该系统首先分析手工绘制京剧脸谱的结构以及构成脸谱的纹样，包括眼睛、嘴唇、眉毛、胡须等纹样，并用 Bezier 曲线构造出它们的矢量化纹样库；

在合成脸谱阶段，可根据创作需要对各个纹样按层进行组合得到不同的京剧脸谱图案，该系统提供了一系列变形工具对脸谱纹样进行交互编辑修改，从而生成更多的、富有变化的京剧脸谱图案。

图 1.10　京剧脸谱效果模拟[62]

此外，针对中国特有的刺绣艺术风格作品，陈圣国等[63]、周杰等[64]、项建华等[65]分析了"乱针绣"艺术作品的风格特点，模仿真实刺绣作品的创作过程，通过设置颜色子集、针迹路径、图像分解等过程，模拟了"乱针绣"艺术效果图像。

5. 云南少数民族绘画风格数字模拟

云南地处中国西南边陲，拥有 26 个民族，无比丰富、源远流长的民族民间艺术，仿佛一座艺术迷宫。由于文化背景的差异，很多民族在绘画上表现出鲜明的民族特点，如纳西族饱含神秘色彩的东巴画，白族充满高原风情的蜡染、扎染画，以及在国内外久负盛名的云南重彩画、云南绝版套刻版画等，云南特有的民族文化，造就了云南独具民族风情的绘画作品。

云南现代重彩画是 20 世纪 80 年代初由丁绍光、区欣文、蒋铁峰、刘绍荟等一批云南画家研创的。他们以中国画的线条造型，运用中国画所没有的，而西方现代绘画中醒目的斑斓色彩给画面注入了勃勃生机和绚丽色彩，它将东西方绘画语言、古今技法熔为一炉，具有极强的透视感。画面上丰富艳丽的色彩和夸张与写实结合的人物实体，给人一种梦幻神奇、似梦非梦的感觉，具有极强的美感和装饰性，其内容大多是反映云南优美的自然风光、少数民族风情和历史文化，具有浓郁的民族地方特色。

Pu 等[66]和 Lu 等[67]针对云南重彩画画派鲜明的中国线条画和色彩艳丽的西方油画特点，从白描图绘制、特有纹理模拟等多方面展开云南重彩画艺术风格数字模拟及合成技术研究，设计并实现了云南重彩画数字合成系统。图 1.11(a)为真实的云南重彩画作品，图 1.11(b)为云南重彩画数字合成系统模拟得到的重彩画效果[66]。

(a) 真实重彩画(丁绍光作品《鹤与阳光》)　　　　　　(b) 数字模拟重彩画作品

图 1.11　重彩画数字模拟效果[66]

　　云南绝版套色木刻是木刻技艺的一种特殊形式，20 世纪 80 年代从传统套色木刻上演化而来。云南绝版套刻利用"一版多套"的原理，在同一版面上采用边刻边印的方法完成作品套印，仅用一块木板，刻一版印一版，因此，云南绝版套色木刻颜色多样，有色彩重叠的精美效果，但由于每完成一次印刷均要进行一次刻制，刻制之后无法印刷前一版内容，所以称为"绝版"。云南绝版套刻是一种极具云南地方特色和艺术价值的绘画形式，数字模拟合成该艺术形式不仅是为了解决其"绝版"问题，更是对中国传统文化的保护和传承。

　　文献[68]~文献[70]提出了交互式的云南绝版套色木刻数字合成系统。图 1.12 显示了合成系统流程图，系统首先数字模拟分版处理，将输入图像进行色彩聚类量化，然后按聚类后的颜色进行分层，可得到各版次彩色模板和二值模板，该操作可以划分真实版画创作过程中的不同套印版次，每种颜色分为一层，即为一个套印版次；接着在刻痕库中选择刻痕元素并进行编辑，编辑后的刻痕元素可根据需要生成刻痕块纹理；通过交互式的绘制，将刻痕元素或刻痕块纹理绘制到分层后的彩色模板上，生成各版次黑白木刻图像，刻痕绘制过程模拟真实版画创作过程中的刻制操作；然后再模拟真实版画的套色印刷过程，对各版次黑白木刻图像进行着色获得彩色木刻图像；最后将风格化处理得到的黑白边缘图像着色，并与最终版的彩色图像进行合成，模拟出云南绝版套刻艺术结果图像。

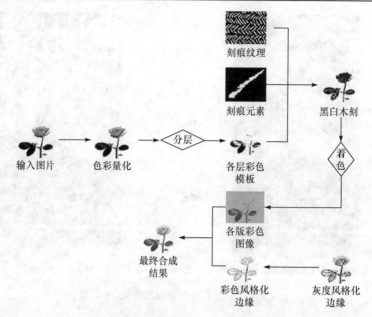

图 1.12 云南绝版套刻数字模拟套印方法流程图[69]

图 1.13 显示了对云南绝版套色木刻数字化模拟的效果图, 图 1.13(a)为输入目标图像, 图 1.13(b)为数字化模拟的云南绝版套刻结果图像。

(a) 输入图像

(b) 绝版套刻结果图像

图 1.13 云南绝版套刻数字模拟套印模拟结果图[69]

高辉等[71]采用区域均值漂移对图像进行迭代运算，实现了彩色图像的蜡笔画艺术风格模拟；陈圣国等[63]基于遗传算法实现了计算机辅助"乱针绣"艺术效果模拟过程；钟秋月[72]以普通皮影的三维模型作为数据源，从网格的风格化和纹理贴图的风格化两方面模拟传统皮影的风格特征，产生具有皮影风格的人影三维模型；Qian 等[73,74]提出了一种基于纹理偏离映射的烙画艺术风格绘制方法，利用亮度直方图完成相似性匹配，最后将传输结果图像与已有材质图像加权融合完成艺术效果模拟；喻扬涛[75]提出基于漫水思想的距离变换算法，模拟了云南蜡染画的冰纹效果，解决了冰纹折线及轮廓线的问题，如图 1.14 所示，实现了蜡染冰纹视觉特征，图 1.14(a)、图 1.14(b)、图 1.14(c)分别显示了模拟 50 条、100 条、150 条冰纹的效果，图 1.14(d)显示了色彩模拟后获得的蜡染艺术风格图像。

(a) 模拟50条冰纹　　　　　　　　　　(b) 模拟100条冰纹

(c) 模拟150条冰纹　　　　　　　　　　(d) 最终蜡染模拟效果

图 1.14　云南蜡染冰纹模拟效果图[75]

总之,不同艺术风格的数字化模拟合成是非真实感绘制技术的重要组成部分,这方面的研究具有重要的理论意义和应用价值。除了二维空间的图像绘制，非真实感绘制往往通过三维建模的方法模拟出对象的三维表面信息。

1.3.3　基于三维观察空间的 NPR 绘制技术

根据绘制的方法和技术，三维图像的非真实感绘制技术可分为基于三维笔划纹理的 NPR 绘制技术和基于三维媒质建模的 NPR 绘制技术两类。

1. 基于三维笔划纹理的 NPR 绘制技术

曲线和曲面纹理填充技术是对三维图像进行绘制的常用方法之一，研究者利用计算机对线条的某些特征，如线宽、线长、线型和方向的改变，在曲面中填充出丰富的线条和笔划信息，获得三维效果。

Elber[76]以高斯等参数线作为线条绘制方向，线条表面的色调采用参数映射方法，该方法对于隐式曲面和参数曲面都能处理得到较好的效果，当参数改变时，线条和笔划能保持稳定；Girshick 等[77]提出曲率主矢量族(principal curvature directions)技术，采用主矢量曲率最大的方向和主矢量曲率最小的方向确定线条方向，算法中忽略了梯度场信息，因此，Girshick 等的方法适用于体数据的绘制，在三维输出结果图像中增强了线条和笔划的对比度。

Freudenberg 等[78]提出了一种多层纹理机制来控制输出色调的方法，他们采用图像纹理映射的方法在曲面上添加纹理，由于采用了硬件的支持，处理速度较快；Kalnins 等[79]通过交互的绘制过程，在三维模型中绘制艺术效果，系统实现时可在三维模型中自动提取纹理风格，将纹理风格填充到模型中。然而，当三维模型较复杂时，如具有较多的细节信息时，确定参数变得较为困难，需要反复迭代计算，降低了绘制效率。

Praun 等[80]在填充曲面纹理时，采用多分辨率的三角化图案在结果图像中进行填充，由于三角化图案具有不同的色调，获得了不同风格的三维艺术效果，系统能较好地处理不同色调与定义图案之间的关系，同时将算法扩展到视频领域，解决了视频帧间的连贯性问题；Debry 等[81]对曲面进行填充时，采用三维八叉树作为存储结构，存储不同的笔划纹理信息，避免了其他算法的参数化设计过程，因此，可以绘制不同类型的曲面纹理，同时消除纹理扭曲或耗时的缝合过程。

Cook 等[82]提出了将某一特定的场景转换为具有线条手绘艺术风格的方法，如图 1.15 所示，通过线条方向、物体之间的遮挡关系以及色调的变化突出画面的主题思想。

Pouli 等[83]模拟实现了将某种材质渲染到三维物体表面的方法，如图 1.16 所示，不同材质在同一模型中获得了不同的艺术效果，算法避免了复杂的建模、光照明模型计算，根据提取的物体深度和亮度信息，采用基于笔刷的绘制方法将材质渲染到目标表面，对较复杂的物体表面也能得到较理想的效果。

(a) 圆柱等三维场景　　　　　　　　　　　(b) 室内三维场景

图 1.15　三维线条 NPR 效果[82]

(a) 颜色较深的材质渲染结果　　　　　　(b) 颜色较浅的材质渲染结果

图 1.16　不同材质渲染的三维 NPR 效果[83]

2. 基于三维媒质建模的 NPR 绘制技术

虚拟媒质是指计算机模拟的艺术表现工具，虚拟媒质技术模拟艺术家的绘画过程，将艺术家的行为抽象为参数信息，通过交互的方式输入绘制系统过程中所需要的参数，最终效果能表现出艺术效果。在三维非真实感绘制过程中，可以通过投影和透视算法获得最终的输出结果。

于金辉等[84]模拟了手工绘制过程，对物体进行建模，模拟出火焰、烟雾和流水等不同的自然三维场景，表现出抽象的艺术效果。同时，该算法模拟了雨滴的生成过程，在静态和动态场景中都模拟了不同艺术风格的三维雨滴效果；张海嵩等[85]基于三维输入的风景图像，模拟水墨画艺术效果的产生过程，利用可编程图形硬件加速绘制系统，可实时地绘制出三维的水墨画效果。

Keefe 等[86]在绘制过程中将人体的三维操作作为输入信息，根据该输入信息获得笔刷大小、方向等参数，在最终艺术效果中表现出三维的人体造型效果。系统实现时采用硬件设备，并通过人机交互的方式，将手势等操作过程作为输入信息，无论是艺术家还是普通用户都能感到较真实的绘画场景，因此，Keefe 将虚拟场景、三维造型技术以及艺术的绘制过程有机地结合在一起。

Kalnins 等[79]设计并实现了一个交互式 3D 绘制系统，该系统允许用户事先选择笔刷的样式、风格，然后用户可从一个或多个不同的视点使用笔刷直接在 3D 模型上进行绘制，并且当用户从任意一个新视点进行绘制时，系统都能够自动适当地调整笔刷数量和落笔位置，从而确保绘制时的外观风格一致。由于该系统能让用户自由选择各种具有不同风格的笔刷及纸张纹理进行绘制，具有较强的灵活性和实时性。

Chu 等[87]开发了一个新颖的三维毛笔笔刷模型，模型中包含曲面和一个毛笔骨架，在绘画过程中，曲面能够根据需要灵活地扭曲变形。通过交互方式真实地模拟了绘画过程，如毛笔在纸面上移动感受到的压力、旋转、拉升等过程，也可设置不同的笔划大小、粗细、颜色等参数。因此，Chu 的模型能够非常逼真地模拟毛笔书法作品，表现出毛笔字的勾笔、提笔、笔锋等效果。同时，该毛笔笔刷能绘制中国画的艺术效果，实现了一种实时的、逼真的绘画系统。

Grubert 等[88]提出了一种交互的绘画方法，使普通用户利用画笔等工具直接触摸显示屏，用户交互地选择色彩、笔刷模型等，实现了在超大显示屏幕上绘制分辨率较高、各种风格画的效果；与 Grubert 的方法类似，Vandoren 等[88]在物理设备和数字绘画之间架起了桥梁，提出并设计了新颖的绘画系统"IntuPaint"，更具有通用性，容易被用户接受。实际操作时，用户交互地在电子设备间作画，如图 1.17 所示，可通过设置笔画、方向等不同的参数来获得油画、水彩、抽象等各种不同艺术风格的作品，即使没有绘画功底的用户也能根据自己的意图创作出艺术作品。

(a) 绘画系统　　　　　　　　(b) 人物绘画结果　　　　　　　　(c) 风景绘画结果

图 1.17　交互绘画环境及 NPR 效果[89]

Kawamoto 等[90]利用输入图像的轮廓线以及鲜明的色彩空间，自动生成了三维场景的卡通艺术效果；Tzur 等[91]提出了一种三维网格建模的方法，如图 1.18 所示，将随意的一幅图像利用纹理映射的方法贴图到准备好的三维模型中，可从不同角度对三维模型进行观察，获得了三维场景的抽象艺术效果。

图 1.18 三维抽象艺术效果[91]

Sykora 等[92]提出了产生三维手绘艺术效果图像的方法，算法首先定义物体的几何形状，基于浅浮雕思想，在效果中加入三维全局光照效果，最终效果保持了二维手绘效果的外观和触感，同时可产生令人信服的阴影、镜面反射和漫反射效果。图 1.19 显示了手绘效果的绘制过程，算法简单，可以较容易地扩展到动画渲染。

图 1.19 三维手绘图像[92]

三维非真实感绘制具有更加广阔的发展空间，开发非真实感游戏软件，以及实用的教育领域、三维试衣系统、影视特效等应用软件是三维非真实感绘制未来的发展方向。

1.3.4 NPR 视频动画渲染

早期的影视作品追求逼真的真实感场景，制作过程需要大量的建模工作，表现出的艺术效果较为单一。随着广告宣传、硬件设施以及图形学技术的飞速发展，传统的二维动画逐渐向三维领域扩展，此外，观众不再满足于传统的真实感动画作品，此时，非真实感绘制技术的出现正好弥补了此类空白，该技术能将逼真的动画场景处理为具有某种艺术风格的绘制作品。因此，在静态图像非真实感绘制技术的基础上，视频动画和影视作品的非真实渲染技术吸引了很多研究者。近年来的三维电影作品如《超人总动员》《大圣归来》《功夫熊猫》《冰河世纪》等以绚丽多彩的画面、丰富的故事情节和夸张的动作表演吸引着观众，给观众带来了艺术效果的享受。2008年,计算机图形图像特别兴趣小组(Special Interest Group for Computer GRAPHICS,SIGGRAPH)动画节上获得最佳学生作品奖提名的《893》,展示了水墨动画"以虚写实"的流动之美,画面流畅极具吸引力。

早期的视频处理系统如 Litwinowicz[93]提出将视频处理为具有印象派风格的动画作品。该系统经过对视频帧的分析,提取出颜色特征,通过用户交互的方式,选择不同的笔刷模型和笔刷大小,沿输入视频帧的梯度方向用画笔不断渲染,最终的生成作品能较好地保持帧与帧之间的连贯性,但存在绘制速度慢的问题。Hertzmann 等[94]在对静态图像处理算法的基础上,对视频帧进行分割,考虑视频帧的连续性,对画面中变化较大的区域采用笔刷不断地分层绘制,而对画面中变化较小的区域或背景区域采用较少的绘制次数,算法加速了视频动画的处理过程,可得到油画、水彩等不同艺术风格的动画作品。

Wang 等[95]设计了一个可把输入的任意视频渲染成为具有高度抽象特性,并在时间上具有连贯性的多风格卡通画自动生成软件。在这套系统中,他将视频视为在时间和空间上统一的图像数据,通过改进 Mean-shift 图像分割[96]算法,自动地将视频数据划分到连续的时空当中,该方法人机交互少,但最终的渲染效果却较为出色;Klein 等[97]提出了一种创建视频马赛克特效的方法,通过使用动态规划方法,他们从一系列指定的源视频集中进行选择,继而通过色彩校正等过程来合成具有马赛克特效的视频片断,该系统支持使用不同的拼贴样式来获得不同的视频艺术特效。

在 Litwinowicz 和 Hertzmann 等的算法基础上,Hays 等[98]重点考虑了视频帧在连续播放过程中的连续性和一致性。虽然 Hays 等的算法同样针对不同大小的画笔,在视频帧中采用类似 Hertzmann 等的分层绘制算法,但是由于 Hays 等提出采用光流场分析和基于全局的插值技术,较好地削弱了视频帧在连续播放过程中出现的抖动和不一致现象,产生艺术动画作品的同时能保证帧与帧之间的连贯性;Winnemoller 等[99]开发了一个视频动画渲染软件,基于流体技术,通过物理模拟的方法控制视频帧中线条的绘制方向,实现视频动画的自动处理,由于软件的易操作性,具有较好的应用前景。

在对视频动画进行非真实感渲染方面,Wang 等[95]以及 Agarwala 等[100]提出了基于关键帧的自动探测视频中目标对象轮廓线的方法,并成功地将该方法与非真实感动画制作技术结合起来。两人各自的工作从不同角度出发,最大限度地减少了在卡通动画制作过程中的人工干预,自动化程度高,并且最终的视频动画绘制效果十分出色。

Kshitiz 等[101]提出的系统模拟出了三维雨滴模型,他们的算法考虑了各种各样的因素对下雨场景的影响,实现了在不同环境中雨点落下以及下雨场景的动态模拟;文献[102]基于流体动力学模拟技术,提出了一种水墨画效果渲染方法,利用高级着色器和可编程图形硬件处理语言，根据图像本身的纹理进行实时水墨渲染，并通过人机交互对渲染过程进行控制和干预，达到具有较好水墨动态扩散特性的动态仿真效果，同时利用帧间骨骼插值算法对处理后的关键帧图像进行帧间补插，提高水墨动画的生成效率和时续性。

对于手绘等艺术风格的动画模拟，其难点在于缺少时域连贯性，导致视频动画处理出现闪烁等现象，虽然现有的算法实现了高时域连续性的视频处理，但它们能处理和模拟的艺术风格种类有限。Benard 等[103]基于图像类比的方法，将静态非真实感类比算法扩展到视频领域，提出了时域连续的图像类比算法，利用正反向传输融合增强时域连续性，同时从视频帧中提取局部特征，约束纹理合成过程，最终获得一个高时域连续性的、多风格的视频动画渲染系统；针对视频艺术风格转换方法中存在的复杂度高等问题，Tang 等[104]提出一种基于纹理合成的视频艺术风格转换方法，基于方向场、光流场引导艺术风格的纹理合成过程，并采用 CUDA 并行计算加速绘制过程，获得了油画、水彩画、线条画等多风格的艺术效果图像，绘制速度快，效果令人满意。

上述动画自动生成软件及算法，对卡通动画的生产及制作模式将是一场颠覆性的业界革命，意义极为深远，应用前景十分广泛。第 8 章将对非真实感动态视频纹理合成技术进行介绍，基于自然场景视频纹理，将输入样本合成为无限播放的视频纹理。

1.3.5　基于深度学习的 NPR 绘制

非真实感绘制技术通过边缘提取、笔触模拟、方向控制等图像建模的绘制算法实现艺术风格的数字化模拟，逐渐应用到不同艺术风格的数字化模拟合成和保护中。然而，基于图像建模和绘制的方法存在着特征提取不足、复杂度高等问题，导致数字化模拟结果精度差、效率低，与真实的艺术作品之间存在着不小的差距，限制了数字化模拟结果的应用领域。

近年来，深度学习方法已成功地应用于语音和图像识别、计算机视觉等领域，由于其强大的特征提取能力，研究者也基于深度学习提出风格化数字合成方法，基于深度学习强大的特征提取能力和泛化能力，可对抽象、素描、漫画、油画、水彩、卡通等各种不同的艺术风格进行风格迁移，扩展和优化了非真实感绘制算法，丰富了研究对象，合成了更加逼真的风格化艺术效果。

Gatys 等[105]基于卷积神经识别网络，从低层次网络提取输入图像的风格，高层次提取图像的内容，多次迭代将风格传输到目标图像中；Nikulin 等[106]采用深度学习算法，通过卷积神经网络卷积层和池化层将输入图像的内容和风格分开，设置不同权重的风格和内容比例，组合成新的具有不同风格的图像；Ulyanov 等[107]提出的算法采用前馈卷积网络生成多个相同的任意大小的纹理，并基于纹理样例将目标图像转换成具有艺术风格的图像；Johnson 等[108]优化了损失函数，提出采用感知损失函数训练前馈网络的方法，成功运用于图像风格化转化；Chen 和 Schmidt[109]提出一种快速的风格化转换网络，支持前向网络和优化，不再局限单个网络的训练，可将任意风格的艺术风格迁移到目标图像，图 1.20 显示了获得的实验结果，其中图 1.20(a)显示了艺术风格参考图像，图 1.20(b)显示了目标图像，图 1.20(c)显示了风格传输的结果图像，获得了参考图像的艺术风格特征。

(a) 参考图像   (b) 目标图像   (c) 风格传输结果

图 1.20　交互绘画环境及 NPR 效果[109]

　　针对已有风格化转换方法存在的细节丢失等问题，Luan 等[110]提出了采用颜色空间变换及局部仿真变换的正则约束算法，输出图像的每一个颜色通道中的每一个像素值，都可由输入图像中局部区域像素的线性组合得到，提高了输出图像的分辨率；Jezek 等[111]提出基于 GPU 的非真实感绘制加速算法，不局限于单个风格的训练，可对任意风格的图像进行处理，对不同风格艺术作品进行快速转化；Chen 和 Lai 等[112]提出一种基于生成对抗网络框架的漫画风格绘制方法，分别针对语义内容损失和风格损失构建损失函数，获得艺术效果传输结果，克服了已有方法中内容和风格细节丢失的问题；Liu 等[113]提出了一种像素级自动绘制模型，利用条件生成对抗网络合成色彩丰富的卡通图像；Chen 和 Tan 等[114]提出了基于深度神经网络的人脸速写合成框架，模仿了艺术家草图的创作过程，以级联的方式合成脸部草图，勾勒出人脸的形状和关键的面部特征。

　　可以看出，基于深度学习和神经网络进行艺术风格迁移是风格化数字模拟的热点，将输入图像转换为不同艺术风格，对特征明显的艺术风格图像获得了较好的风格迁移效果。然而，由于庞大的训练数据集往往导致风格转换耗时较长，限制了网络的泛化能力。此外，网络层数增加时，可能导致梯度消失的问题，最终风格转换效果不佳，大量的调参过程也会降低网络的效率。因此，提高网络的泛化能力、加速风格迁移、改进损失函数及梯度消失等问题，有助于不同艺术风格的转换。本书第 9 章和第 10 章通过采用卷积神经网络，对刺绣、粉笔画艺术风格进行迁移，实现刺绣、粉笔画的数字化模拟。

1.4　非真实感绘制技术的难点

面向艺术效果的非真实感绘制，比较好的结果图像往往通过交互手段生成。艺术效果的表达丰富多彩，各式各样，利用非真实感绘制技术模拟各种不同艺术表现形式，本身就是一个难点。另外，同一种艺术效果的表达形式多样，例如，铅笔画的效果可能存在多种表现方式，探索同种艺术效果的不同表达方式也是非真实感绘制的挑战之一。

非真实感绘制技术领域已经从二维向三维、视频动画扩展，在自动生成场景的过程中，笔刷的大小、方向确定仍然是需要不断改进的内容，这是因为用户在图像处理过程中指定笔刷的方法是静态的、机械的，与真实的绘画结果仍有很大的不同。此外，在非真实感视频和动画方面，模拟和实现笔划的帧间连贯性，消除冗余和噪声也是难点所在。

非真实感图形学的最大困境在于它的主观性。如何评价计算机模拟结果的好坏并没有形成统一的标准，很多工作者采用直方图、均值、方差、信息熵等统计方法对非真实感绘制效果进行客观评价，也有研究人员采用问卷调查、权威专家等进行主观评价，然而，从方法论的角度看，似乎还没有能够从用户的感觉或者美学的本质为出发点来设计绘制的算法，这也是工作人员努力探索并解决的问题。

1.5　本书结构

基于纹理合成及其应用，本书将介绍纹理传输、铅笔画、流体艺术、抽象画、粉笔画等艺术风格的绘制方法，对中国特有的蜡染画、烙画、东巴画、刺绣艺术风格数字化模拟方法进行介绍，探索非真实感绘制技术在风格化模拟、民族文化传承与保护等方面的应用。

本书的主要内容和特点包括以下几方面。

(1) 介绍非真实感不同艺术效果的绘制方法。基于纹理样本的基础性工作，介绍纹理合成、纹理映射、流体技术的概念，对纹理传输、铅笔画、流体艺术风格、粉笔画的模拟算法进行详细阐述。

(2) 介绍基于光照明模型的偏离映射方法。本书介绍二维纹理合成算法，通过算法改进加速了纹理合成的速度，提高了纹理传输的效率。基于 Phong 光照明模型，介绍纹理合成结果偏离映射到目标图像中的方法，产生具有不同纹理传输的艺术效果，纹理传输过程可对环境光的亮度进行自动调节，可针对目标区域进行局部传输，并可得到彩色的纹理传输效果。

(3) 介绍铅笔画艺术风格的绘制方法。在铅笔画艺术效果的基础上，通过色彩空间的转换，将已有的算法运用于彩色图像空间，得到彩色铅笔画的绘制效果。此外，可将相关算法扩展到视频纹理中，模拟了视频纹理中的铅笔画艺术风格。

(4) 介绍流体艺术效果风格的绘制方法。基于 LIC 技术，本书介绍流体艺术效果的模拟方法，主要通过计算结构矢量场、参考图像生成、线条方向控制、积分卷积以及颜色模拟技术产生出具有漩涡状、波动感的流体艺术效果图像，算法可提升弱矢量场信息，采用可变的积分长度以及迭代积分的思想实现 LIC 过程。

(5) 介绍蜡染画艺术风格的绘制方法。对中国云南少数民族民间手工艺术品蜡染进行数字化模拟，通过交互方式从真实蜡染艺术作品中提取图案元素，通过对图案元素的编辑获得白描图，对白描图进行盖蜡操作，并生成冰纹效果，最后将冰纹效果与布料背景图像进行图像融合，产生蜡染艺术效果图像。

(6) 介绍了烙画艺术风格的绘制方法。对中国传统烙画艺术作品的模拟方法进行介绍，将烙画技艺的模拟分为背景和前景模拟两部分，通过纹理合成模拟背景图像，通过各向异性滤波、细节增强、图像变形等技术模拟前景图像，并采用图像融合的方法将前景映射到竹木、葫芦等背景图像中，模拟出烙画艺术效果图像。

(7) 介绍了东巴画艺术风格的绘制方法。对云南省少数民族纳西东巴画艺术效果进行数字化模拟，建立了东巴画图案素材库及白描图绘制系统，通过对图案元素编辑、着色获得前景图像，并采用纹理合成方法合成背景图像，最后将前景图像融合到背景图像，获得东巴画艺术风格模拟结果。

(8) 介绍了刺绣艺术风格的绘制方法。对具有中国特色的刺绣艺术风格进行数字化模拟，采用两种方法模拟刺绣艺术风格，针迹纹理合成过程中，通过多阈值分割、针迹纹理生成、图像叠加等算法获得最终效果；基于卷积神经网络模拟过程中，通过语义分割、特征提取、局部空间控制、风格迁移等过程产生最终的刺绣艺术风格图像。

(9) 介绍了粉笔画艺术风格的绘制方法。对喜闻乐见的粉笔画艺术风格进行数字化模拟，采用生成对抗网络构建了粉笔画艺术风格网络模型，通过对网络进行训练、风格传输等过程，提高了网络的泛化能力，获得最终的粉笔画风格艺术效果。

参 考 文 献

[1] Strothotte T, Schlechtweg S. Non-photorealistic Computer Graphics Modeling, Rendering Animation. San Francisco: Morgan Kaufman, 2004.

[2] 宓晓峰. 非真实感图形学相关技术的研究[硕士学位论文]. 杭州: 浙江大学, 2003.

[3] 范华. 基于点云的非真实感绘制技术研究[硕士学位论文]. 济南: 山东师范大学, 2008.

[4] Kowalski M A, Markosian L, Northrup J D, et al. Art-based rendering of fur, grass, and trees// Proceedings of the ACM SIGGRAPH Conference, 1999: 433-438.

[5] Hertzmann A, Oliver N, Curless B, et al. Curve analogies//Proceedings of the 13th Euro Graphics Workshop on Renderings, 2002: 233-245.

[6] Hertzmann A, Oliver N, Curless B, et al. Shape analogies//Processing of the ACM SIGGRAPH Conference 2002, Sketches and Applications, 2002: 247-253.

[7] Semmo A, Limberger D, Kyprianidis J E. Image stylization by oil paint filtering using color palettes//International Symposium on Computational Aesthetics in Graphics Visualization and Imaging, 2015: 149-158.

[8] Stuyck T, Fang D, Hadap S, et al. Real-time oil painting on mobile hardware. Computer Graphics Forum, 2017, 36(8): 69-79.

[9] Yang H, Kwon Y, Min K. A styled approach for pencil drawing from photographs. Computer Graphics Forum, 2012, 31(4): 1471-1480.

[10] Lu C U, Liu X, Jia J Y. Combining sketch and tone for pencil drawing production// International Symposium on Non-Photorealistic Animation and Rendering (NPAR 2012), 2012: 65-73.

[11] 莫晓裴, 丁友东. 利用形体特征的铅笔素描画生成. 中国图象图形学报, 2013, 18(2): 119-124.

[12] 赵艳丹, 赵汉理, 许佳奕, 等. 基于人脸特征和线积分卷积的肖像素描生成. 计算机辅助设计与图形学学报, 2014, 26(10): 1711-1720.

[13] Zhang J, Wang R Z, Xu D. Automatic generation of sketch-like drawing from image. IEEE International Conference on Multimedia & Expo Workshop, 2017: 261-266.

[14] 潘龙, 纪庆革, 陈靖. 线积分卷积与双色调映射相结合的彩色素描模拟方法. 中国图象图形学报, 2017, 22(7): 875-885.

[15] Zhao C, Gao B, Deng W, et al. A pencil drawing algorithm based on wavelet transform multiscale//Progress in Electromagnetics Research Symposium-fall, 2018, Singapore, DOI: 10.1109/PIERS-FALL.2017.8293113.

[16] Hertzmann A. Painterly rendering with curved brush strokes of multiple sizes//Processing of the ACM SIGGRAPH Conference, 1998: 453-460.

[17] Nehab D, Velho L. Multiscale moment-based painterly rendering//Proceedings of the Brazilian Symposium on Computer Graphics and Image Processing (SIBGRAPI), 2002: 244-251.

[18] 赵芳芳. 基于多分辨率技术的非真实感绘制方法研究[硕士学位论文]. 济南: 山东师范大学, 2009.

[19] 赵文莉. 基于分割的非真实感绘制技术研究[硕士学位论文]. 济南: 山东师范大学, 2011.

[20] Wexler D, Dezeustre G. Intelligent brush strokes//Processing of the ACM SIGGRAPH Conference, 2012: 50-62.

[21] McCann J, Pollard N S. Real-time gradient domain painting. ACM Transactions on Graphics, 2008, 27(3): 24-27.

[22] Baniasadi M. Genetic Programming for Non-photorealistic Rendering[Master Thesis]. Sainte Catherine of Alexandria: Brock University, 2013.

[23] Lindemeier T, Metzner J, Pollak L, et al. Hardware-based non-photorealistic rendering using a painting robot. Computer Graphics Forum, 2015, 34(2): 311-323.

[24] Chi M T, Liu W C, Hsu S H. Image stylization using anisotropic reaction diffusion. Visual Computer, 2015: 1-13.

[25] Curtis C J, Anderson S E. Computer-generated watercolor// Proceedings of the 24th Annual Conference on Computer Graphics and Interactive Techniques, 1997: 421-430.

[26] Sousa M C, Buchanan J W. Computer generated pencil drawing//Proceedings of the 10th Western Computer Graphics Symposium, 1999: 345-353.

[27] Treuille A, McNamara A, Popovic Z, et al. Key frame control of smoke simulations. ACM Transactions on Graphics, 2003, 22 (3): 716-723.

[28] McNamara A, Treuille A, Popovic Z, et al. Fluid control using the adjoin method. ACM Transactions on Graphics, 2004, 23(3): 449-456.

[29] Stam J. Simulation and control of physical phenomena in computer graphics// Proceedings of Pacific Graphics, 2004: 171-173.

[30] Fattal R, Lischinski D. Target-driven smoke animation. ACM Transactions on Graphics, 2004, 23(3): 441-448.

[31] Hong J M, Kim C H. Controlling fluid animation with geometric potential. Journal of Computer Animation and Virtual World, 2004, 15(3): 147-157.

[32] Chen J, Turk G, MacIntyre B. Watercolor inspired non-photorealistic rendering for augmented reality//Processing of the ACM Symposium on Virtual Reality Software and Technology, 2008: 231-234.

[33] DeCarlo D, Santella A. Stylization and abstraction of photographs//Processing of the ACM SIGGRAPH Conference, 2002: 769-776.

[34] Kang H, Seung Y L, Chui C K. Flow-based image abstraction. IEEE Transactions on Visualization and Computer Graphics, 2009, 15(1): 62-74.

[35] Obrenovic Z, Martens J B. Sketching interactive systems with sketchily. ACM Transactions on Computer Human Interaction, 2011, 18(1): 172-180.

[36] Inglis T C, Kaplan C S. Op art rendering with lines and curves. Computers and Graphics, 2012, 36(6): 607-621.

[37] Wang S D, Wu E H, Liu Y Q, et al. Abstraction line drawings from photographs using flow-based filters. Computer and Graphics, 2012, 36(4): 224-231.

[38] Kyprianidis J E, Collomosse J, Wang T, et al. State of the "art": A taxonomy of artistic stylization techniques for images and video. IEEE Transactions on Visualization and Computer Graphics, 2013, 19(7): 866-885.

[39] 王山东, 刘学慧, 陈彦云, 等. 基于特征流的抽象线条画绘制. 计算机学报, 2014, 37(3): 611-619.

[40] Xie J, Hertzmann A, Li W, Winnemoller H. PortraitSketch: Face sketching assistance for novices//Proceedings of the 27th ACM User Interface Software and Technology Symposium 2014: 407-417.

[41] Phong B T. Illumination for computer generated pictures. Communications of the ACM, 1975, 18(6): 311-317.

[42] Gooch A, Gooch B, Shirley P. A non-photorealistic lighting, model for automatic technical illustration//Proceedings of the 25th Annual Conference on Computer Graphics and Interactive Techniques, 1998: 447-452.

[43] Berberon A, Hamel S. Fast implementations of automata computations. Lecture Notes in Computer Science, 2001, 2088: 47-56.

[44] Eisemann E, Winnermoller H, Hart J C, et al. Stylized vector art from 3D models with region support. Computer Graphics Forum, 2008, 27(4): 1199-1207.

[45] Guo Q L, Kunii T L. "Nijimi" rendering algorithm for creating quality black ink paintings// Proceedings of the Computer Graphics International, 2003: 152-159.

[46] Nelson S H, Chu C L. Real-time painting with an expressive virtual Chinese brush. IEEE Computer Graphics and Applications, 2004, 24(5): 76-85.

[47] Xu S H, Francis C M, William K, et al. Automatic generation of artistic Chinese calligraphy. Intelligent Systems IEEE, 2005, 20(3): 32-39.

[48] 杨莹. 草书及行书"飞白"效果的仿真研究[硕士学位论文]. 大连: 辽宁师范大学, 2010.

[49] 黄冬, 安维华, 张雯婷, 具有沉浸感的毛笔书写行为实时仿真. 北京理工大学学报, 2019(4): 372-377.

[50] 孙美君, 李丹, 孙济洲. 基于纹理合成的中国山水画系统仿真. 系统仿真学报, 2004, 16(10): 2317-2320.

[51] 陈钊. 基于 GPU 的水墨风格地形绘制研究[硕士学位论文]. 长春: 吉林大学, 2011.

[52] 计忠平, 王毅刚, 方美娥, 等. 保持三维模型内在属性特征的水墨绘制. 计算机辅助设计与图形学学报, 2012, (9): 1151-1155.

[53] 牛晓东. 基于静态图像轮廓的水墨画风格绘制技术研究[硕士学位论文]. 成都: 四川师范大学, 2011.

[54] 孙娜娜. 基于显著性图的自然图像水墨风格化算法研究[硕士学位论文]. 济南: 山东师范大学, 2015.

[55] 曹毅. 基于图像的中国水墨画绘制方法的研究[博士学位论文]. 长春: 吉林大学, 2012.

[56] 张显权, 于金辉, 蒋凌琳, 等. 计算机辅助生成剪纸形象. 计算机辅助设计与图形学学报, 2005, 17(6): 1378-1382.

[57] Peng D M, Sun S Q, Pan L S. Research on Chinese paper-cut cad system// Proceedings of the Fourth International Conference on Image and Graphics, 2007: 892-896.

[58] Xu J, Kaplan C S, Mi X F. Computer-generated paper cutting//Proceedings of the 15th Pacific Conference on Computer Graphics and Applications, 2007: 343-350.

[59] Meng M, Zhao M, Zhu S C. Artistic paper-cut of human portraits//Proceedings of the ACM Multimedia International Conference, 2010: 931-934.

[60] 李岳. 剪纸画的计算机仿真方法研究[硕士学位论文]. 大连: 辽宁师范大学, 2011.

[61] 乔凤. 剪纸风格人脸肖像生成技术研究[硕士学位论文]. 昆明: 云南大学, 2012.

[62] 蔡飞龙, 彭韧, 于金辉. 京剧脸谱分析与合成. 计算机辅助设计与图形学学报, 2009, 21(8): 1092-1097.

[63] 陈圣国, 孙正兴, 项建华, 等. 计算机辅助乱针绣制作技术研究. 计算机学报, 2011, 34(3): 526-532.

[64] 周杰, 孙正兴, 杨克微, 等. 乱针绣模拟的参数化生成方法. 计算机辅助设计与图形学学报, 2014, 26(3): 436-444.

[65] 项建华, 杨克微, 周杰, 等. 一种基于图像分解的乱针绣模拟生成方法. 图学学报, 2013, 34(4): 16-24.

[66] Pu Y Y, Li W, Zhao Y, et al. Local color transfer algorithm based on CTWC and the application in styled rendering of Yunnan heavy color painting. Advances in Information Sciences & Service Science, 2013, 5(6): 183-190.

[67] Lu L, Pu Y Y, Liu Y. A portrait generation algorithm of Yunnan heavy color painting. Journal of Graphics, 2013, 34(3): 126-133.

[68] 李倩, 解婉誉, 李玉润, 等. 云南绝版套刻版画的数字模拟合成技术研究. 图学学报, 2013, 34(3): 120-126.

[69] 王雪松, 李杰, 侯剑侠, 等. 交互式云南绝版套色木刻数字化合成. 中国图象图形学报, 2015, 20(7): 937-945.

[70] 李杰, 侯剑侠, 王雪松, 等. 基于刻痕的云南绝版套刻的数字合成研究[硕士学位论文]. 昆明: 云南大学, 2015.

[71] 高辉, 唐傈. 新的蜡笔画风格生成方法. 计算机工程与应用, 2011, 47(32): 177-180.

[72] 钟秋月. 皮影效果风格化绘制关键技术研究与实现[硕士学位论文]. 成都: 电子科技大学, 2012.

[73] Qian W H, Yang X Y, Xu D, et al. A NPR technique of pyrography art effects. Information Technology Journal, 2014, 3(7): 1401-1405.

[74] 钱文华, 徐丹, 岳昆, 等. 偏离映射的烙画风格绘制. 中国图象图形学报, 2013, 18(7): 836-843.

[75] 喻扬涛, 徐丹. 蜡染冰纹生成算法研究. 图学学报, 2015, 36(2): 159-166.

[76] Elber G. Line art illustrations of parametric and implicit forms. IEEE Transactions on Visualization and Computer Graphics, 1998, 4(1): 71-81.

[77] Girshick A, Interance V, Haker S, et al. Line direction matters: an argument for the use of principal directions in 3D line drawings//Proceedings of the First International Symposium on Non-photorealistic Animation and Rendering, 2000: 43-52.

[78] Freudenberg B, Masuch M. Real-time halftoning: A primitive for non-photorealistic shading// Proceedings of the 13th Eurographics Workshop on Rendering, 2002: 227-231.

[79] Kalnins R D, Markosian L, Meier B J, et al. WYSIWYG NPR: Drawing strokes directly on 3D models. ACM Transactions on Graphics, 2002, 21(3): 755-762.

[80] Praun E, Hoppe H, Matthew W, et al. Real-time hatching//Proceedings of the 28th Annual Conference on Computer Graphics and Interactive Techniques, 2001: 581-587.

[81] Debry D, Gibbs J, Petty D L, et al. Painting and rendering textures on unparameterized models// Proceedings of the 29th Annual Conference on Computer Graphics and Interactive Techniques, 2002: 763-768.

[82] Cook M T. A survey of sketch-based 3D modeling techniques. Interacting with Computers, 2009, 21(3): 201-211.

[83] Pouli T, Prazak M, Zemcik P, et al. Rendering fur directly into images. Computer & Graphics, 2010, 34(5): 612-620.

[84] 于金辉, 尹小勤, 彭群生. 一个卡通动画雨模型. 软件学报, 2002, 13(9): 1882-1887.

[85] 张海嵩, 尹小勤, 于金辉. 实时绘制 3D 中国画效果. 计算机辅助设计与图形学学报, 2004, 16(11): 1485-1489.

[86] Keefe D F, Feliz D A, Moscovich T, et al. Cave painting: A fully immersive 3D artistic medium and interactive experience//Proceedings of the Symposium on Interactive 3D Graphicsm, 2001: 85-93.

[87] Chu S H, Tai C L. An efficient brush model for physically based 3D painting//Proceedings of the Pacific Graphics, 2002: 413-421.

[88] Grubert J, Carpendale S, Isenberg T. Interactive stroke-based NPR using hand postures on large displays//Proceedings of the Katerina Mania and Erik Reinhard, Short Papers at Eurographics 2008, 2008: 279-282.

[89] Vandoren P, Laerhoven T V, Claesen L, et al. IntuPaint: Bridging the gap between physical and digital painting// Proceedings of the IEEE International Workshop on Horizontal Interactive Human Computer System, 2008: 65-72.

[90] Kawamoto S, Yotsukura T, Anjyo K, et al. Efficient lip-synch tool for 3D cartoon animation. Computer Animation and Virtual Worlds, 2008, 1 (93): 247-257.

[91] Tzur Y, Tal A. Photogrammetric texture mapping using casual images//Proceedings of the SIGGRAPH Conference, 2009: 14-21.

[92] Sykora D, Kavan L, Cadik M, et al. Ink-and-ray: Bas-relief meshes for adding global illumination effects to hand-drawn characters. ACM Transactions on Graphics, 2014, 33(2): 100-120.

[93] Litwinowicz P. Processing images and video for an impressionist effect//Proceedings of the ACM SIGGRAPH Conference, 1997: 407-414.

[94] Hertzmann A, Zorin D. Illustrating smooth surfaces//Processing of the ACM SIGGRAPH Conference, 2000: 517-526.

[95] Wang J, Xu Y Q, Shum H Y, et al. Video tooning//Proceedings of the ACM SIGGRAPH Conference, 2004: 574-583.

[96] Comaniciu D, Meer P. Mean shift: A robust approach toward feature space analysis. IEEE Transactions on Pattern Analysis and Machine Intelligence, 2002, 24(5): 603-619.

[97] Klein A W, Grant T, Finkelstein A, et al. Video mosaics//Proceedings of the 2nd International Symposium on Non-photorealistic Animation and Rendering, 2002: 21-29.

[98] Hays J, Essa I. Image and video based painterly animation//Proceedings of the 3rd International Symposium on Non-photorealistic Animation and Rendering, 2004: 113-120.

[99] Winnemoller H, Olsen S C, Gooch B. Real-time video abstraction. ACM Transactions on Graphics, 2006, 25(3): 1221-1226.

[100] Agarwala A, Hertzmann A, Salesin H D, et al. Keyframe-based tracking for rotoscoping and animation//Processing of the ACM SIGGRAPH Conference 2004, 2004: 584-591.

[101] Kshitiz G, Nayar S K. Vision and rain. International Journal of Computer Vision, 2007, 75(1): 3-27.

[102] 赵凡. 基于视频流的水墨动画数字实现方法[硕士学位论文]. 上海: 上海大学, 2009.

[103] Benard P, Cole F, Kass M, et al. Stylizing animation by example. ACM Transactions on Graphics, 2013, 32(4): 119: 1-119: 12.

[104] Tang Y, Zhang Y, Shi X Y, et al. Multi-style video stylization based on texture advection. Science China Information Sciences, 2015, 58(11): 1.

[105] Gatys L A, Ecker A S, Bethge M. Image style transfer using convolutional neural networks// Proceedings of the IEEE Conference on Computer Vision and Pattern Recognition (CVPR), 2016: 2414-2423.

[106] Nikulin Y, Novak R. Exploring the neural algorithm of artistic style. Computer Vision and Pattern Recognition, 2016, arXiv: 1602.07188.

[107] Ulyanov D, Lebedev V, Vedaldi A. Texture networks: Feed-forward synthesis of textures and stylized images. Computer Vision Pattern Recognition, 2016, arXiv: 1603.03417.

[108] Johnson J, Alahi A, Li F F. Perceptual losses for real-time style transfer and super-resolution// European Conference on Computer Vision, 2016: 694-711.

[109] Chen T Q, Schmidt M. Fast patch-based style transfer of arbitrary style. Computer Vision and Pattern Recognition, 2016. arXiv:1612.04337.

[110] Luan F, Paris S, Shechtman E, Bala K. Deep photo style transfer//IEEE Conference on Computer Vision and Pattern Recognition, 2017: 6997-7005.

[111] Jezek B, Horacek D, Vanek J. Non-photorealistic rendering and sketching supported by GPU// International Conference on Augmented Reality, Virtual Reality and Computer Graphics, 2018: 447-463.

[112] Chen Y, Lai Y K, Liu Y J. CartoonGAN: Generative adversarial networks for photo cartoonization//Conference on Computer Vision and Pattern Recognition (CVPR), 2018: 9465-9474.

[113] Liu Y F, Qin Z C, Wan T, et al. Auto-painter: Cartoon image generation from sketch by using conditional wasserstein generative adversarial networks. Neurocomputing, 2018, (311): 78-87.

[114] Chen C F, Tan X, Wong K Y K. Face sketch synthesis with style transfer using pyramid column feature//IEEE Winter Conference on Applications of Computer Vision (WACV), 2018: 485-493.

第 2 章　二维纹理合成及纹理映射

利用计算机等硬件设备对自然界纹理图像进行采集、数字化存储、分析，通过非真实感绘制技术对采集的图像进行处理，可获得不同的艺术效果图像。自然界有各种各样的纹理图像，基于图像类比、纹理映射等方法，可将纹理信息传输到其他目标图像，产生油画、水彩画、点彩派、抽象画等不同类型的艺术风格图像；然而，对自然界纹理图像的采集往往获得较小的纹理样本，不能满足实际需要，因此，研究者提出采用纹理合成的方法将纹理样本合成为较大区域的图像，为纹理传输、纹理映射、非真实感绘制等技术和方法的实现奠定基础。

2.1　纹理的定义

纹理是灰度或颜色在空间中的组合形式，不同的组合显示出不同的图案，因此泛指物体表面的花纹或纹路，如输入图像表面具有某种规则的花纹或纹路，该图像可称为纹理图像。通常，纹理是较为模糊的概念，经常作为感觉或编制物的外观被人们感知，它是对区域性质的描述，可以衡量局部区域中像素之间的相互关系，包括区域间相互的位置、灰度大小之间的关系。

纹理作为图像中的一个重要信息，可以表达很多视觉上的信息，有时人们可以清晰地感觉到两种不同纹理在色彩结构上的差异，却很难用科学的语言来描述这些不同。从人类的视觉感知角度来说，人类观察到的纹理包括平滑度、粗糙度和凹凸性、规律性等特征，给人们产生某种特殊的视觉感受。从空域或频域的角度分析图像，一般认为纹理与频谱中的高频分量密切相关，而频谱中的低频部分一般不作为纹理考虑，例如，可以通过分析频域中高频部分的窄波峰来研究图像的整体周期性[1]。

虽然还没有对纹理形成统一的概念，但是有很多描述和提取纹理的方法，研究者对纹理进行分析，提取纹理特征，并对它们进行分类，完成对纹理的合成、模拟、分割等计算。对纹理的模拟分析与选择观察的尺度密切相关，分析纹理时，必须首先确定观察的尺度，在不同尺度下，观察到的纹理是不一样的，分析的结果也会有很大的不同。例如，一幅图像，在不断放大的情况下，给人的感受是不一样的，观察的细节信息也是不一样的，因此对于要观察的事物，一旦选择了合适的尺度，就肯定会有相应的纹理出现。

2.1.1　纹理分析方法

纹理分析和描述的目的是通过某些度量方法对一个特定纹理进行分类,同时,图像特征提取中的位置、尺度和旋转不变性同样适用于纹理提取。在纹理分析中,对纹理的表达、分类和描述通常有统计法、结构法、频谱法和合成法[2-5]。

1. 统计法

统计法是指在衡量区域的纹理特征时,统计分析局部区域中像素点的灰度和位置的整体变化,使用统计量对区域纹理进行描述。

采用灰度级直方图的统计矩,是一种比较简单的纹理分析统计方法。假设 z 表示灰度级的变量,并令 $P(z_i)$, $i=0, 1, 2, \cdots, L-1$ 为区域所对应的灰度直方图,其中,L 为灰度等级的数目,则关于 z 的均值的第 n 阶矩为

$$\mu_n = \sum_{i=0}^{L-1}(z_i - m)^n P(z_i) \tag{2.1}$$

其中,m 是区域的灰度均值(平均灰度):

$$m = \sum_{i=0}^{L-1} z_i P(z_i) \tag{2.2}$$

可以看出,式(2.1)中有 $\mu_0 = 1$,$\mu_1 = 0$。区域的二阶矩实际就是区域灰度值的方差,它在纹理描述中有非常重要的地位,其他的 n 阶矩也各有用处,对纹理分析有一定的作用,如三阶矩表示灰度直方图偏斜的程度,四阶矩则表示纹理的平直度。

在统计法中,使用统计量对区域进行定量度量,统计量主要包含对区域中灰度分布和变化趋势的度量。除了统计矩,纹理描述的统计方法主要有基于灰度共生矩阵的纹理描述和基于能量的纹理描述。

纹理特征提取的一种有效方法是以灰度级的空间相关矩阵即共生矩阵(co-occurrence matrix)为基础[5],共生矩阵用两个位置的像素的联合概率密度来定义,它不仅反映亮度的分布特性,也反映具有同样亮度或接近亮度的像素之间的位置分布特性,是有关图像亮度变化的二阶统计特征。矩阵中的元素由分开一定距离和一定倾角上具有特定亮度级的像素对组成,对于亮度级 b_1 和 b_2,共生矩阵 C 为

$$C_{b_1,b_2} = \sum_{x=1}^{N}\sum_{y=1}^{N}(P_{x,y} = b_1) \wedge (P_{x',y'} = b_2) \tag{2.3}$$

其中,x 坐标上的 x' 是由距离 d 和倾角 θ 给出的偏移量:

$$x' = x + d\cos\theta \quad \forall[d \in 1, \max(d)] 且 (\theta \in 0, 2\pi) \tag{2.4}$$

同时，y 坐标上的 y' 为

$$y' = y + d\sin\theta \quad \forall[d \in 1, \max(d)] \text{且}(\theta \in 0, 2\pi) \tag{2.5}$$

对目标图像进行处理，可得到一个对称的正方矩阵，其维数等于图像的灰度级数。一幅图像的灰度共生矩阵能反映出图像灰度关于方向、相邻间隔、变化幅度的综合信息，它是分析图像的局部模式和它们排列规则的基础。对于粗纹理的区域，像素对趋于具有相同的灰度，因此其灰度共生矩阵中的值较集中于主对角线附近，而对于细纹理的区域，其灰度共生矩阵中的值散布在各处。由于共生矩阵计算图像亮度间的空间关系，而不是频率，所以该方法似乎比傅里叶描述更能揭示纹理的特性。同时，可以通过对图像的亮度比例调节来减少灰度级数，提高处理速度，减少共生矩阵的维数，但对纹理的分辨能力也随之降低。

2. 结构法

在结构法中，认为复杂纹理可由简单纹理通过一定的规则组成，这种方法主要研究两个问题：组成纹理的基元和组成纹理的规则。基于结构的方法试图通过确定纹理基元和基元的组合形式对纹理进行描述，使用这种方法，可以获得一些与直观感受相关的特征，如粗细度、对比度、方向性、线状性、规则性、粗糙度或凹凸度等。

在结构法描述中，可以通过傅里叶变换、小波变换等方法对图像时间和频率上的特征进行定位和提取，通过熵(entropy)、能量和惯性来描述、度量和分析纹理特征。

3. 频谱法

在频谱法中，使用傅里叶变换或小波变换等方法能将纹理图像从时空域转换到频率域，频率域中的频谱中包含了大量信息，低频部分是图像中变化较缓的部分，即平滑区域；而高频部分则集中了图像中突变的部分，如边缘等细节信息，因此，可以针对频谱中高频部分的窄波峰，分析局部区域的纹理特征，寻找图像中的周期性规律。

将输入图像经过二维离散傅里叶变换可以得到图像的傅里叶频谱，一个分辨率为 $M \times N$ 的图像 $f(x, y)$，它的离散傅里叶变换可由式(2.6)求取[3]：

$$F(u,v) = \sum_{u=0}^{M-1}\sum_{v=0}^{N-1} f(u,v)\mathrm{e}^{-\mathrm{j}2\pi(ux/M + vy/N)} \tag{2.6}$$

其中，$u = 0, 1, 2, \cdots, M-1$；$v = 0, 1, 2, \cdots, N-1$；$F(u, v)$ 是一个 $M \times N$ 的矩阵，表示原图像 $f(x, y)$ 的频谱。同样，可以通过傅里叶反变换将频率域转换到时空域，获取 $f(x, y)$，可以通过式(2.7)求取：

$$f(u,v) = \sum_{u=0}^{M-1} \sum_{v=0}^{N-1} F(u,v) e^{-j2\pi(ux/M + vy/N)} \tag{2.7}$$

式(2.6)和式(2.7)构成了二维离散傅里叶变换对，变量 u 和 v 是频率变量，x 和 y 是空间域的图像变量，傅里叶谱、相角和频率谱的定义分别如下：

$$|F(u,v)| = [R^2(u,v) + I^2(u,v)]^{1/2} \tag{2.8}$$

$$\phi(u,v) = \arctan\left[\frac{I(u,v)}{R(u,v)}\right] \tag{2.9}$$

$$P(u,v) = |F(u,v)|^2 = R^2(u,v) + I^2(u,v) \tag{2.10}$$

其中，$R(u, v)$ 和 $I(u, v)$ 分别是 $F(u, v)$ 的实部和虚部。

通常在进行傅里叶变换之前用 $(-1)^{x+y}$ 乘以输入的图像函数：

$$\Im[f(x,y)(-1)^{x+y}] = F(u - M/2, v - N/2) \tag{2.11}$$

式(2.11)表示 $f(x,y)(-1)^{x+y}$ 傅里叶变换的原点被设置在 $(M/2, N/2)$ 上，即将 $f(x, y)$ 的傅里叶变换 $F(u, v)$ 的原点变换到频率坐标 $(M/2, N/2)$ 上。

4. 合成法

可以将结构和统计进行合成来描述和分析纹理，Chen 等[4]提出纹理是几何结构(如有图案的布料)和统计结构(如地毯图像)的结合，因此可以通过结构和统计的方法描述纹理图像，该方法称为统计几何特征法(statistical geometric features，SGF)，即可以从图像中求出几何特征，再用统计值来描述。

首先，将输入图像 P(具有 L 个亮度等级)处理为二值图像 B，再从二值图像中求出几何量。二值图像可计算为[5]

$$B(\alpha)_{x,y} = \begin{cases} 1, & P_{x,y} = \alpha \\ 0, & 否则 \end{cases} \quad \forall \alpha \in [1, L] \tag{2.12}$$

其次，每个二值区域的所有点都与 1 或 0 区域相连通。计算 4 个几何量度，第一，每个二值平面中 1 和 0 的区域数目(即 1 和 0 的连通集合)，记为 NOC_1 和 NOC_2；第二，对每个平面，用不规则性来描述每个连通域，它是 1 连通区域 R 的一个局部形状量度，即 1 连通的不规则性 $I_1(R)$ 定义为[5]

$$I_1(R) = \frac{1 + \sqrt{\pi} \max_{i \in R} \sqrt{(x_i - \bar{x})^2 + (y_i - \bar{y})^2}}{\sqrt{N(R)}} - 1 \tag{2.13}$$

其中，x_i 和 y_i 是像素点的坐标值；$\bar{x}$ 和 $\bar{y}$ 是局部区域内 x 和 y 坐标的平均值；N 是区域范围内所有点的数目。用同样的方法定义 0 连通的不规则性 $I_0(R)$，如果把它应用于 1 和 0 区域,又可以得到两个几何量度,即 $\text{IRGL}_1(i)$ 和 $\text{IRGL}_0(i)$,为了使不同区域的贡献达到平衡,特定平面上 1 区域的不规则性用加权和 $\text{WI}_1(\alpha)$ 来表示:

$$\text{WI}_1(\alpha) = \frac{\sum_{R \in B(\alpha)} N(R)I(R)}{\sum_{R \in P} N(R)} \tag{2.14}$$

通过式(2.14)可计算出每个平面唯一的不规则量度。同样,0 连通的加权不规则性可以表示为 WI_0,与连通区域的两个计数 NOC_1 和 NOC_0 一起,它们共同构成 SGF 的 4 个几何量度,接着,统计值可以根据这 4 个量度来计算,所得到的统计值是所有二值平面上每个量度的最大值 M,用 $m(\alpha)$ 表示 4 个量度中的任一量度,则最大值为

$$M = \max_{\alpha_i \in [1,L]} [m(\alpha)] \tag{2.15}$$

其中,L 表示图像的亮度级;α_i 表示第 i 个度量,亮度为 $1 \sim L$;m 的平均值 $\overline{m}$ 为

$$\overline{m} = \frac{1}{255} \sum_{\alpha=1}^{L} m(\alpha) \tag{2.16}$$

样本平均值 $\overline{S}$ 为

$$\overline{S} = \frac{1}{\sum_{\alpha=1}^{L} m(\alpha)} \sum_{\alpha=1}^{L} \alpha m(\alpha) \tag{2.17}$$

另外,可以通过样本标准差(sample standard deviation,SSD)来统计不规则性度量:

$$\text{SSD} = \sqrt{\frac{1}{\sum_{\alpha=1}^{NB} m(\alpha)} \sum_{\alpha=1}^{NB} (\alpha - \overline{s}) m(\alpha)} \tag{2.18}$$

不规则性度量可以用紧凑度(compactness)来替代,区域的紧凑度通过周长和面积进行特征化,是周长和面积的比值:

$$C(S) = \frac{4\pi A(S)}{P^2(S)} \tag{2.19}$$

可以将式(2.19)修改为

$$C(S) = \frac{A(S)}{P^2(S)/(4\pi)} \tag{2.20}$$

其中，$A(S)$表示圆的区域；$P(S)$为周长。因此，紧凑度计算的是目标形状的面积与具有相同周长的圆比值，也就是说，紧凑度测量的是边界包围区域的有效性，数学上可称为等周商(isoperimetric quotient)。对于一个正圆，其周长 $C=1$，表示最大紧凑度值，即圆是最紧凑的形状。计算非正圆的周长，并画一个外接正圆，则正圆的面积更大，即该形状不紧凑；对于一个完全正方形的区域，$C(square)=\pi/4$。对于完全的正方形或完全的圆，量度都没有包括大小，如正方形的边宽和圆的半径，因此，紧凑度只是对形状的度量。

2.1.2　纹理图像融合

非真实感绘制从技术和艺术的角度出发来满足人们的需要，传统意义上，非真实感绘制技术主要通过定义笔刷、绘制样式，建立渲染模型等方式产生具有艺术效果的结果图像。然而，由于现实中艺术效果种类多样，近年来，非真实感绘制技术采用的方法也逐渐扩展、不尽相同。同时，人眼在视觉系统中对灰度色调的分辨仅仅有几十种，但对颜色具有较高的敏感度，能分辨出具有真彩色信息的图像，是灰度色调的几十倍。因此，除传统的笔刷绘制方法，可以简单地通过对图像局部色彩的修改，如在目标图像中加入颜色纹理获得某种艺术效果图像。

对输入图像的颜色进行改进，可通过预先定义纹理模式，再建立物体表面的点与纹理模式的点之间的对应关系来获得。当物体表面的可见点确定之后，以纹理模式的对应点参与光照模型进行计算，就可把纹理模式附加到物体表面上，完成纹理与目标图像的融合，即纹理映射过程(texture mapping)。

在非真实感绘制技术中，纹理映射是使用图像、函数或者其他数据源来改变物体表面的外观，对输入纹理重采样以便产生某种艺术效果。很多图形工作者致力于通过纹理、颜色等特征的处理来得到非真实感绘制的艺术效果，例如，在进行颜色传输时，输入样本的色彩统计信息被传输到目标图像中，基于对输入图像像素值的统计，使目标图像与参考图像像素具有相同的统计分布，输出结果中的颜色特征与参考图像的颜色特征趋于一致，实现了纹理传输的效果，可以模拟油画、水彩画、点彩派、抽象画等不同类型的艺术风格作品。

虽然基于纹理映射的方法可以模拟出不同风格的艺术效果图像，但自然纹理样本的多样性和复杂性，使得纹理映射的方法对非结构性纹理不能得到较好的传输效果。此外，自然界存在的纹理样本数不胜数、变化多样，受采样设备和采样区域的影响，人们往往只能得到较小的纹理块。纹理映射技术往往通过纹理图像和目标图像进行一对一的映射，容易造成纹理样本图像大小与目标图像大小不匹配的问题，如采用纹理样本块与目标图像直接映射，会导致结果图像分辨率较低的问题。自然界中存在的纹理样本大多具有自相似性，这促使很多图像研究者先通过纹理合成的方法对纹理样本进行合成，再通过纹理映射技术将纹理映射到目标图像中。

纹理映射可以将纹理图像的信息传输到目标图像，实现纹理图像与目标图像的融合，获得具有不同纹理背景的艺术风格效果。图 2.1 显示了纹理映射系统的流程图。

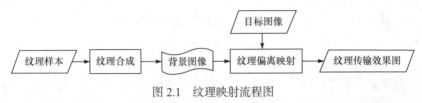

图 2.1　纹理映射流程图

将纹理图像看作背景图像，当纹理样本图像具有与目标图像匹配的尺寸大小时，直接进行纹理映射；当纹理样本图像较小，不能满足纹理映射的需求时，采用纹理合成技术对纹理样本进行合成，获得与目标图像相同大小的背景图像后，再进行纹理映射，纹理合成图像的质量对纹理映射最终结果有较大影响。下面介绍纹理合成的实现方法。

2.2　基于样图的纹理合成

自然界中纹理样本图案的分布或者呈周期性或者呈随机性，通过输入小块纹理样本，利用纹理合成算法将小块纹理样本合成为较大空间的纹理图像，输出图像中具有自相似性。纹理合成主要采用过程纹理合成(procedural texture synthesis，PTS)和基于样图的纹理合成(texture synthesis from samples，TSFS)两种方法获得：①过程纹理合成通过物理过程的仿真实现纹理合成的效果，但该方法对每一种新纹理都需要设置复杂的参数反复测试；②基于样图的纹理合成避免了烦琐的参数调试，受到很多研究者的关注，但该方法仍然需要对纹理块与块之间的边界进行额外处理。纹理合成技术不仅在图像编辑、数据压缩等方面发挥作用，还利用纹理传递、纹理补色、时频领域生成视频动画等技术，在真实感与非真实感效果的表现方面也具有较广泛的应用前景。

纹理合成过程是纹理映射的前提，是不同风格的艺术效果图像产生的基础，自然界存在的纹理变换多种多样，纹理合成过程需要选取合适的输入纹理样本，根据纹理的局部统计特征和自相似性，经过特征匹配的方法搜寻匹配像素点或匹配块，实现纹理合成，获取尺寸较大的纹理图像。

2.2.1　纹理合成技术相关工作

早期的纹理合成采用过程纹理合成的方法，通过对纹理进行分析，通常采用统计的方法进行纹理合成[6]；Heeger 等[7]利用拉普拉斯金字塔进行纹理合成，对较简单的自然纹理进行合成时获得较好的效果，算法中对金字塔用噪声进行初始化，然后更改噪声，通过直方图匹配的方法修改金字塔的颜色，在迭代过程中利用金字塔倒置的方法得到结果图像。Heeger 等的方法对随机性较强的纹理能得到较好的结果，但是对于结构化的纹理如砖墙等纹理图像的合成结果并不理想。

Portilla 等[8]利用统计的方法，通过可控的金字塔模型进行纹理的合成，对多种纹理都取得了很好的效果，合成的结果较好地保持了纹理的全局结构，但不能很好地保持局部的细节结构等信息。此后，Portilla 和 Simoncelli 通过复杂的合成优化过程，进一步提高了结构化纹理的合成质量。然而，对于大多数的纹理样本，采用统计的方法并不具有通用性。

随着纹理合成技术的不断发展，研究者认为马尔可夫随机场(Markov random field，MRF)模型是一种很好的逼近模型，基于该模型的纹理合成方法被不断地提出。Efros 等[9]根据纹理具有局部性和稳定性的特性，首次采用基于 MRF 模型进行纹理合成，算法首先在待合成的输出图像中填入种子像素点，采用搜索匹配的方法在输入样本纹理中查找匹配像素点，将匹配点填充到结果图像中。合成过程主要利用了邻近像素点的相关性比较强的特点，他们所提出的方法和模型适合大部分的纹理类型，但合成算法的时间复杂度较高，以后的纹理合成方面的算法研究都受到 Efros 方法的影响。

Wei 等[10]对 Efros 等的方法进行了改进，提出了基于 L 型邻域误差的匹配算法，算法采用多分辨率模型和矢量量化方法降低了合成算法的时间复杂度。此外，Efros 等[11]在他们工作的基础上，提出了一种更简单的基于像素块缝合的纹理合成算法 Image Quilting，该算法在样本图像中查找匹配块填充到待合成区域，填充时，块与块之间的边界保留一定的重叠区域，通过在重叠区域中查找最佳路径来缝合纹理块之间的边界。Efros 等的方法保留了填充块边界处的高频纹理信息，对多种类型的纹理都取得了非常好的效果，特别是结构性纹理比以往的算法有了较大的改进，提高了合成效率、减少了合成时间，成为纹理合成中的经典算法。此外，Kwatra 等[12]提出一种基于图形裁剪(graph cut)的合成算法，算法无须设置填充块的大小、形状等参数，以整个输入的纹理样本作为填充单元，通过选定的位移位置填充到合成图中，并通过图形区域的裁剪来决定最终的输出区域，同时，Kwatra 等还将算法扩展到视频纹理合成领域。与 Image Quilting 算法不同，图形裁剪通过不断迭代计算和反复黏合使得边界缝合达到最佳状态，因此，该算法获得了较好的合成质量。

Wu 等[13]则在纹理块匹配的基础上利用特征曲线来提高合成质量，算法首先分析了纹理样本的结构，提取纹理样本的特征曲线，由特征曲线指导纹理块之间的匹配。由于在合成过程中通过曲线特征引导的方法减少了重叠区域的局部不连续现象，提高了最终纹理合成的质量。此外，文献[14]基于匹配块相似性的问题，改进了 Efros 等提出的 Image Quilting 方法，不仅考虑了不同匹配块之间的颜色相似性，还充分考虑了纹理块结构信息的差别，获得了比较理想的合成结果；朱文浩等[15] 提出了一种基于圆形区块随机增长的多样图纹理合成算法，采用基于梯度引导的泊松平滑处理相邻纹理块之间的过渡区域，并在合成匹配函数中引入结构特征约束，保持了纹理视觉效果和纹理结构的连续性，改善了扫描线算法所带来的锯齿效应。

Nealen 等[16]提出了基于像素点和像素块的混合纹理合成方法，算法结合了基于像素点和像素块各自的优点，合成速度和质量都有所提高；Shi 等[17]改进了混合纹理合成方法，采用 Ashikhmin 和图像金字塔搜索策略来保存纹理的结构特征，通过对样本纹理进行预计算来加速块匹配过程的方法，加快了合成速度，提高了平均合成性能；Koppel 等[18]提出一种混合的纹理合成方法，算法基于纹理块和参数化合成方法，加快了运行速度，在峰值信噪比、结构相似性、视觉显著性、特征相似性、颜色特征等方面都得到了提高，增强了纹理对象的真实性，算法可扩展至三维领域，为三维场景中不同视点方向观察纹理对象提供了技术支持。

2.2.2　参数化纹理合成方法

Efros 等[9]提出的纹理合成算法是最具有代表性的非参数化纹理合成方法。算法基于 MFR 模型，利用输入样本图像中像素点之间的相关性，认为像素点的颜色仅与它邻域周围像素点颜色的分布相关。由于 Efros 等第一次采用 MFR 模型合成纹理样本，算法需要构造显示的概率函数，像素合成依赖于邻域匹配，没有用约束法则合成局部细节；此外，匹配点的搜索需要遍历整个样本空间，计算复杂度较高，对结构性纹理合成质量并不理想。在 Efros 等的算法基础上，Wei 和 Levoy 对该方法进行了改进，对匹配窗的大小和形状进行了修改，提出了采用 L 型邻域误差搜索匹配像素点的算法；此外，Efros 在他本人工作的基础上，采用基于纹理块的合成方法，采用最佳路径搜索算法加速了合成过程[11]。

1. Wei-Levoy 纹理合成算法

由于邻域匹配思想具有较高的时间复杂度，Wei 和 Levoy 采用多分辨率模型，改进了搜索邻域，将像素点的搜索邻域改为 L 型邻域，在搜索过程中将搜索到的最佳 L 型邻域的中心像素点填充到结果图像中，采用矢量量化方法加速了合成的过程，提高了合成的速度。

像素点的 L 型邻域及纹理合成过程如图 2.2 所示。图 2.2(a) 为输入纹理样本，假设 q 点为纹理样本图中的任意一像素点，图 2.2(b) 为最终合成纹理图，假设 p 点为待合成像素点，在图 2.2(b) 中，p 点的 L 型邻域包括与它相邻的 6 个像素。匹配点搜索的核心思想是每个像素与它周围的像素都具有相似性，利用 L 型邻域的相似性来找到待合成像素的值。两个像素点的邻域误差指它们邻域中对应像素的 RGB 值误差之和，假设 q、p 代表纹理样本与最终合成纹理图的像素点，可通过式(2.21)计算邻域误差 F：

$$F(p,q) = \sum \mathrm{sqrt}\left\{[R(q)-R(p)]^2 + [G(q)-G(p)]^2 + [B(q)-B(p)]^2\right\} \tag{2.21}$$

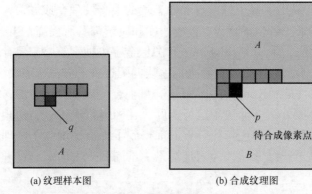

(a) 纹理样本图　　　　　　　　　(b) 合成纹理图

图 2.2　纹理合成过程

Wei 等[10]提出的基于像素点的 L 型邻域误差匹配算法的步骤如下。

(1) 参数设置。对自然纹理样本进行采样，输入纹理样本图像 A，指定最终合成纹理图 B 的大小。

(2) 填充种子点。从输入纹理样本图像 A 中随机取值，将选取的像素点填充到待合成纹理图 B 中，随机选取的种子点将填满整个待合成空间。

(3) 计算相似性匹配误差。按照扫描线的方向，对于最终图像中的每一待合成像素点 p，根据式(2.21)，计算 p 点的 L 型邻域与输入样本纹理每一像素点邻域的误差值。

(4) 填充像素值。将 p 点的 L 型邻域与输入样本纹理每一像素点邻域误差值进行比较，找出其中 L 型邻域误差最小的像素，把该点的像素值作为待合成点 p 的像素值填充到结果图像中。

(5) 重复步骤(3)和步骤(4)，直到填充完待合成纹理图的最后一个像素。

与 Efros 等[9]的算法相比，Wei-Levoy 算法简单、易于理解，且执行效率较高，提高了合成速度。由于 Wei-Levoy 算法是基于像素点的合成，对于随机性较强的纹理能够取得满意的合成效果，对于结构性较强的纹理合成质量并不理想，此外，由于采用基于像素点的方法合成结果图像，图像会产生模糊的边缘信息。

2. Efros 纹理合成算法

Efros 等[11]提出 Image Quilting 的纹理合成方法，从样本纹理图中选取纹理块填充到合成结果图中，纹理块的大小可以根据需要进行设置，纹理块与块之间采用最小匹配路径搜索待合成像素点，着重解决纹理块之间的接缝问题。算法合成最后的纹理效果图像需要经过 4 个步骤：选取纹理块填充、调整纹理块区域、搜寻最佳缝合线和边界平滑处理。

1) 选取纹理块填充

从纹理样本中随机选取一部分区域填充待合成结果图。随机选取的纹理单元长度可以自行定义，以扫描线的顺序在合成结果图中填充，相邻的两块纹理单元之间保证有一定重叠的边界，以便在最小路径匹配时，搜索当前纹理单元在水平或垂直方向与其他纹理单元的最佳缝合线。图 2.3 为选取纹理块填充到合成结果图中，可能出现的三种重叠方式，图 2.3(a)为水平重叠方式，图 2.3(b)为垂直重叠方式，图 2.3(c)为水平和垂直都有重叠的方式。

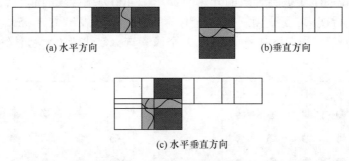

(a) 水平方向　　　　　　　　　(b)垂直方向

(c) 水平垂直方向

图 2.3　扫描线填充顺序

2) 调整纹理块区域

在选取纹理块填充时，为了使纹理块与块之间的细节信息更加接近，重叠区域像素的颜色误差(R、G、B 三个通道之间颜色差的平方和)必须小于预先给定的阈值，使得相邻区域间纹理的匹配更加接近。纹理块之间重叠区域所有像素的颜色误差用式(2.21)计算，当颜色误差大于给定的阈值时，从样本图像中选取新的纹理块填充，在垂直方向，也采用相同的方法对纹理块区域进行调整。

3) 搜寻最佳缝合线

使用最佳缝合线方法进行最小匹配路径调整，匹配纹理块。寻找最佳缝合线的方法定义如下：

$$E(i, j) = \min \sum_{k=1}^{M} [E_{\text{color}}(i, j)^2 + E_{\text{geometry}}(i, j)] \tag{2.22}$$

其中，M 是重叠区域的宽度；$E_{\text{color}}(i, j)$ 是相邻两幅图像重叠区域内对应像素的颜色差值，用式(2.21)计算；$E_{\text{geometry}}(i, j)$ 是相对应像素的结构差值，可计算为

$$E_{\text{geometry}}(i, j) = [d_p^2(i, j) - d_q^2(i, j)]^{\frac{1}{2}} \tag{2.23}$$

其中，p、q 为图像 (i, j) 处两个相互重叠的像素点；$d_p(i, j)$ 和 $d_q(i, j)$ 分别表示像素点 p、q 的梯度值。

　　最佳缝合线的求取过程如下。把重叠区域内第一行的第 i 个像素作为第 i 条缝合线的起始像素，重叠区域的宽度为 N 时，有 N 条缝合线。假设当前像素点为 (i, j)，根据式(2.22)对每一条缝合线的 (i, j) 与下一行中 $(i-1, j-1)$，$(i-1, j)$，$(i-1, j+1)$ 三个像素值求取颜色差值，分别相加进行比较，从中选取最小的计算结果，并以求得最小值的像素的位置作为新的当前点，继续求解下一行的 3 个相邻像素，以此类推，直到最后一行，记录求取的像素位置作为一条缝合线。用同样的方法可以求得 N 条缝合线(N 为重叠区域的宽度)，从中选取值最小的一条作为拼接缝合线。

　　图 2.4 说明了生成缝合线的开始两步,图 2.4(a)为缝合线的起始点,图 2.4(b)对第二行进行搜索：经过第一行每个像素点的缝合线发出了 3 条线段(对于边缘像素是两条)，指向下一行紧邻的 3 个像素点，实线段表示最佳缝合线的扩展方向。

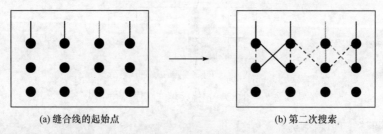

(a) 缝合线的起始点　　　　　　　　　　(b) 第二次搜索

图 2.4　最佳缝合线搜索

　　找到最佳拼接缝合线后，用缝合线左、右两边的像素分别填充缝合线左、右两边的区域，块与块之间便自然过渡。在垂直方向，采用相同的方法寻找最佳缝合线，以填充缝合线上、下两边的重叠区域。

4) 边界平滑处理

对纹理单元连接的边界进行平滑处理,使得最终的图像消除边界噪声的影响。由上述实现步骤可以看出，Efros 等提出的算法直观、易于实现。实验结果表

明，它对绝大多数的自然纹理合成都能取得很好的效果。此外，Efros 等采用的接缝连接思想可进一步应用于视频纹理合成，在视频纹理帧的剖分与合成中采用该思想可降低视频帧之间的抖动误差。然而，最佳缝合线的寻找有时会降低合成效率，也会导致结果图像中纹理块断裂的现象。

　　基于 Wei 等和 Efros 等的纹理合成方法，Nealen 等[16]提出了基于像素点和块的混合合成方法，结合了基于像素块和基于像素点合成的优点。合成时自适应地分割候选像素块，直到误差在控制的范围内或者不可分割，块与块的重叠区域不再基于原有算法的像素融合或者最小误差路径分割，而是对像素点进行重新合成，该方法的好处在于保持了纹理的全局结构和局部的连续性，最终纹理合成的质量被进一步提高；Lefebvre 等[19]提出采用并行可控的纹理合成方法，基于邻域匹配的思想，采用高斯栈作为纹理分析结构，利用了结构坐标关联的向上取样、反复矫正的方法，提高了合成效率；程全等[20]提出一种基于纹理和梯度特征的多尺度图像融合方法，算法采用纹理提取滤波器和边缘梯度滤波器模板分别对每层高斯金字塔进行滤波，产生多尺度的纹理和边缘图像，在融合结果图像中更好地保持了纹理的结构特征和色彩特征，得到了较好的视觉效果；针对样图的纹理合成计算量较大的问题，沈哲等[21]基于图形处理器(graphic processing unit, GPU)提出一种并行纹理合成算法，算法综合了块查找和全局纹理优化算法，将算法流程分为串行纹理块定位和并行最优块匹配两个阶段，纹理块定位阶段在 CPU 端按照扫描线顺序确定待合成的邻域，并将位置传入 GPU；最优块匹配阶段在 GPU 端并行计算待合成邻域与对应样本邻域的全局距离，查找最优解求取匹配块，算法加速了纹理的合成过程，能够满足交互式纹理合成的应用。

　　由于纹理样本具有自相似性的特点，可以对 Wei-Levoy 以及 Efros 等的算法进行改进，提高合成速度和质量。

2.2.3　纹理合成算法优化

　　由 Wei-Levoy 合成算法可以看出，每个匹配点都需要遍历整个纹理样本图，时间复杂度较高，当 L 型邻域增大时，合成时间成线性增加。Efros 等的方法很好地解决了纹理块与块之间的接缝连接问题，但仍存在合成速度慢的问题。基于以上思想，可采用相关的合成算法优化措施，旨在提高合成速度和合成质量，为纹理映射过程奠定基础。与 Wei 等和 Efros 等的算法相比，优化算法的特点表现在以下几个方面[22]。

1. 多个种子填充

　　在合成纹理图像中采用多个种子进行预填充，多个种子方法可以减少计算匹配点的数量,实现加速效果。同时,从每个种子点开始往邻域扩充,有利于实现算法的并行计算。

2. 扩充边界

纹理合成开始时首先对边界进行扩充,在输入纹理样本图和待合成图边界之外增加半个 L 型邻域宽度的样本纹理,如图 2.5 所示,纹理合成时从原边界位置开始进行。在选取像素点扩充边缘时,将纹理样本中待选取的某一像素值与原边界某一像素值(通常选取与待填充像素点较接近的边界像素点)进行比较,当颜色差值小于预先设置的阈值时,则将选取的像素值填充到扩充边界中,否则在纹理样本中重新选取。

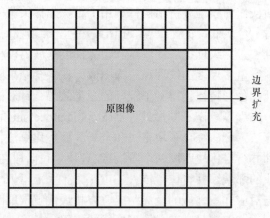

图 2.5　纹理样本图和合成图边界的扩充

纹理合成过程中,由于在边界位置避免了没有纹理关系的行和列出现,在样本图和合成图任何位置都能取到整个 L 型邻域进行计算,边界处的像素点不需要进行特殊处理,有助于合成质量的提高。

3. 螺旋线状搜索路径

与扫描线搜索路径不同,可采用螺旋线状搜索最佳匹配点,搜索的初始位置为上一候选点的匹配位置,按照顺时针或者逆时针方向往邻域扩充,螺旋线状搜索方法有助于提高合成的速度。

在 L 型邻域搜索过程中,Wei 采用扫描线的顺序逐一往下搜索,两次相邻搜索之间并没有直接关系,每一次搜索都从纹理样本的第一个像素开始。由于纹理图像中某一像素与它邻域之间的像素存在着很大的相关性,搜索的结果分布在上次合成匹配点邻域周围的概率比较大。

在搜索后续点的过程中，从前一点匹配点的当前位置开始，由其邻域向外做螺旋线状搜索，如图 2.6 所示，若匹配误差小于设定的阈值，则搜索终止，把该像素点填充到合成图中；若遍历了样图仍然没找到满足误差要求的点，则选取误差最小的像素点写入合成图中，由于像素与它周围像素点的相关性，进行少量的搜索便可得到结果。将 Wei 采用的扫描线的搜索路径改为螺旋线状的搜索路径，有助于提高合成速度。

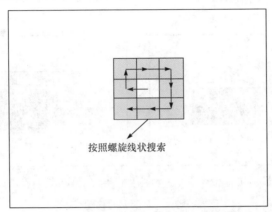

图 2.6　从原匹配点位置按照螺旋线状搜索

4. 采用矩形邻域代替 L 型邻域

在合成结果图中，Wei 采用的 L 型邻域只考虑用已合成的区域进行比较，对未合成的区域没有考虑。由于纹理图像中某一像素与其周围像素的相关性，未合成区域对当前像素点仍具有一定的贡献，Wei 采用的 L 型搜索邻域与后面的预置种子可能存在边界。因此，可采用矩形邻域搜索的方法，代替 Wei 采用的 L 型搜索邻域，有利于消除纹理断裂的情况。

5. L2 距离计算优化

纹理合成过程中将 L 型邻域看作一个个的小窗口，结果图中待合成像素点所在的窗口与样本图中待匹配的多个窗口对应，因此一次搜索过程可以看作一个窗口不断滑动比较的操作。无论 L 型邻域的大小，在窗口的滑动过程中，Wei 对 L 型邻域的计算每次都重新开始，计算中存在一定冗余，由于相邻 L 型邻域的计算存在着大量相同的像素，只有少量像素加入或退出窗口，因此，减少计算的冗余可提高合成速度。

由于在计算 L 型邻域的 L2 距离时，采用了矩形窗口按照螺旋线状的顺序搜索，矩形窗口只存在水平和垂直方向上的移动两种情况。图 2.7 说明了匹配窗口的移动过程，图 2.7(a)为匹配窗口的左右移动，图 2.7(b)为匹配窗口的上下移动。

假设 N_1、N_2 为纹理样本和合成结果图中的不同像素点，N 为匹配窗大小，初始化时，采用式(2.24)在纹理样本图中搜索 L2 距离最小的匹配点，记录下匹配点的位置。

$$D(N_1, N_2) = \sum_{p,q \in N} \{[R(p) - R(q)]^2 + [G(p) - G(q)]^2 + [B(p) - B(q)]^2\} \quad (2.24)$$

其中，D 表示 N_1 与 N_2 像素点之间的距离；p 和 q 表示匹配窗口中的像素位置；R、G、B 表示红、绿、蓝 3 个通道。

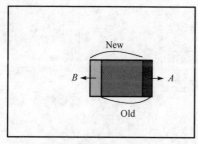
(a) 匹配窗口的左右移动

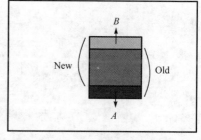
(b) 匹配窗口的上下移动

图 2.7　匹配窗的移动

下面分两种情况对窗口移动进行讨论。

(1) 当匹配窗口向左边移动时，如图 2.7(a)所示，Old 为上一次窗口所在区域，这一区域的 L2 距离为 $D_{old}(N_1, N_2)$，New 为窗口向左移动时所在区域，假设这一区域的 L2 距离为 $D_{new}(N_1, N_2)$，中间部分为窗口移动时的重叠区域，可减少对这部分重叠区域的 L2 距离计算来提高合成速度。假设图 2.7(a)中区域 A 的 L2 距离为 D_A，新加入矩形窗口区域 B 的 L2 距离为 D_B，匹配窗口向左移动后的 L2 距离可表示为

$$D_{new}(N_1, N_2) = D_{old}(N_1, N_2) - D_A + D_B \quad (2.25)$$

(2) 当匹配窗口向上移动时，如图 2.7(b)所示，Old 为上一次窗口所在区域，假设这一区域的 L2 距离为 $D_{old}(N_1, N_2)$，New 为窗口向上移动时所在区域，假设这一区域的 L2 距离为 $D_{new}(N_1, N_2)$，假设图 2.7(b)中区域 A 的 L2 距离为 D_A，新加入矩形窗口区域 B 的 L2 距离为 D_B，匹配窗口向上移动后也可采用式(2.25)进行计算。

由于采用式(2.25)计算 L2 距离时，避免了窗口移动时重叠区域的重复计算，有助于提高合成效率。

通过选取多个种子填充、扩充边界、螺旋线状搜索路径采用矩形邻域代替 L 型邻域、L2 距离计算优化的方法改进了 Wei 等和 Efros 等的纹理合成算法，得到了基于纹理样图的具体实现过程。

2.2.4　纹理合成算法的实现流程

综上所述，改进的纹理合成算法的实现过程如图 2.8 所示。

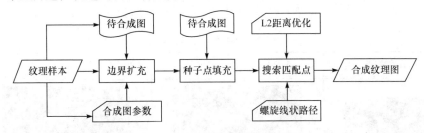

图 2.8　纹理合成算法优化流程图

基于以上算法的实现流程，可以得出算法的具体实现步骤如下。

(1) 预处理。输入纹理样本图，指定最终合成结果图的大小，设定匹配窗大小、误差门限值。采用矩形作为匹配窗，若匹配窗过大，会不可避免地造成计算量大的结果，匹配窗过小，又不能准确合成纹理基元，因此匹配窗至少要覆盖纹理基元的大小。对于随机纹理，5×5 大小的窗口可以获得较理想的效果；对于结构性较强的纹理，匹配窗可增大到 20×20 以上。

(2) 扩充原纹理样本图和最终合成结果图的边界。从纹理样本中选择像素点，将颜色差值小于指定阈值的像素点填充到纹理样本图和合成结果图的边界中。

(3) 从原纹理样本图中随机选取种子按扫描线顺序填充到结果图中。种子点的选择可以选取单一像素，也可以选取具有某种形状如点、线、矩形等的像素集合。一般采用较为简单的矩形区域作为种子，有时根据需要也可采用线状种子，种子数量需要根据种子的形状、大小、合成最终纹理图的大小、合成纹理质量等综合考虑。

(4) 搜索匹配像素点。按扫描线顺序搜索合成图中未被填充的像素点，从样本图中根据匹配窗搜寻 L2 距离小于给定阈值(可取均方差与某一常数的乘积)的像素点，填充到结果图中，并记录下匹配点的位置。

(5) 从上一匹配点位置按照螺旋线状的顺序搜寻合适的像素点填充到当前待合成像素点。

(6) 重复步骤(4)和步骤(5)，直到合成最终的纹理结果图。

纹理合成解决了如何由自然界输入纹理样本合成为任意大的输出纹理的过程，在图像编辑、图像修复等领域具有较大的应用价值，同时也为纹理映射过程奠定了基础。

2.2.5　纹理合成结果

可输入不同的纹理样本进行实验，输入纹理大小为 64×64，基于 MATLAB 实验平台，最终合成结果图大小为 250×250，合成结果如表 2.1 所示。

表 2.1　纹理合成结果图

样本纹理	Wei-Levoy 算法合成结果	合成算法优化结果
Berry		
Rock		
Tree		
Letter		

续表

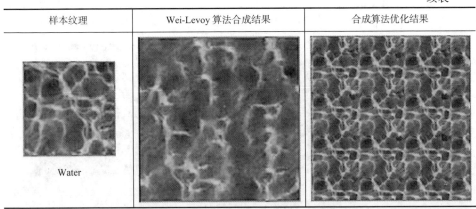

样本纹理	Wei-Levoy 算法合成结果	合成算法优化结果
Water		

　　表 2.1 显示了纹理合成的结果，第一列为纹理样本，第二列为 Wei-Levoy 算法合成的结果，第三列为算法优化合成结果，可以看出，由于 Wei-Levoy 算法采用基于像素点的纹理合成方法，结果图中的每一像素点需要在样本图中匹配搜索，对于结构性较强的纹理样本，合成的结果会导致纹元的破裂和不完整。同时，合成结果会产生模糊、不连续等现象。采用基于纹理块的合成方法，加速了合成过程，以图像中的纹元为单位进行纹理合成，减少了合成结果图中的模糊和不连续现象，合成质量有所提高。

　　从表 2.2 的纹理合成结果图可以看出，Wei-Levoy 算法对随机性纹理的合成取得了较好的结果，由于他们的方法对合成的每一像素点都需要在样本中搜索，影响了合成速度；Efros 等提出的 Image Quilting 算法和 Kwatra 算法均采用基于纹理块的合成方法，在纹理块重叠区域寻找最佳缝合线的搜索过程，采用多个种子填充、边界扩充、矩形邻域代替 L 型邻域、螺旋线状搜索路径以及 L2 距离计算优化措施，可加快纹理合成的速度，图 2.9 是纹理合成优化后获得的其他合成效果。

表 2.2　其他算法的纹理合成结果图表

纹理样本	其他算法合成结果	算法优化合成结果
Text	Kwatra算法	

纹理样本	其他算法合成结果	算法优化合成结果
Animal	Kwatra算法	
Hole	Wei-Levoy算法	
Flower	Wei-Levoy算法	
Iron	Wei-Levoy算法	

续表

纹理样本	其他算法合成结果	算法优化合成结果

注：第一列为纹理样本，第二列为其他算法合成结果，第三列为算法优化合成结果。

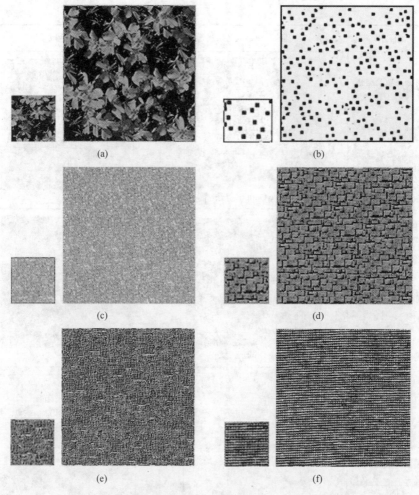

图 2.9　纹理合成结果图(小图为纹理样本，大图为合成结果)

　　由于人眼具有对图像亮度信息最为敏感的特点，在纹理合成过程中，种子点的搜索可以通过对亮度空间的搜索得到。上述算法在 RGB 空间进行，也可利用不同的色彩空间，如 YIQ、LAB、HIV 等，在不同色彩空间的亮度通道中完成纹理合成的过程。算法可将色彩空间从 RGB 变换到 LAB 空间，种子点的搜索在亮度通道 L 中进行，颜色通道 AB 的信息可直接复制粘贴到合成结果图中，由于匹配种子点的搜索计算仅仅在亮度空间中进行，搜索耗时减少，速度可以得到一定程度的提高，图 2.10 表示在 RGB 和 LAB 色彩空间的合成效果，可以看出，获得了较好的合成结果。

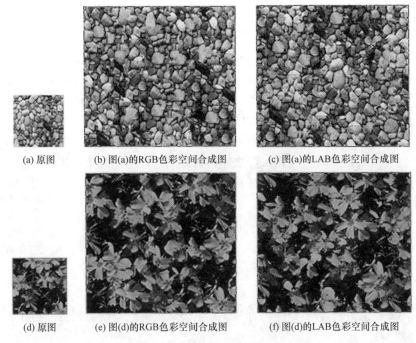

(a) 原图　　　(b) 图(a)的RGB色彩空间合成图　　　(c) 图(a)的LAB色彩空间合成图

(d) 原图　　　(e) 图(d)的RGB色彩空间合成图　　　(f) 图(d)的LAB色彩空间合成图

图 2.10　不同色彩空间的纹理合成效果

2.3　纹　理　映　射

纹理映射(texture mapping)是将纹理空间中的纹理像素映射到屏幕空间中的像素的过程，是计算机图形绘制和生成中常用的方法，该技术需要建立物体表面的点与纹理模式的点之间的对应关系，当物体表面的可见点确定之后，以纹理模式的对应点参与光照模型进行计算，就可把纹理模式附加到物体表面上。

纹理映射可以方便地绘制出极具真实感的物体或场景，而不必花过多时间来考虑物体的表面细节，例如，通常绘制一面砖墙时，墙上的每一块砖都需要作为一个独立的多边形来绘制，速度较慢、效率低下；如果采用纹理映射的方法，就可以使用一幅具有真实感的图像或者照片作为纹理贴到一个矩形上，简单快速地实现了砖墙的绘制。同时，纹理映射能够保证在多边形变换时，多边形上的纹理也会随之变化。例如，用透视投影模式观察墙面时，离视点远的墙壁砖块的尺寸会缩小，而离视点近的尺寸较大，更加符合人的视觉规律。纹理映射的应用领域较为广泛，如飞行仿真中常把植被、山河等图像映射到一些多边形上，用以表示地面、山丘等，或者用大理石、木材等自然纹理图像作为纹理映射到多边形上，表示相应的物体，减少了计算量、提高了绘制速度。

通常纹理映射是从二维纹理平面到三维物体表面的映射，二维纹理平面中的每个像素点都可用数学函数表达，从而可以离散地分离出每个像素点的灰度值和颜色值，这个二维平面区域称为纹理空间。1986 年，Bier 等[23]提出了一种独立于物体表面的纹理映射技术，即两步法纹理映射，该方法将纹理空间到物体空间的映射分为两个简单的映射及其复合过程，该方法的核心是引进一个包围物体的三维曲面作为中间映射媒体，主要过程分为如下两个步骤。

(1) S 映射。将二维纹理映射到一个简单的三维物体表面，如平面、球面、圆柱面、立方体表面等，可根据目标物体的表面来选择不同的中间媒体，获得不同效果的映射结果。如将二维纹理映射到半径为 R 的球上时，称为 S 映射，映射过程表示为

$$x = R \cos a \sin b$$
$$y = R \sin a \sin b \qquad\qquad (2.26)$$
$$z = R \cos b$$

其中，$0 \leqslant a \leqslant 2\pi$；$0 \leqslant b \leqslant \pi$。

(2) O 映射。将步骤(1)得到的三维物体表面上的纹理映射到目标物体表面，称为 O 映射：

$$O: (x', y', z') \rightarrow (x, y, z) \qquad\qquad (2.27)$$

此外，为了避免了将二维纹理模式映射到物体表面所需要的变换计算，可采用过程纹理函数的方法，其绘制的基本思想是，当在一个三维空间区域内进行图形绘制时，由于通常不可能为一个空间区域中的所有点保存其纹理值，故需要用过程纹理函数来将纹理空间中的值映射到物体表面。

过程纹理函数即解析表达的数学模型，这些模型的共性是能够用一些简单的参数来逼真地描述一些复杂的自然纹理细节，常用的过程纹理函数有木纹函数、三维噪声函数、湍流函数以及傅里叶合成技术等，如可以使用在三维空间中定义的共振函数(正弦曲线)来生成木纹，在共振变量上叠加一个噪声函数，即可实现木纹和大理石纹理中的随机变化，而傅里叶合成技术则常用来模拟各种表面规则或不规则动态变化的自然景象，如水波纹、云、烟、火、雾、山脉、森林等，该方法同样适用于在二维物体表面上建立纹理。

2.4　凹凸映射

1978 年，Blinn[24]提出了一种无须修改表面几何模型，即能模拟表面凹凸不平效果的有效方法——凹凸映射技术(bump mapping)，该方法是计算机图形学中表面绘制过程常用的方法。凹凸映射和纹理映射非常相似，然而，纹理映射是把颜

色加到物体上，而凹凸映射是把粗糙信息加到物体上，因此普通的纹理映射产生贴图效果的光影的方向角度是不会改变的，只能模拟比较平滑的三维物体表面，难以显示表面高低起伏、凹凸不平的视觉效果。而凹凸纹理映射是一种纹理混合方法，可以创建三维物体复杂的纹理外观表面，该技术可以在 3D 场景中模拟粗糙表面的技术，将带有深度变化的凹凸材质贴图赋予 3D 物体，经过光线渲染处理后，这个物体的表面就会呈现出凹凸不平的感觉，而无须改变物体的几何结构或增加额外的点面。例如，把一幅碎石的图像赋予一个平面，经过凹凸映射处理后该平面就会变成一片铺满碎石、高低不平的视觉场景。

　　凹凸映射技术主要的原理是通过改变表面光照方程的法线，而不是表面的几何法线来模拟高低起伏不平的视觉特征，如褶皱、波浪等，该方法能够通过一张表示物体表面凹凸程度的高度图（称为凹凸纹理），对另一张表示物体表面环境映射的纹理图的纹理坐标进行相应的干扰，经过干扰的纹理坐标将应用于环境映射，从而产生凹凸不平的视觉效果。凹凸映射的实现方法主要有偏移向量凹凸纹理和高度场的改变两种方法。

　　假设用 $P(u, v)$ 表示一个参数曲面上的点，可以通过下式计算得到该点处的表面法矢量：

$$N_P = P_u \times P_v \tag{2.28}$$

其中，P_u 与 P_v 为 P 关于参数 u 和 v 的偏导数。

　　为了得到扰动效果，在景物表面每一采样点处沿其法矢量附加一微小增量，生成一张新的表面 $Q(u, v)$，可表示为

$$Q(u,v) = P(u,v) + b(u,v)n = P(u,v) + b(u,v)\frac{N}{|N|} \tag{2.29}$$

其中，$b(u, v)$ 为用户定义的扰动函数，假设它是一个连续可微函数；$n = N/|N|$ 是表面单位法矢量。新表面的法矢量可以通过对两个偏导数求叉积来获得

$$N_Q = Q_u \times Q_v \tag{2.30}$$

其中，Q_u 与 Q_v 为 Q 关于参数 u 和 v 的偏导数，可写为

$$\begin{cases} Q_u = \dfrac{\partial(P + b_n)}{\partial u} = P_u + b_u n + b n_u \\[2mm] Q_v = \dfrac{\partial(P + b_n)}{\partial v} = P_v + b_v n + b n_v \end{cases} \tag{2.31}$$

　　由于粗糙表面的凹凸高度相对于表面尺寸一般要小得多，所以扰动函数 $b(u,v)$ 非常小，故可将式(2.31)中的最后一项略去，扰动后的表面法矢量可近似表示为

$$\begin{aligned} N_Q = Q_u \times Q_v &\approx (P_u + b_u n) \times (P_v + b_v n) \\ &= P_u \times P_v + b_v(P_u \times n) + b_u(n \times P_v) + b_u b_v(n \times n) \end{aligned} \tag{2.32}$$

由于 $n \times n = 0$，有

$$N_Q = P_u \times P_v + b_v(P_u \times n) + b_u(n \times P_v) \tag{2.33}$$

最后需要对法向量 N_Q 规范化，才能用于曲面明暗度的计算，以产生凹凸不平的几何纹理。

扰动函数 $b(u, v)$ 可以任意选择，它可以是简单的网格图案、字符位映射、Z缓存器图案和随意手描图案等。当 $b(u, v)$ 由一幅不能用数学方法描述的图案定义时，可用一个二维 u、v 查询表列出它在若干离散点处的值，表上未列出的其他点处的扰动函数值可以用双线性插值方法获得，其偏导数 P_u、P_v 则可基于有限差分法来确定。

2.5　纹　理　传　输

纹理传输的目的在于将样本图像的纹理传输到目标图像中，在保留目标图像原来大部分图案和结构的基础上，加入样本纹理，达到纹理融合的效果。图 2.11 显示了纹理传输的结果，图 2.11(a)为目标图像，将图 2.11(b)和图 2.11(d)的纹理传输到图 2.11(a)中，获得图 2.11(c)和图 2.11(e)的传输效果。可以看出，传输结果图中保留了输入目标图像的轮廓信息，同时具有纹理图的纹理特征。

(a) 目标图像　　(b) 纹理图　　(c) 纹理传输结果　　(d) 纹理图　　(e) 纹理传输结果

图 2.11　纹理传输效果[25]

由于人眼对图像亮度的信息最为敏感，利用在 LAB、HSV 等色彩空间中 3 个通道之间亮度信息和色彩信息相分离的特点，可通过改变目标图像的亮度信息，保留目标图像的色彩信息获得纹理传输的效果，实现色彩、纹理融合的目的。

基于 Wei-Levoy 算法以及 Image Quilting 等纹理合成算法，Hertzmann 提出了图像类比技术，可以将颜色、纹理特征、艺术类型特征传输到目标图像中，实现了多种艺术效果的纹理传输效果[25]。文献[26]实现了图像类比的艺术效果，给定一对图像 A 和 A'(分别是源图像和有艺术特征的图像)，以及另一幅目标图像 B，

通过类比算法得到目标图像 B'(有艺术特征的图像)，使得 B' 与 B 的关系类似于 A' 和 A 的关系，而且 B' 具有 A' 的某些外观特征。具体的实现步骤如下。

(1) 输入参考图像和目标图像。将具有艺术效果的输入图像 I_0 和目标图像 I_1 转换到 LAB 色彩空间。

(2) 输入图像亮度信息传输。采用纹理块的思想，在亮度通道 L 中，对目标图像中的每一小块，在输入图像中找寻与该块最匹配的纹理块。利用与纹理合成类似的方法，在参考图像中搜寻与当前待填充区域具有最小亮度差值的块，将亮度值填充到目标图像中，重复该步骤直到得到最后的输出图像。式(2.34)描述了亮度差值的计算：

$$E(N_1, N_2) = \sum_{p \in N_1 \; p' \in N_2} [l_1(p) - l_2(p')]^2 \qquad (2.34)$$

其中，N_1、N_2 表示参考图像和目标图像对应的亮度块；p、p' 表示参考图像和目标图像中的像素块；$l_1(p)$ 和 $l_2(p')$ 表示亮度值；E 表示亮度差值。

(3) 最佳缝合线搜索。对于填充到结果图像中的纹理块，采用纹理合成中 Efros 等[11]的最小匹配路径算法搜索最佳缝合线，平滑纹理块之间的重叠区域。

(4) 将通道 AB 的色彩值填充到目标图像中。

(5) 使目标图像 I_1 的亮度直方图具有与图像 I_0 相同的亮度直方图，采用 Hertzmann 的统计方法变换目标图像的亮度直方图。

(6) 将图像色彩空间从 LAB 转换到 RGB 色彩空间，输出最终图像。

图 2.12 显示了图像类比的结果，图 2.12(a)和图 2.12(b)为输入图像，图 2.12(c) 为真实的蜡笔画效果图，将该蜡笔画艺术效果特征传输到图 2.12(b)中，获得如图 2.12(d)所示的结果图像；图 2.12(e)为点彩派效果图，将该艺术风格传输到图 2.12(a)中，获得如图 2.12(f)所示的结果图像；图 2.12(g)为输入的油画效果，将该油画的艺术特征传输到图 2.12(b)中，获得图 2.12(h)所示的结果图像。

　　　　(a) 输入图像　　　　　　　　　　　　　　　(b) 输入图像

(c) 蜡笔画效果   (d) 图(b)的类比蜡笔画结果

(e) 点彩派效果   (f) 图(a)的类比点彩派结果

(g) 油画效果   (h) 图(b)的类比油画结果

图 2.12   图像类比结果图像

Hertzmann 的算法都采用逼近搜索获得全局最优的匹配点和经典 Efros 算法获得邻域相关的像素点，图像类比的内容可以是颜色的传输，也可以是纹理样本中结构、纹理等特征的传输。

2.6　颜色和亮度校正

在图像类比等技术中，由于图像之间的颜色和亮度差异可以视为图像的数据在颜色空间中的分布不同，利用两幅图像的相关性，可对图像进行颜色和亮度的校正，减小图像之间的这种差异。颜色和亮度校正的目的是使合成图像的颜色和亮度与目标图像的颜色和亮度一致，这就意味着合成图像在 LAB 色彩空间中的数据分布和目标图像在 LAB 色彩空间中的数据分布一致。

图像数据可以在 LAB 颜色空间中的均值和标准偏差来衡量图像的数据分布。假设要对图像 I_0 和 I_1 进行颜色和亮度校正，首先选择其中一幅图像作为参考图像(如图像 I_0)，然后把图像 I_0 和 I_1 从 RGB 颜色空间转换到 LAB 颜色空间，在 LAB 颜色空间里首先对图像 I_1 中的每一个像素减去其数据分布的均值：

$$l^* = l_1 - \langle l_1 \rangle$$
$$\alpha^* = \alpha_1 - \langle \alpha_1 \rangle \tag{2.35}$$
$$\beta^* = \beta_1 - \langle \beta_1 \rangle$$

其中，l_1、α_1 和 β_1 分别表示图像 I_1 在 LAB 颜色空间中的 3 个通道值。然后根据图像 I_0 和 I_1 的标准偏差对图像 I_1 的数据进行改变：

$$l' = \frac{\sigma_0^l}{\sigma_1^l} l^*, \quad \alpha' = \frac{\sigma_0^\alpha}{\sigma_1^\alpha} \alpha^*, \quad \beta' = \frac{\sigma_0^\beta}{\sigma_1^\beta} \beta^* \tag{2.36}$$

其中，σ_0^l、σ_0^α 和 σ_0^β 分别表示图像 I_0 在 LAB 空间中 3 个通道上的标准偏差；σ_1^l、σ_1^α 和 σ_1^β 分别表示图像 I_1 在 LAB 空间中 3 个通道上的标准偏差。图像的均值和标准偏差的计算方法如下[27]：

$$\text{Mean}(i,j) = \frac{1}{MN} \sum_{i=0}^{M-1} \sum_{j=0}^{N-1} p(i,j)$$

$$\text{Variance}(i,j) = \frac{1}{M(N-1)} \sum_{i=0}^{M-1} \sum_{j=0}^{N-1} [p(i,j) - \text{Mean}(i,j)] \tag{2.37}$$

其中，M 和 N 代表图像的长度和宽度；$P(i,j)$ 表示一确定的像素值，在 LAB 空间中 3 个不同的通道，代表不同的像素值；Mean 表示均值；Variance 表示方差。

经过上述变换，图像 I_1 在 LAB 颜色空间中的标准偏差就和图像 I_0 在 LAB 颜色空间中的标准偏差一致，然后对图像 I_1 中的每一个像素加上图像 I_0 的均值：

$$l_s = l' + \langle l_0 \rangle$$
$$\alpha_s = \alpha' + \langle \alpha_0 \rangle \qquad (2.38)$$
$$\beta_s = \beta' + \langle \beta_0 \rangle$$

其中，$\langle l_0 \rangle$、$\langle \alpha_0 \rangle$ 和 $\langle \beta_0 \rangle$ 分别表示图像 I_0 在 LAB 空间中的 3 个通道值。最后把图像 I_0 和 I_1 从 LAB 颜色空间转换到 RGB 颜色空间，完成颜色和亮度的校正。

2.7　纹理偏离映射

纹理偏离映射是指利用光照明模型，将纹理信息映射到另一幅图像中，实现与纹理传输类似的效果，当纹理样本图像经过纹理合成技术之后，纹理图像与另一幅目标图像具有相同的大小。利用 Phong 光照明模型可反映出图像亮度与虚拟表面凹凸情况之间的关系，将此关系应用于已有的纹理，便可实现纹理偏离映射的效果。纹理偏离映射具体的算法流程如图 2.13 所示，与纹理类比的方法相比，算法利用了光照明模型实现了纹理传输的艺术效果，同时，环境光可以根据输入图像的亮度自动调节，也可针对目标图像的局部区域进行偏离映射，提高了传输速度[28]。

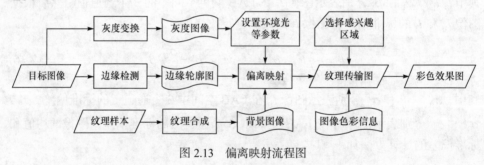

图 2.13　偏离映射流程图

基于光照信息的偏离映射技术主要包括以下几个步骤。

(1)Phong 光照明模型计算。假设 Intensity 代表光照模型的结果图像，Diffuse 和 Specular 代表漫反射和镜面反射光照明模型，式(2.39)为 Phong 模型的基本计算公式[29]：

$$\text{Intensity} = \text{Diffuse}(L, N) + \text{Specular}(V, R) \times n \qquad (2.39)$$

图 2.14 显示了 Phong 光照模型的镜面反射示意图。对式(2.39)进行扩展，漫反射和镜面反射计算如下：

$$I_l = I_{el} K_e V_{dl} + I_{pl}(K_d V_{dl} \cos\theta + K_s \cos^m \alpha) \qquad (2.40)$$

其中，I_l 是 Phong 模型的结果图像；θ 是光线入射方向(L)和表面法线(N)之间的夹角；α 是视线方向(V)和反射方向(R)之间的夹角；l 是红色、绿色和蓝色 3 通道中的其中之一；I_e 是环境光的强度；V_d 是纹理图像的颜色信息，代表了虚拟目标的表面；I_p 是入射光的颜色信息；m 是常量系数，反映了物体表面的光滑程度；K_s 可以被设置为一个常量，大小在 0～1 内，代表了镜面反射的系数。这些参数可以直接指定它们的大小，模型简单，易于实现。

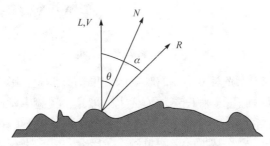

图 2.14　Phong 镜面反射模型[29]

(2) 计算偏离角度 $\alpha(p,q)$。假设 $T(p,q)$ 为纹理参考图像中像素点 (p,q) 的亮度信息，V 为视点方向，N 为入射光法线方向，$\alpha(p,q)$ 为像素点 (p,q) 处入射光线与反射光线的夹角。光滑表面中，人眼观察到的反射光强度与入射光相等，此时亮度值为 255。当物体具有凹凸虚拟表面时，入射光与反射光形成一个夹角 α，此时，人眼观察到的亮度值 $T(p,q)$ 仅为反射光线在视线方向的一个分量，满足以下关系式：

$$\cos\alpha(p,q)=\frac{T(p,q)}{255} \tag{2.41}$$

因此，可获得入射光与反射光之间的夹角为

$$\alpha(p,q)=\arccos\frac{T(p,q)}{255} \tag{2.42}$$

(3) 灰度偏离映射计算。设 $E(p,q)$ 代表纹理映射后的结果图像，$S(p,q)$ 为目标图像，对目标图像的亮度信息进行纹理偏离映射可用下式计算：

$$E(p,q)=I_a+S(p,q)\cos(\alpha)+K_s\cos^m(\alpha) \tag{2.43}$$

其中，I_a 代表环境光；参数 K_s 和 m 可被用户根据需要进行适当的调节，实验中，K_s 取值为 0.5～0.7，m 取值为 2～5。

图 2.15 解释了为什么这个简单的光照模型过程可以产生较好的结果图像。$S(p,q)$ 为目标图像，即当表面法线垂直时在视点方向 V 观察到的颜色信息，当参考纹理图像具有图 2.15(b)所示的虚拟表面时，入射光线与反射光线的夹角为 α，此时在视点方向 V 所观察到的颜色信息可以表示为

$$S'(p,q) = S(p,q)\cos[\alpha(p,q)] \tag{2.44}$$

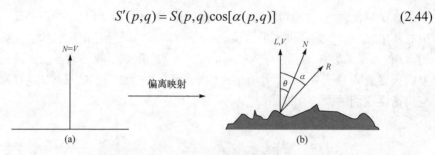

图 2.15　Phong 图像虚拟表面映射[30]

计算过程中，环境光对最终偏离映射的效果具有很大的影响，入射光经过偏离映射后会损失部分强度。假设参数 I_a 代表环境光，实验中发现环境光与目标图像的亮度有较大关系，亮度大的区域环境光对最终结果的影响也较大，相反，亮度小的区域环境光对最终结果的影响也较小。因此，需要进行环境光补偿，对于参数 I_a，能根据目标图像的亮度值自动调节，给定初始值 I_a 的大小为 I_0，根据目标图像亮度值得到的 I_a 可采用下式进行计算：

$$I_a(p,q) = \begin{cases} I_0 + \text{ceil}\left[\dfrac{S(p,q)}{c_1}\right], & 0 < S(p,q) < 80 \\[2mm] I_0 + \text{ceil}\left[\dfrac{S(p,q)}{c_2}\right], & 80 \leqslant S(p,q) < 160 \\[2mm] I_0 + \text{ceil}\left[\dfrac{S(p,q)}{c_3}\right], & 160 \leqslant S(p,q) < 255 \end{cases} \tag{2.45}$$

其中，$S(p,q)$ 为目标图像某一像素点的亮度值；ceil 代表取整操作。初始值 I_0 根据实验中的经验值得到，实验中将初始值 I_0 设为 5～10，保证目标图像中亮度值很小的时候不会出现 I_a 为 0 的情况。将目标图像的灰度分为 3 个区域，由于不同的亮度对结果环境光的贡献不同，亮度大的区域对最终环境光的贡献较大，反之贡献较小，实验中 c_1、c_2、c_3 的取值范围为 1～20，该方法可以对最终偏离映射效果图进行光强补充。

(4) 目标图像局部区域选择。在目标图像中通过手动选择，指定用户感兴趣的目标区域，针对目标图像中用户所关注的区域进行纹理偏离映射，忽略背景等其他不重要的区域。

(5) 边缘信息求取。目标图像被整体偏离映射到纹理图像中，会造成目标图像边缘信息的丢失，可根据需要将目标图像的边缘适当地加入到结果图像中。

(6) 彩色偏离映射计算。对输入目标图像的不同色彩通道进行偏离映射效果处理，可得到彩色的纹理传输效果。

利用纹理偏离映射算法，可获得如图 2.16 所示的实验结果。

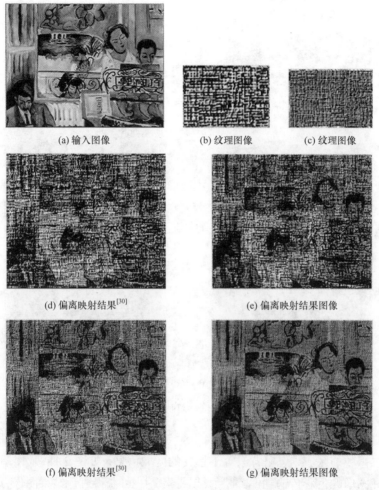

(a) 输入图像   (b) 纹理图像   (c) 纹理图像

(d) 偏离映射结果[30]   (e) 偏离映射结果图像

(f) 偏离映射结果[30]   (g) 偏离映射结果图像

图 2.16   灰度图偏离映射结果图像

图 2.16 显示了偏离映射结果图像。图 2.16(a)为输入的目标图像，图 2.16(b)
和图 2.16(c)为采用的纹理样本图像，图 2.16(d)和图 2.16(f)为文献[30]得到的偏
离映射结果，图 2.16(e)和图 2.16(g)为对目标图像的环境光进行自动调节后得到
的偏离映射结果图像。可以看出，图 2.16(e)和图 2.16(g)中物体的轮廓更加清晰，
人物的五官、表情等边缘信息更加明显，其他灰度偏离映射结果图像如图 2.17
所示。

(a) 输入图像   (b) 纹理   (c) 映射结果

(d) 输入图像   (e) 纹理   (f) 映射结果

(g) 输入图像   (h) 纹理   (i) 映射结果

图 2.17　灰度偏离映射结果图像

　　通过在目标图像中选取某些局部的区域，可将纹理仅仅映射到前景图像或者用户所感兴趣的区域，忽略背景等不重要的区域信息，如图 2.18 所示。此外，将输入目标图像的色彩传输到偏离映射结果图像中，可获得彩色结果图像，如图 2.19所示。

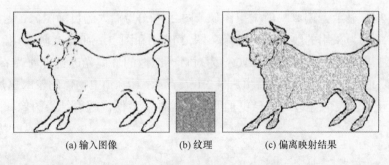

(a) 输入图像   (b) 纹理   (c) 偏离映射结果

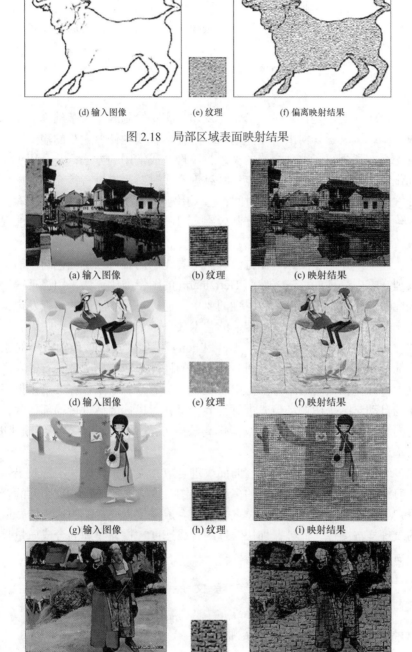

(d) 输入图像　　　　(e) 纹理　　　　(f) 偏离映射结果

图 2.18　局部区域表面映射结果

(a) 输入图像　　　　(b) 纹理　　　　(c) 映射结果

(d) 输入图像　　　　(e) 纹理　　　　(f) 映射结果

(g) 输入图像　　　　(h) 纹理　　　　(i) 映射结果

(j) 输入图像　　　　(k) 纹理　　　　(l) 映射结果

图 2.19　映射彩色结果图像

从最终的结果图可以看出,利用 Phong 光照明模型可以实现纹理传输的效果,表现出在不同材料上绘画的艺术效果,算法也能选取用户感兴趣的区域或者前景图像进行纹理传输,纹理偏离映射的算法简单,易于实现,合成速度较快。

2.8　本章小结

纹理合成的技术是计算机图形学以及非真实感绘制的一个基础算法,基于纹理合成算法,解决了如何由自然界输入纹理样本合成为任意大小的输出纹理的过程。首先,本章介绍了纹理合成的概念,纹理合成常用的方法,并介绍了纹理合成的优化算法:①采用多个种子点;②纹理合成时对边界进行扩充;③采用螺旋线状搜索匹配像素点,缩短搜索时间;④采用矩形邻域代替 L 型邻域搜索;⑤L2距离优化。算法提高了合成的速度和效率,对随机性纹理和结构性纹理能取得纹理合成效果。

其次,本章介绍了图像类比方法,图像类比的内容可以是颜色的传输,也可以是纹理样本中纹理的传输,然而 Hertzmann 的图像类比算法采用逼近搜索获得全局最优的匹配点,不能满足实时性的要求。通过对光学属性的研究发现,通过传统的光照明模型可以获得纹理传输的艺术效果。本章介绍了纹理映射、凹凸映射、纹理传输方法,并详细介绍了基于 Phong 模型实现纹理传输效果的原理和方法,简称纹理偏离映射方法。Phong 模型的计算,使输出图像具有输入样本图像的纹理特征,在最终的结果图像中表现出一定的艺术效果,算法可根据输入图像的亮度自动对结果图像环境光进行调节,可针对目标区域进行局部传输,并得到彩色的纹理传输效果。因此,纹理偏离映射方法具有实现简单、传输速度快、纹理传输效果较好的特点。

很多研究者研究了三维领域、曲面纹理合成,突出了光照和阴影效果,同时基于几何纹理的合成算法、约束的多纹理样图合成算法、统计纹理图元的合成算法都得到了很多研究者的关注。总之,纹理合成需要提高算法的通用性,适用于不同的纹理样本图像,此外,加快纹理的合成速度、提高纹理的合成质量是纹理合成不断追求的目标。

参 考 文 献

[1] 章毓晋. 图像工程. 2 版. 北京: 清华大学出版社, 2007.

[2] 冈萨雷斯, 伍兹. 数字图像处理. 3 版. 北京: 电子工业出版社, 2011.

[3] Crosier M, Griffin L D. Using basic image features for texture classification. International Journal of Computer Vision, 2010, 88 (3): 447-460.

[4] Chen Y Q, Nixon M S, Thomas D W. Statistical geometric features for texture classification.

Pattern Recognition, 1995, 28(94): 537-552.

[5]　Mark S N, Alberto S A. Feature Extraction and Image Processing. 2nd ed. Singapore: Academic Press, 2010.

[6]　吴福理. 颜色纹理合成技术研究[硕士毕业论文]. 杭州: 浙江大学, 2005.

[7]　Heeger D J, Bergen J R. Pyramid-based texture analysis/synthesis//Proceedings of the ACM SIGGRAPH Conference, 1995: 229-238.

[8]　Portilla J, Simoncelli E P. A parametric texture model based on joint statistics of complex wavelet coefficients. International Journal of Computer Vision, 2000, 40(1): 49-71.

[9]　Efros A A, Leung T K. Texture synthesis by non-parametric sampling. IEEE International Conference on Computer Vision, 1999(2): 1033-1038.

[10]　Wei L Y, Levoy M. Fast texture synthesis using tree-structured vector quantization//Proceedings of the Computer Graphics, Annual Conference Series, 2000: 479-488.

[11]　Efros A A, Freeman W T. Image quilting for texture synthesis and transfer// Proceedings of the ACM SIGGRAPH Conference, Proceedings of the Annual Conference Series, 2001: 341-347.

[12]　Kwatra V, Schodl A, Essa I. Graphcut textures: image and video synthesis using graph cuts. ACM Transactions on Graphics, 2003, 22(3): 277-286.

[13]　Wu Q, Yu Y Z. Feature matching and deformation for texture synthesis. ACM Transactions on Graphics, 2004, 23(3): 362-365.

[14]　丁博, 孙立镌, 李峰. 结构性信息纹理合成新方法. 哈尔滨理工大学学报, 2008, 13(2): 29-32.

[15]　朱文浩, 马方耀, 魏宝刚. 一种基于圆形区块随机增长的多样图约束纹理合成算法. 电子学报, 2008, 36(12): 2373-2376.

[16]　Nealen A, Alexa M. Hybrid texture synthesis// Proceedings of the Eurographic Symposium on Rendering, 2003: 97-105.

[17]　Shi Y H, Guo J W, Kong D H, et al. Pyramid-based improved hybrid texture synthesis. Journal of Beijing University of Technology, 2009, 35(6): 845-850.

[18]　Koppel M, Muller K, Wiegand T. Filling disocclusions in extrapolated virtual views using hybrid texture synthesis. IEEE Transactions on Broadcasting, 2016, 62(2): 1-13.

[19]　Lefebvre S, Hugues H. Parallel controllable texture synthesis. ACM Transactions on Graphics, 2005, 24(3): 777-786.

[20]　程全, 马军勇. 基于纹理和梯度特征的多尺度图像融合方法. 清华大学学报(自然科学版), 2014, (7): 935-941.

[21]　沈哲, 王莉莉. GPU 适用的并行纹理合成算法. 计算机辅助设计与图形学学报, 2015, 27(2): 330-336.

[22]　钱文华. 基于纹理的非真实感绘制技术研究[博士学位论文]. 昆明: 云南大学, 2010.

[23]　Bier E, Sloan K. Two-part texture mappings. IEEE Computer Graphics and Applications, 1986, 6(9): 40-53.

[24]　Blinn J F. Simulation of wrinkled surfaces//Proceedings of the ACM SIGGRAPH Conference, 1978, 12(3): 286-292.

[25]　Hertzmann A, Charles E J, Nuria O, et al. Image analogies//Proceedings of the ACM

SIGGRAPH Conference, 2001: 327-340.

[26] 钱文华. 基于二维纹理的非真实感绘制技术研究[硕士学位论文]. 昆明: 云南大学, 2005.

[27] Chi Z G, Toshifumi K. Image segmentation considering intensity roughness and color purity. Journal of Software, 2002, 13(5): 907-912.

[28] Qian W H, Xu D, Guan Z. A NPR technique of abstraction effects//Proceedings of the International Symposium on Information Science and Engineering, 2009: 1345-1349.

[29] Phong B T. Illumination for computer generated pictures. Communications of the ACM, 1975, 18(6): 311-317.

[30] Liu W Y, Tong X, Xu Y Q, et al. Artistic image generation by deviation mapping. International Journal of Image and Graphics, 2001, 1(4): 565-574.

第3章 基于纹理的铅笔画艺术风格绘制

铅笔画艺术效果是大众喜闻乐见的一种艺术表现形式，得到人们的喜爱，同时也是非真实感绘制技术中常见的一种模拟对象。手工铅笔画的描绘过程通过不同色调的铅笔，采用不同明暗效果的线条，绘制的效果具有简单、自然的艺术效果，铅笔画的这种单一的、明暗相间的色调往往能给人带来好奇感和无尽的想象空间。此外，铅笔画作为一种表达中介也广泛应用于服饰、建筑设计、说明书插图、科学或技术的描绘等方面。

手工铅笔画绘制技术存在着绘制手法灵活多样、用料纸张及色调丰富多彩等各种各样的特点，没有绘画基础的用户很难掌握绘画技巧。因此，铅笔画艺术效果的模拟作为非真实感绘制中较重要的组成部分，受到研究者的关注。自20世纪90年代出现非真实感绘制方法至今，很多研究者已经提出了各种各样的铅笔画艺术风格绘制方法。尽管如此，由于计算机图形学领域非真实感绘制技术起步较晚，许多技术还不成熟、不完善，还有较大的研究和发展空间，例如，铅笔画绘制技术还存在着建模复杂、时间复杂度高、逼真度不高等缺陷，同时，人们在创作铅笔画艺术效果时本身就具有多种多样的绘画手法和艺术表现形式。本章将对铅笔画笔划纹理的产生过程进行数字化模拟，同时介绍铅笔画艺术风格的绘制算法。

3.1 铅笔画艺术风格绘制简述

通过不同的线条质量、绘画时手的姿势、颜色基调的设置可产生不同类型的铅笔画，因此铅笔画绘制过程具有灵活性和随意性的特点。通过勾边技术增强轮廓线，就可以表达出强烈的视觉信息，它常用于技术插图及医学制图说明等不同领域。因此，在非真实感绘制技术中，将复杂模型或场景利用勾边算法等得到较为简单的铅笔画艺术效果。

较早的计算机模拟铅笔画效果追溯到1989年，Vermeulen等[1]提出了一个二维的铅笔画绘制系统，系统被称为Pencil Sketch，使用鼠标和一个虚拟桌面来模拟简单的铅笔画艺术效果。该系统给用户提供了一个创作的"画布"，通过与用户的交互，用户设置铅笔的硬度、压力的大小、朝向等参数来绘制出自己满意的作品。然而，该技术需要用户的参与，仅适合于有一定绘画功底的人群，限制了其应用。

　　Sousa 等[2]将真实的铅笔画经过扫描后，开发了相关的铅笔画模拟软件，当用户指定一些参数，如纸张粗糙系数、铅笔的硬度、笔划的方向等，通过观测电子显微镜扫描真实铅笔在纸上的运动轨迹，模拟生成铅笔画的艺术效果。基于该方法，Sousa 将铅笔画绘制算法扩展到三维空间[3]。图 3.1 显示了 Sousa 模拟的铅笔画绘画效果，这种从物理学角度来模拟铅笔画的方法取得了很好的效果，缺点是建模过程较为复杂，时间开销较大。

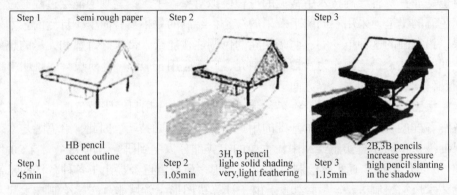

图 3.1　铅笔画模拟效果图[3]

　　Buchanan 等[4]引入了一种称为"边缘缓冲"(edge buffer)的数据结构，使用这一数据结构能够在多边形模型的每一个面上遍历寻找轮廓线，基于轮廓线产生铅笔画效果，既提高了绘制的速度，减少了计算量，又能够在增强轮廓线或者用户定义边界时起到辅助作用。Wang 等[5]针对人物肖像画的铅笔画绘制算法取得了很好的效果，算法首先提取出输入图像的方向矢量场；然后基于采样和插值的重构方法来生成与方向场一致的笔划路径；最后，按照求取的特定的笔划路径对输入图像进行线条绘制，该方法针对人物肖像画取得了不错的效果。

　　Markovic 等[6]设计了一种借助于立体照片来自动生成铅笔画风格图像的系统，可以得到三维的铅笔画立体效果，该系统由用户设置一系列的参数值，如方向、线条大小、明暗程度等，用于控制生成铅笔画图像的色调等风格化属性。通过对立体照片的分析，算法生成了一个深度映射表，用于保持最终风格化图像的立体效果；在色彩分割的基础上按照泊松分布原理来确定不同区域内笔划的灰度值和随机系数；最后，采用被称为"边缘混合"的方法对提取得到的轮廓结果进行增强处理。图 3.2 显示了该算法的最终绘制效果图。

　　Isenberg 等[7]则将计算所得的多边形网格的可见轮廓线合并成较长的光滑参数曲线，并由此对轮廓线进行风格化，得到铅笔画效果的同时，也丰富了轮廓线的表达能力。此后，Isenberg 等[8]提出 G-strokes 的概念，除了提取出输入图像的边缘，还抽取出图像的几何属性，如图 3.3 所示，将这些属性作用于提取的边缘，扩展了线条可以表示的风格化类型，具有较大的自由度和创造空间。

(a) 输入图像　　　　　　(b) 图像分割结果　　　　　(c) 铅笔画效果

图 3.2　铅笔画模拟效果图[6]

图 3.3　Isenberg 绘制的线条铅笔画[8]

很多研究者采用线积分卷积(line integral convolution，LIC)技术对铅笔画的线条进行模拟。LIC 技术最早由 Cabral 等[9]在 1993 年提出，他们提出的方法避免了复杂的建模过程，通过积分卷积的思想产生类似铅笔画的笔划纹理，由于引入了 LIC 迭代策略，算法的时间复杂度较高。

Takagi 等[10]提出了一种彩色铅笔画绘制方法，算法首先将输入的彩色图像分为色彩和亮度两个不同的图层，利用 LIC 方法对两个图层使用不同颜色的画笔进行绘制，颜色的选取由系统根据图层的内容自动完成，最终结果的产生由两个图层根据光学模型叠加混合，由于该方法采用 LIC 迭代的过程，所以时间复杂度较高，绘制的时间较长；Mao 等[11]采用 LIC 方法来对铅笔纹理进行模拟，获得了较好的铅笔画线条，并很好地确立了铅笔画线条的方向，取得了令人满意的效果。如图 3.4 所示，铅笔笔划的色调可根据灰度进行控制，获得了较好的铅笔画艺术风格图像，但时间复杂度较高。

文献[12]提出了一种基于卷积算子的铅笔纹理生成算法，该算法通过分析真实铅笔纹理的结构特征，抽象出铅笔笔划的简单数学模型，根据该模型可以方便地确定其对应的笔刷模板，进而获得用户所需要的铅笔纹理，算法克服了建模过程复杂、处理速度缓慢的困难，并增加了用户的交互控制功能，使用户能够方便快速地按照自己的需要产生令人满意的铅笔画效果图。

图 3.4　Mao 等采用 LIC 方法绘制的铅笔画效果图[11]

李龙生等[13]首先将彩色图像进行锐化掩模(unsharp mask，USM)处理，再进行色彩缩放运算，得到具有一定半径的图像边缘细节信息。为了更好地产生铅笔画的光线效果及其局部走势纹理，采用 LIC 的方法生成类似的效果，并且用适当的图像分割方法来获取有意义的区域进行 LIC 处理。最后，把边缘细节和 LIC 处理的结果分为两层进行叠加和透明处理，得到最终的铅笔画艺术效果。图 3.5 显示了结果图像。

图 3.5　基于 LIC 方法的铅笔画效果图[13]

在光照或人脸姿势发生变化时，会产生失败的铅笔画艺术效果。Zhang 等[14]针对人脸铅笔画绘制过程的光照和姿势进行研究，基于马尔可夫模型，对于人脸数据库中的照片进行大量训练和处理，提高了算法灵活性，在光照和人脸姿势发生改变时，也可获得接近手绘风格的艺术效果图像；任小康等[15]根据图像亮度，采用小波变换对高频信息进行重构产生铅笔画的笔划纹理，通过对纹理方向的调整，与提取的轮廓图叠加获得铅笔画艺术效果；Yang 等[16,17]将图像转换到 CMY 色彩空间，在 CMY 每个色彩通道中加入噪声，采用特征线确定 LIC 的方向，基于 LIC 算法从输入图像中产生笔划线条，使用阴影线填充内部区域，产生不同风格的彩色铅笔画艺术效果。

　　Lu 等[18]通过对铅笔画直方图的研究,提出了一种更接近真实手绘铅笔画的模拟算法,他们研究了真实铅笔画的创作过程,将画家的作品看成由草图和色调图两部分组成。在草图模拟阶段,定义不同方向的 8 个卷积核与梯度图进行卷积,并通过分类和集成获得草图效果;在色调模拟阶段,采用直方图规定化的方法,分别采用正态分布、平均分布、几何分布的数学模型模拟真实铅笔画色调不同区域的分布,模型中的参数通过真实铅笔画作品进行学习;最终的绘制效果如图 3.6所示,Lu 等的方法解决了铅笔画绘制算法中轮廓提取不好把握、色调的绘制不真实、区域的划分不理想等问题,算法可扩展到彩色铅笔画绘制,产生彩色铅笔画艺术效果。

图 3.6　铅笔画效果图[18]

　　Ma 等[19]设计了一个三维的铅笔画绘制系统,基于设计师设计过程中的造型方法,建立了铅笔线条三维曲线生成模型,模拟了真实铅笔画的纸张效果及铅笔笔划效果,系统简单、灵活,能让用户方便地获得三维逼真的铅笔画艺术效果图像;针对人脸图像素描绘制效果单一的问题,Zhang 等[20]提出了一个人脸素描风格绘制系统,在单一模板的基础上,将稀疏矩阵应用到初始估计草图中,通过多尺度特征、欧氏距离、级联的回归等优化策略,提高了人脸铅笔画的绘制效率,可绘制出多种艺术风格的铅笔画效果。

　　综上所述,铅笔画绘制技术发展趋势经历了以下过程:首先,从用户的角度看,经历了由单纯的用户创作到人机交互,再到自动化转换的过程;其次,从铅笔纹理的真实感角度来看,经历了由单一方向的纹理到多方向合乎原始图片自身纹理的转换过程;最后,从视觉的角度看,经历了由单纯的二维输入图像铅笔画绘制向三维图像转换的过程。

　　从目前已有的绘制方法看出,计算机模拟出的铅笔画绘制风格与艺术大师或手工绘制的艺术作品还具有一定的差距,很多研究者仍然致力于对铅笔画的计算机模拟实现研究,最终目的都是可以根据不同输入图像的自身特征来设置不同的参数对其进行绘制，从而得到该图像的最佳铅笔画效果，即最接近于画家的手绘风格。因此，基于非真实感绘制的铅笔画技术将不断改进，有利于推动这些技术在影视作品、游戏、视频动画等领域的扩展，同时，静态图像的绘制算法可以扩展到视频场景中，得到具有非真实感铅笔画艺术效果的视频场景，以满足不同群体和用户的需求，3.2 节将对铅笔画艺术风格绘制流程进行介绍。

3.2　铅笔画艺术风格绘制流程

铅笔画艺术风格的实现流程图如图 3.7 所示，可以采用 LIC 的思想，确定铅笔画笔划纹理的方向，最终实现铅笔画的艺术效果。

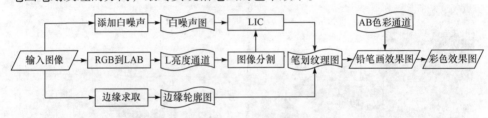

图 3.7　铅笔画艺术效果绘制流程框图

图 3.7 显示了铅笔画艺术效果绘制的算法流程，首先根据输入图像的灰度产生白噪声图，并采用图像分割方法将图像分割为不同的区域。其次，确定出铅笔画线条纹理的方向，利用 LIC 技术作用于白噪声图，产生铅笔画笔划纹理，根据需要调节笔划纹理的色调。最后，通过边缘轮廓信息的增强，得到最终的铅笔画艺术风格。算法可进一步扩展，获得具有彩色铅笔画的艺术效果，并可将相关算法扩展到视频场景中。绘制算法的特点总结如下。

(1) 绘制是完全自动的，系统可自动产生具有铅笔画效果的艺术图像，不需要用户的参与，运用 LIC 获得铅笔画的笔划纹理。

(2) 在单色调铅笔画的绘制基础上，提出了彩色铅笔画的绘制算法。将 RGB 色彩空间转换到 LAB 空间，将 AB 颜色通道的值传输到结果图像中，可得到彩色铅笔画绘制的艺术效果，算法简单、易于实现。

(3) 算法可扩展到视频领域中，通过对视频帧的分解和组合，获得具有铅笔画艺术效果的视频场景。

3.3　基于 LIC 纹理的铅笔画绘制

很多艺术创作者在手绘铅笔画效果时仅仅通过线条灰度色调的变化来表现不

同区域的细节信息，色调层的建立和转换通过线条笔划来显示。在铅笔画的绘制过程中，需要突出画面物体的轮廓信息，另外，画面不同区域需要采用不同的笔划灰度色调来表现，艺术家可根据经验决定线条的灰度色调，因此，非真实感铅笔画绘制技术需要对该过程进行模拟。

3.3.1　基于梯度信息的轮廓线增强

轮廓信息对于铅笔画艺术效果的创作至关重要，艺术家在创作铅笔画过程中，通过下笔的轻重表现出轮廓信息明暗色调的变化，因此，基于输入图像，首先可提取出图像的边缘信息。较常用的边缘提取方法有基于 Canny[21]算子的边缘检测方法，然而该方法得到的是单像素边缘，以至于在轮廓线条较粗的地方会出现环、双边、错误链接、散乱变化等不利于边缘的提取；Salisbury 等[22]开发了一个交互式笔墨画的系统，他们使用 Canny 边缘检测方法勾出图像的外部轮廓信息，并修剪内部线条；Ramesh 等[23]设计了基于硬件闪光灯的非真实感绘制相机，在真实铅笔画作品中采集笔划线条，并在结果图中进行编辑输出，该方法受到硬件设备和采集环境的限制；Bogdan 等[24]采用 Mean-shift 的算法对图像进行分割，分割的同时查找物体的轮廓信息获得铅笔画效果，然而 Bogdan 等的方法在最终效果图中可能会导致边缘信息的不连续。

Gooch 等[25]提出一种基于高斯差分(different of Gaussian，DOG)滤波器的人脸刻画系统，他们把 DOG 滤波器与基于阈值的二值化方法相结合，生成黑白线条画，该滤波器提取的边缘具有连贯、平滑的特点，能较好地传递物体形状和轮廓等细节信息，与 Canny 等检测方法相比，DOG 边缘模型能获得更接近线条艺术风格化的效果。

DOG 滤波器是各向同性的滤波器，阈值化得到的边缘会出现一些孤立的、离散的边缘，当图片中有噪声或低对比度的区域时，可能导致结果图像较为凌乱。Kang 等[26]基于边缘正切流的各向异性的滤波器抑制了噪声，有效地改善了 DOG 边缘模型的局限，各向异性的 DOG 滤波器具有线条连贯、鲁棒性较高等优点，其算法主要流程如下。

1. 构建边缘向量

假设 $I(x)$ 表示输入图像，x 表示图像的坐标位置，$e(x)$ 表示局部边缘向量，它是图像梯度信息的正交向量，边缘向量尽量保留强边方向，弱边方向跟随邻域范围内的强边方向，$e(x)$ 的计算公式为

$$e^{i+1}(x) = \frac{1}{M} \sum_{y \in N(x)} S(x,y) e^i(y) W(x,y), \quad i = 1,2,3,\cdots \tag{3.1}$$

其中，$N(x)$ 是中心像素 x 的邻域像素 y 所构成的集合，像素 y 和 x 的距离小于用

户定义的邻域半径；M 是归一化因子；W 是单调递增的模值权重函数，在边缘正切流模型中，W 用式(3.2)计算：

$$W(x,y) = 1/2\{1 + \tanh[\hat{g}(y) - \hat{g}(x)]\} \tag{3.2}$$

其中，$\hat{g}(z)$ 是点 z 归一化后的模值；$\hat{g}(y) - \hat{g}(x) \in [-1,1]$；$\tanh[\hat{g}(y) - \hat{g}(x)]$ 的函数曲线如图 3.8 所示。$\tanh[\hat{g}(y) - \hat{g}(x)]$ 函数在 $[-1, 1]$ 区间上的走向与 $\hat{g}(y) - \hat{g}(x)$ (图 3.9)函数相近，且单调性一致。为了减少计算，可用一个线性函数代替非线性函数，即用 $\hat{g}(y) - \hat{g}(x)$ 代替 $\tanh[\hat{g}(y) - \hat{g}(x)]$ 计算权重函数 W。

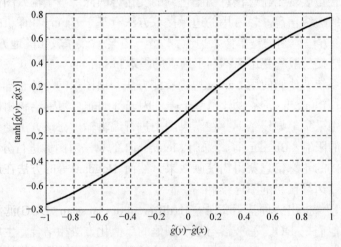

图 3.8　$\tanh[\hat{g}(y) - \hat{g}(x)]$ 函数曲线

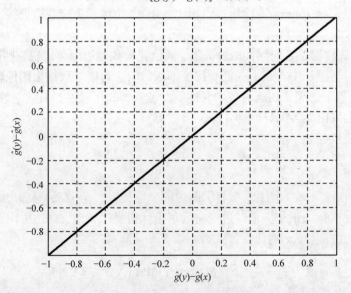

图 3.9　$\hat{g}(y) - \hat{g}(x)$ 函数曲线

因此，模值权重函数 W 可计算为

$$W(x,y) = 1/2\{1+[\hat{g}(y)-\hat{g}(x)]\} \tag{3.3}$$

其中，W 被归一化到[0, 1]，如果像素 y 的模值大于像素 x 的模值，则 y 被赋予更高的权重，这意味着强边方向被保存。

式(3.1)中，$S(x,y)$ 表示邻域像素对当前像素的影响，定义为

$$S(x,y) = \begin{cases} 1, & e^i(x) \cdot e^i(y) > 0 \\ -1, & \text{其他} \end{cases} \tag{3.4}$$

其中，$e^i(x)$ 和 $e^i(y)$ 表示 x 和 y 方向归一化后的边缘向量值，当两个向量的夹角超过90°时，可通过符号函数 $S(x,y)$ 使对应项取反。

获得边缘向量的完整过程是先用 Sobel 算子求出图像初始化梯度向量 $g^1(x)$，由 $g^1(x)$ 逆时针旋转90°得到初始的向量，记为 $e^1(x)$，为了得到平滑的向量，通过式(3.1)不断迭代更新 $e^{i+1}(x)$，并将 $e^i(x)$ 赋值给 $e^{i+1}(x)$，在迭代的过程中，$\hat{g}(x)$ 保持不变。

2. 各向异性 DOG 滤波

Kang 等[26]提出基于流的 DOG 算法检测图像边缘，DOG 实质上是用掩模的卷积来近似高斯滤波器二阶导数 $\nabla^2 G$，该掩模是两个具有明显不同标准差 σ 的高斯平滑掩模的差，通过改变标准差 σ 获得细节的不同层次，获得人们感兴趣的结构信息，其主要的思想是在不同的梯度方向上使用 DOG 滤波，再沿着边缘累积各个滤波器的响应，形成各向异性的 DOG 滤波，将滤波器的输出结果沿着真实边缘放大，同时削弱伪边缘，通过该方法不仅保留了边缘的一致性，同时有效地抑制了噪声。

基于流的 DOG 算法，主要通过基于内核矢量场(edge tangent flow，ETF)的非线性平滑矢量场求出。针对输入图像以当前像素 x 为中心的内核，进行非线性矢量平滑操作，如图 3.10 所示，$C_x(s)$ 表示在像素点 x 处的积分曲线，称为流线，x

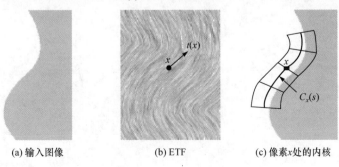

(a)输入图像　　　　　(b) ETF　　　　　(c) 像素 x 处的内核

图 3.10　基于流的高斯差分

是取值为正或负的弧长参数，显著的边缘将会被保存下来，弱边缘方向将会被引导到显著边缘方向。

内核矢量场 ETF 的滤波器可计算为[26]

$$E^{i+1} = \frac{1}{k} \sum_{y \in \Omega(x)} \phi(x,y) t^i(y) w_s(x,y) w_m(x,y) w_d(x,y) \tag{3.5}$$

其中，参数 $\Omega(x)$ 表示像素点 x 的邻域；k 表示矢量归一化系数。对于空间权重函数 w_s，使用内核半径为 r 的径向对称式滤波器来定义：

$$w_s(x,y) = \begin{cases} 1, & \|x-y\| < r \\ 0, & 否则 \end{cases} \tag{3.6}$$

参数 $w_m(x,y)$ 和 $w_d(x,y)$ 是权重函数，在边缘特征保留上起到了重要的作用，$w_m(x,y)$ 称为量级加权函数，式(3.7)给出了 $w_m(x,y)$ 函数的定义：

$$w_m(x,y) = 0.5\left(1 + \tanh\left\{\eta \cdot [\hat{g}(y) - \hat{g}(x)]\right\}\right) \tag{3.7}$$

其中，$\hat{g}(y)$ 表示在像素点 y 处的归一化梯度，即向量幅度值；参数 η 控制梯度的递增速度；$w_m(x,y)$ 是单调递增函数，对于中心像素 x 而言，比 x 梯度更大的邻近像素 y 将会得到更大的权重，这样确保了边缘特征保留的主导地位。方向加权函数 w_d 的定义如下：

$$w_d(x,y) = \left| t^i(x) \cdot t^i(y) \right| \tag{3.8}$$

其中，参数 $t^i(x)$ 表示在像素点 x 处的归一化切向量，当两个向量的夹角接近于 0° 或 180°时，$w_d(x,y)$ 增加，当两个向量的角度接近于 90°时，$w_d(x,y)$ 将会减小。

基于流的 DOG 算法在不同的梯度方向上使用 DOG 滤波，再沿着边缘累积各个滤波器的响应，形成各向异性的 DOG 滤波，将滤波器的输出结果沿着真实边缘放大，同时削弱伪边缘，不仅保持了边缘的一致性，而且有效地抑制了噪声。图 3.11 显示了算法原理，$C_x(s)$ 表示过 x 点的边缘，s 是曲线 $C_x(s)$ 的参数，x 是曲线 $C_x(s)$ 的中心，即 $C_x(0)=x$。$l_s(t)$是与 $C_x(s)$正交的直线，t 是这条直线的参数，t 等于 0 的点在曲线 $C_x(s)$上。

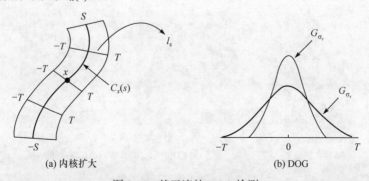

(a) 内核扩大　　　　　　　　　　　(b) DOG

图 3.11　基于流的 DOG 检测

各向异性的 DOG 滤波器定义为

$$F(s) = \int_{-T}^{T} I[l_s(t)] f(t) \mathrm{d}t \tag{3.9}$$

其中，$I[l_s(t)]$ 表示输入图像 I 在直线 $l_s(t)$ 上的值。

$$f(t) = G_{\sigma_c}(t) - \rho \cdot G_{\sigma_s}(t) \tag{3.10}$$

其中，G_σ 是标准差为 σ 的一维高斯函数：

$$G_\sigma(x) = \frac{1}{\sqrt{2\pi}\sigma} \mathrm{e}^{-\frac{x^2}{2\sigma^2}} \tag{3.11}$$

其中，x 和 y 表示像素的坐标位置；σ 表示局部方差，方差 σ 是高斯滤波器的唯一参数，它与滤波器操作邻域的大小成正比，离算子中心越远的像素影响越小，当离中心超过一定距离时，影响可以忽略不计。DOG 滤波器能有效地检测边缘，如果只需要得到粗糙的边缘，可以增加 σ 的大小，抑制不显著的特征。例如，实验中可以令 $\sigma_s = 1.6\sigma_c$，$\sigma_c = 1$，$\rho = 0.99$，通过改变参数 σ_c 和 ρ，得到不同的轮廓图。

沿着梯度方向积分，使线条的宽度增加，并将 $F(s)$ 沿着边缘 $C_x(s)$ 积分以增强线条的连续性：

$$A(x) = \int_{-S}^{S} G_{\sigma_m}(s) F(s) \mathrm{d}s \tag{3.12}$$

计算出 $A(x)$ 后，将 $A(x)$ 进行二值化，可得到一幅黑白的边缘图像：

$$A(x) = \begin{cases} 0, & A(x) < 0, \quad 1 + \tanh[A(x)] < \tau \\ 1, & \text{否则} \end{cases} \tag{3.13}$$

其中，τ 为指定的阈值，不断迭代此各向异性的 DOG 滤波器，可得到一幅令人满意的、连贯性较好的边缘图像。

图 3.12 显示了用 DOG 算子进行边缘检测的结果图像，可以看出，当 DOG 迭代次数增多时，结果图像中保留的细节信息越多，边缘连贯性也随之增强。

(a) 输入图像　　　　　　(b) τ_1=0.10，τ_2=0.90　　　　　　(c) DOG

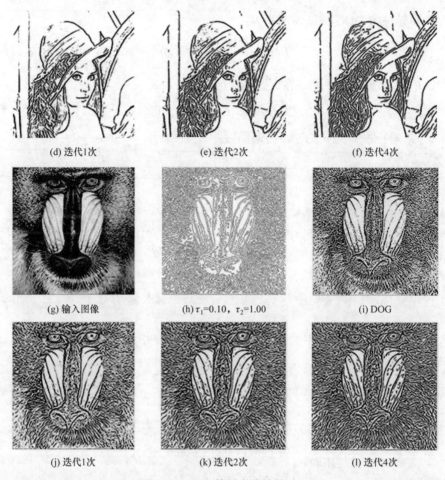

(d) 迭代1次　　　　　　　(e) 迭代2次　　　　　　　(f) 迭代4次

(g) 输入图像　　　　　　(h) $\tau_1=0.10$, $\tau_2=1.00$　　　　　(i) DOG

(j) 迭代1次　　　　　　　(k) 迭代2次　　　　　　　(l) 迭代4次

图 3.12　DOG算子实验结果对比

　　输入其他自然图像，图 3.13 显示了基于 DOG 滤波得到的其他结果图像，可以看出，基于 DOG 滤波获得了较为连续的边缘结果图像，为铅笔画艺术风格的数字化模拟奠定了基础。

(a) 输入图像　　　　　　　　　　(b) 边缘图像

(c) 输入图像

(d) 边缘图像

图 3.13 边缘图像的产生

3.3.2 白噪声图像生成

为了使最终的铅笔画具有铅笔纹理的随机分布特性，需要根据参考图像的亮度值等级来产生其对应的随机白噪声图像，白噪声图像是铅笔画笔划纹理产生的必要条件，它决定了最终铅笔画的灰度色调。

Mao 等[11]通过设置灰度像素值分界点的方法来产生白噪声，需要根据输入图像的像素点的具体灰度值来决定，噪声点的产生过程由下面的函数定义：

$$I_{\text{noise}} = \begin{cases} 255, & P \leq T; P \in [0.0, 1.0] \\ 0, & \text{其他} \end{cases}$$

$$T = k \cdot \left(\frac{I_{\text{input}}}{255} \right), \quad k \in (0.0, 1.0] \tag{3.14}$$

其中，I_{noise} 表示最终的噪声图像；I_{input} 表示输入图像的亮度值；参数 k 和 P 可用来调节噪声点数量的多少。

该函数产生的噪声点具有随机特性，根据输入图像的灰度决定噪声点的密集程度。系数 k 用来控制噪声点添加的多少，k 值越大，T 值就越大，则 $P > T$ 的概率就越小，噪声图中得到的噪声点密度就比较小；反之，当 k 值比较小时，噪声点的密度就比较大。

从 Mao 等[11]提出的算法可以看出，白噪声的结果图像仅仅包含 0 和 255 两个灰度等级，即只有白色和黑色，图像的表现力随之下降，可能导致明暗对比不突出、空间层次感较差的问题。铅笔画的效果能保证图像具有一定层次分布，即有空白区域，也有不同的灰度区域，以激发人们的想象。因此，进行白噪声图像生成时，可依据一定的准则对不同区域的灰度进行统计，由统计的结果决定噪声的分布情况，以此分离出白噪声图像在不同区域的层次感。

为了使最后生成的铅笔画中的明暗对比更突出，空间层次感更强，生成的噪声图像能有效地区分细节信息，可通过如下方法得到白噪声图[27]。

　　假设 Input 表示输入图像的灰度图，P 是一个随机产生的浮点数，R_i 是第 i 块区域的平均灰度，也可以指定固定的大小，用于控制区域噪声生成的阈值，则对应像素的噪声值 I_{noise} 由下式给出：

$$I_{noise} = \begin{cases} I_{noise} = \begin{cases} \max_1, & P > T_1 \\ \min_1, & \text{否则} \end{cases}, & \text{Input} \leqslant R_i \\ I_{noise} = \begin{cases} \max_2, & P > T_2 \\ \min_2, & \text{否则} \end{cases}, & \text{Input} > R_i \end{cases}, \quad P \in [0,1] \quad (3.15)$$

其中，$\max_1$ 和 $\max_2$ 是输出噪声的最大灰度值，通常是 255；$\min_1$ 和 $\min_2$ 是输出噪声的最小灰度值，通常可以根据自己的需要来定义。

$$T_1 = K_1 \left(1 - \frac{I_{input}}{255}\right), \quad T_2 = K_2 \left(1 - \frac{I_{input}}{255}\right) \quad (3.16)$$

$$K_1, K_2 \in [0,1]$$

其中，参数 K_1、K_2 是两个经验值，通常的取值范围为 0～1。

　　图 3.14 显示了添加的白噪声图像，其中，图 3.14(a)、图 3.14(c)为输入的原始图像，图 3.14(b)和图 3.14(d)为加入噪声点后的结果图像，噪声点的产生显示了输入图像的灰度分布情况。

(a) 原始图像

(b) 白噪声图像

(c) 原始图像

(d) 白噪声图像

图 3.14　噪声点图像的生成

3.3.3　图像分割

　　艺术家在铅笔画的不同区域用不同笔划的方向、深浅来表达物体的明暗、质感、空间感等信息。为了模拟艺术家的这种表现力，需要对图像进行分割，对图像中不同的区域进行特征提取，再分别产生各区域的向量场，以此确定铅笔画不同区域中笔划的方向。

　　图像分割是指根据灰度、颜色、纹理和形状等特征把图像划分成若干互不交叠的区域，并使这些特征在同一区域内呈现出相似性，而在不同区域间呈现出明显的差异性，它是由图像处理到图像分析的关键步骤。图像分割技术自 20 世纪 70 年代起一直受到人们的高度重视，虽然研究人员针对各种问题提出了许多方法，但迄今为止仍然不存在一个普遍适用的理论和方法。另外，还没有制定出选择适用分割算法的标准，这给图像分割技术的应用带来许多实际问题。目前，较为通用的图像分割方法主要包括边缘分割方法、阈值分割方法、区域生长方法区域的分裂合并方法、直方图分割方法以及结合特定理论工具的分割方法[28]。

　　1. 阈值分割方法

　　阈值分割方法是图像分割中应用数量最多的一类，具有直观性和简单性，在图像分割应用中占有重要的地位，该方法实际上是输入图像 f 到输出图像 g 的如下变换：

$$g(i,j) = \begin{cases} 1, & f(i,j) \geq T \\ 0, & f(i,j) < T \end{cases} \tag{3.17}$$

其中，T 为阈值，对于物体的图像元素 $g(i,j)=1$，对于背景的图像元素 $g(i,j)=0$。

　　由此可见，阈值分割算法的关键是确定阈值，如果能确定一个合适的阈值就可准确地将图像分割开。当阈值确定后，将阈值与像素点的灰度值逐个进行比较，而且像素分割可对各像素并行地进行，分割的结果直接给出图像区域。阈值分割的优点是计算简单、运算效率较高、速度快。在重视运算效率的应用场合，如用于硬件实现等领域得到了广泛应用。此外，阈值分割方法根据阈值的选取和处理过程，分为全局阈值、自适应阈值、最佳阈值等方法。

　　全局阈值是指整幅图像使用同一个阈值做分割处理，适用于背景和前景有明显对比的图像。它是根据整幅图像确定 $T=T(f)$，可以通过目视直方图来选取阈值，同时也可以通过对 T 反复实验获得阈值。然而，这种方法只考虑像素本身的灰度值，一般没有考虑空间特征，因而对噪声很敏感。常用的全局阈值选取方法有图像灰度直方图的峰谷法、最小误差法、最大类间方差法、最大熵自动阈值法等。采用自动选择阈值对图像分割时，Gonzalea 等[29]设计了如下的算法步骤。

　　(1) 设置一个初始估计阈值 T，例如，估计值可选为图像中最大亮度值和最小亮度值之间的中间值。

(2) 使用阈值 T 分割图像，产生两组像素：亮度值大于等于 T 的所有像素组成了集合 G_1，亮度值小于 T 的所有像素组成了集合 G_2。

(3) 计算 G_1 和 G_2 范围内的像素平均亮度值 U_1 和 U_2。

(4) 计算一个新的阈值：

$$T = \frac{1}{2}(U_1 + U_2) \tag{3.18}$$

(5) 重复步骤(2)～步骤(4)，直到连续迭代中 T 的差小于预先指定的参数。

在许多情况下，物体和背景的对比度在图像中的各处是不一样的，这时很难用一个统一的阈值将物体与背景分开，这时可以根据图像的局部特征分别采用不同的阈值进行分割。实际处理时，需要按照具体问题将图像分成若干子区域，并选择多个不同的阈值，或者动态地根据一定的邻域范围选择每点处的阈值进行图像分割，此时的阈值选择为自适应阈值。图 3.15 显示了根据全局阈值和自适应阈值分割得到的结果图像。

(a) 输入图像　　　　　　(b) 全局阈值　　　　　　(c) 自适应阈值

图 3.15　阈值分割法结果

2. 区域生长方法

区域生长的基本思想是根据预先定义的生长准则来把像素或子区域集合成较大区域的处理方法。首先需要对每个需要分割的区域找一个种子像素作为生长的起点，然后将种子像素周围邻域中与种子像素有相同或相似性质的像素(根据某种事先确定的生长或相似准则来判定)合并到种子像素所在的区域中，然后将这些新像素当作新的种子像素继续进行合并，直到再没有满足条件的像素可以被包括进来，即获得了最终的图像分割结果。

首先，区域生长需要选择一组能正确代表所需区域的种子像素，选取的种子像素可以是单个像素，也可以是包含若干个像素的小区域。其次，需要确定在生长过程中的相似性准则，相似性准则可以根据灰度级、彩色、纹理、梯度等特性进行确定。再次，需要制定区域生长停止的条件或准则，大部分区域生长准则需要考虑图像的局部性质，使用不同的生长准则会影响区域生长的过程和最终图像分割的结果。图 3.16 显示了基于区域生长方法获得的图像分割结果。

(a) 输入图像   (b) 分割结果

图 3.16　区域生长法分割的结果

区域生长法的优点是计算简单，对于较均匀的连通目标有较好的分割效果。然而，该方法需要人为确定种子点，对噪声敏感，可能导致区域内有空洞。另外，它是一种串行算法，当目标较大时，分割速度较慢，因此采用该方法时，如何提高处理速度是需要重点考虑的问题。

3. 区域的分裂合并方法

区域生长是从某个或者某些像素点出发，最后合并整个区域，进而实现目标的提取。区域的分裂合并与区域生长正好相反，是区域合并的逆过程。算法首先从整个图像出发，不断分裂得到各个前景子区域，然后根据合并原则将各前景子区域进行合并，实现目标的提取和分割。区域分裂合并算法假设一幅图像中的前景区域由一些相互连通的像素组成，如果把一幅图像分裂到像素级，那么就可以判定该像素是否为前景像素。当所有像素点或者子区域完成判断以后，把前景区域或者像素合并就可得到前景图像，实现了前景图像与背景图像的分割。

区域的分裂合并方法中最常用的是四叉树分解法，即一棵树中的每个节点都恰好有 4 个后代，如图 3.17 所示，对应于四叉树的节点有时称为四叉区域或四叉图像，树的根对应于整个图像，每个节点对应于一个再分为 4 个后代节点的节点分支。在分离过程中，最终的部分通常包含具有相同性质的邻近区域，若不具有相同性质的邻近区域，可以通过合并进行弥补。

设 R 代表整个正方形图像区域，P 代表逻辑谓词。区域分裂合并算法步骤如下。

(1) 对任意一个区域，如果 $H(R_i)$=FALSE，就将其分裂成不重叠的四等份。

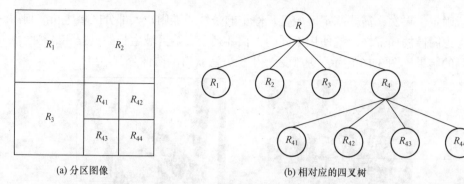

(a) 分区图像　　　　　　　　　　　　　　(b) 相对应的四叉树

图 3.17　四叉树分割后的图像

(2) 对相邻的两个区域 R_i 和 R_j，它们也可以大小不同，即不在同一层，如果满足条件 $H(R_i \bigcup R_j)$=TRUE，则将它们合并。

(3) 如果进一步的分裂或合并都不可能，则结束。

图 3.18 显示了分裂合并法的结果图像，该方法的关键是如何设计分裂合并准则，这种方法对复杂图像的分割效果较好，但算法较复杂、计算量大，分裂过程还可能破坏区域的边界。

(a) 输入图像　　　　　　　　　　　　　　(b) 分割结果图像

图 3.18　四叉树分割图像

4. 边缘分割方法

图像分割的一种重要途径是通过边缘检测，即检测灰度级或者结构具有突变的地方，表示一个区域的终结，同时也是另一个区域开始的地方，这种不连续性称为边缘。不同图像的灰度不同，边界区域一般有明显的边缘，利用此特征可以分割图像。

图像中边缘处像素的灰度值不连续，可通过求导数来检测不连续性，对于阶跃状边缘，其位置对应一阶导数的极值点，对应二阶导数的过零点，即零交叉点，因此常用微分算子进行边缘检测。常用的一阶微分算子有 Roberts 算子、Prewitt 算子和 Sobel 算子，二阶微分算子有 Laplace 算子和 Kirsh 算子等，在实际中，各种微分算子常用小区域模板来表示，微分运算则通过模板和图像的卷积来实现。一阶或二阶微分算子对噪声敏感，只适合于噪声较小、不太复杂的图像。

由于边缘和噪声都是灰度不连续点，在频域均为高频分量，直接采用微分运算难以避免噪声对结果的影响，因此用微分算子检测边缘前要对图像进行平滑滤波。LOG算子和 Canny 算子是具有平滑功能的一阶和二阶微分算子，边缘检测效果较好，如图 3.19 所示，其中 LOG 算子是采用Laplace 算子求高斯函数的二阶导数，Canny 算子是高斯函数的一阶导数，它在噪声抑制和边缘检测之间取得了较好的平衡。

(a) 输入图像　　　　　　　(b) LOG算子　　　　　　　(c) Canny算子

图 3.19　边缘检测结果

5. 直方图分割方法

直方图用于统计图像中不同灰度值的个数，与其他图像分割方法相比，基于直方图的方法是非常有效的图像分割方法。通常，根据图像的直方图，在直方图的波峰和波谷处选择分割的阈值大小，因此阈值选择较为简单，可根据波峰和波谷的数量选择阈值的个数。

此外，该方法可通过递归计算直方图的集群以控制图像分割的类别，同时可将该算法扩展至视频帧的图像分割，同时保持视频帧的单通效率。分割时，当前直方图可根据多个连续的视频帧进行计算，确定最佳波峰和波谷的位置，对视频帧分割后能较好地保持视频帧之间的连贯性。

6. 结合特定理论工具的分割方法

随着各学科新理论和新方法的提出，出现了许多与一些特定理论、方法相结合的图像分割方法[30]。

1) 聚类分析

特征空间聚类法进行图像分割时，首先将图像空间中的像素用对应的特征空间点表示，根据它们在特征空间的聚集对特征空间进行分割，然后将它们映射回原图像空间，得到分割结果。其中，K均值、模糊 C 均值(fuzzy c-means，FCM)聚类算法是最常用的聚类算法。K均值算法先选 K 个初始类均值，然后将每个像素归入均值离它最近的类并计算新的类均值，迭代执行前面的步骤直到新旧类均值之差小于某一阈值；FCM算法是在模糊数学的基础上对 K 均值算法的推广，是通过最优化一个模糊目标函数实现聚类，它不像 K 均值聚类那样认为每个点只能属于某一类，而是赋予每个点一个对各类的隶属度，用隶属度更好地描述边缘像素亦此亦彼的特点，适合处理事物内在的不确定性。利用 FCM 非监督模糊聚类标定的特点进行图像分割，可以减少人为的干预，且较适合图像中存在不确定性和模糊性的特点。

FCM 算法对初始参数极为敏感，有时需要人工干预参数的初始化以接近全局最优解，提高分割速度。另外，传统 FCM 算法没有考虑空间信息，对噪声和灰度不均匀敏感。

2) 模糊集理论

模糊集理论具有描述事物不确定性的能力，适合于图像分割问题。20 世纪90 年代以来，出现了许多模糊分割技术，在图像分割中的应用日益广泛。模糊技术在图像分割中应用的一个显著特点就是它能和现有的许多图像分割方法相结合，形成一系列的集成模糊分割技术，如模糊聚类、模糊阈值、模糊边缘检测技术等。

模糊阈值技术利用不同的隶属函数来定义模糊目标，通过优化过程最后选择一个具有最小不确定性的隶属函数。用该函数增强目标及属于该目标的像素之间的关系，这样得到的隶属函数的交叉点为阈值分割需要的阈值，这种方法的困难在于隶属函数的选择。基于模糊集合和逻辑的分割方法是以模糊数学为基础，利用隶属图像中由于信息不全面、不准确、含糊、矛盾等造成的不确定性问题，该方法在医学图像分析中有广泛的应用，如薛景浩等[31]提出了一种新的基于图像间模糊散度的阈值化算法，以及在多阈值选择中的推广算法，采用模糊集合分别表达分割前后的图像，通过最小模糊散度准则来实现图像分割中最优阈值的自动提取，该算法针对图像阈值化分割的要求构造了一种新的模糊隶属度函数，克服了传统 S 函数带宽对分割效果的影响，有很好的通用性和有效性，方案能够快速正确地实现分割，且不需事先认定分割类数，实验结果令人满意。

3) 基因编码

把图像背景和目标像素用不同的基因编码表示，通过区域性的划分，把图像背景和目标分离出来，具有处理速度快的优点，但算法实现起来比较困难。

4) 小波变换

2002 年以来，小波变换成为广泛应用的数学工具，它在时域和频域都具有良好的局部化性质，而且小波变换具有多尺度特性，能够在不同尺度上对信号进行分析，因此在图像处理和分析等许多方面得到应用。

基于小波变换的阈值图像分割方法首先由二进小波变换将图像的直方图分解为不同层次的小波系数，然后依据给定的分割准则和小波系数选择阈值门限，最后利用阈值标出图像分割的区域。整个分割过程是从粗到细的，由尺度变化来控制，即起始分割由粗略的 L2 子空间上投影的直方图来实现，如果分割不理想，则利用直方图在子空间上的小波系数逐步细化图像分割，分割算法的计算复杂度与图像尺寸的大小呈线性变化。

尽管人们在图像分割方面做了许多研究工作，但由于尚无通用分割理论，现已提出的分割算法大都是针对具体问题的，并没有一种适合于所有图像的通用的分割算法，但是可以看出，图像分割方法正朝着更快速、更精确的方向发展，通过各种新理论和新技术的结合将不断取得突破和进展。

针对铅笔画艺术效果绘制，可采用区域提取方法来实现图像的分割，算法高效，分割质量高。采用区域提取方法时，需要经过以下步骤。

(1) 将图像的色彩作为区域的特征，图像中的所有像素点作为无向有权图中所有的顶点，一个像素与周围 8 个像素点相邻。

(2) 连接所有的相邻边作为边集，边的权值可用灰度值的差值计算。

(3) 区域提取。将输入图像通过相邻边的顶点聚类成为一个森林，森林中每棵树形成一棵最小生成树，最终每棵树就是一个分区。

(4) 合并区域。如果两棵树之间的差值较小，即两个区域之间相连的最小边的权值小于某一阈值，则将这两棵树合并为一棵树。该方法可调节图像分割的粗糙度，可忽略较小的细节信息。

根据上述区域分割算法，可获得图 3.20 所示的分割结果，图 3.20(a)、图 3.20(c)和图 3.20(e)为输入图像，图 3.20(b)、图 3.20(d)和图 3.20(f)为分割得到的结果图像。

(a) 输入图像   (b) 分割结果

(c) 输入图像　　　　　　　　　　(d) 分割结果

(e) 输入图像　　　　　　　　　　(f) 分割结果

图 3.20　不同输入图像的分割结果

3.3.4　铅笔画笔划纹理生成

要实现铅笔画的艺术效果，笔划纹理的产生决定着最终效果的好坏。前面提到，对笔划纹理产生较大影响的是 LIC 算法。LIC 算法中，输入一个二维向量场信息，通过对白噪声图像沿向量场信息进行局部卷积，输出的结果图像能反映出纹理的局部方向信息。

图 3.21 为通过采集得到的笔划纹理图，由于艺术家绘画过程中落笔的轻重、铅笔的不同灰度以及纸张的影响，纹理图中笔划纹理的方向信息和像素点的灰度色调变换具有一定的随机性，这种随机性往往表现出铅笔画艺术效果的核心。根据 LIC 算法思想，将白噪声图像根据矢量场信息进行卷积产生出的笔划纹理，表现出了矢量场的方向信息，可以较好地模拟出实际铅笔画作品中的笔划方向。

在铅笔画笔划模拟过程中，输入加入噪声点的白噪声图像，经过 LIC 算法后，根据噪声点的多少，较自然地在结果图像中表现出灰色色调变化的随机性，能较好地模拟铅笔画灰度变化的特点。算法实现时把预先指定的向量场和白噪声图像作为 LIC 处理的输入数据，最后产生的结果能反映出向量场特征的纹理。采用

LIC 纹理来模拟铅笔画的笔划产生过程，较好地避免了传统模拟算法中复杂、耗时的物理模型仿真过程，并且产生的纹理与实际的铅笔画绘制效果图具有极大的相似性[32]。

 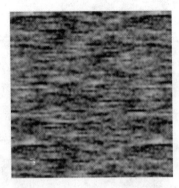

图 3.21　真实的铅笔画笔划纹理

假设 $F(x, y)$ 是输出图像中像素 (x, y) 的像素值，l 和 l' 分别是流线的正向、反向的积分步数，$F(\lfloor P_i \rfloor)$ 是与输入矢量场中坐标点 P_i 处对应的输入纹理的像素值，LIC 可通过下式计算[9]：

$$F(x, y) = \frac{\sum_{i=0}^{l} F(\lfloor P_i \rfloor) h_i + \sum_{i=0}^{l'} F(\lfloor P_i' \rfloor) h_i'}{\sum_{i=0}^{l} h_i + \sum_{i=0}^{l'} h_i'} \tag{3.19}$$

其中，h_i 表示对卷积核 $k(\omega)$ 积分的结果，用下式计算：

$$h_i = \int_{s_i}^{s_i + \Delta s_i} k(\omega) \mathrm{d}\omega \tag{3.20}$$

其中，$s_0 = 0, s_i = s_{i-1} + \Delta s_{i-1}, \Delta s_i$ 是计算流线时第 i 步的长度；s_i 是第 i 步后流线的长度；$k(\omega)$ 采用盒式卷积核函数：

$$k(\omega) = \frac{1}{2n+1} \tag{3.21}$$

图 3.22 为使用 LIC 方法生成的具有不同粗细程度及灰度对比度的笔划纹理，对其进行旋转处理可以获得具有任意方向的笔划纹理图，与真实采样得到的笔划纹理相比，具有一定的相似性。

运用 LIC 方法对白噪声图像进行处理，得到如图 3.23 所示的结果图像。从图中可以看出，LIC 方法能控制笔划纹理的方向，更好地突出明暗色调的变化和层次感，能较好地模拟真实的笔划效果，为最终铅笔画艺术效果的产生奠定基础。

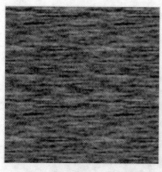

图 3.22　LIC 笔划纹理效果[32]

(a) 汽车笔划纹理图　　　　　　(b) 汽车笔划纹理图　　　　　　(c) 风车笔划纹理图

图 3.23　LIC 作用于白噪声图产生的笔划纹理图

3.3.5　铅笔画灰度色调控制

　　铅笔画作品中需要表现不同明暗程度的灰度色调，艺术家根据物体的反射光线进行绘画，Praun 等[33]通过计算物体表面法线向量与入射光向量的乘积求取灰度信息值。然而，Praun 等的方法在计算时模型复杂，需要在三维空间中进行计算，不易实现。为了简化计算模型，可基于 Freudenberg 等[34]的算法在二维空间进行计算，实现对铅笔画灰度信息的控制和调整。

　　假设 $s(x,y)$ 为输入图像的灰度信息，$t(x,y)$ 代表输出图像，$r(x,y)$ 为经过 LIC 方法生成的笔划纹理图，参数 T 表示计算前预先设置的阈值，采用式(3.22)的方法对铅笔画的亮度色调进行控制，公式计算过程中需要将输入图像预先归一化为 0~1 范围内：

$$\begin{cases} t(x,y)=0, & s(x,y)+r(x,y) \leqslant T \\ t(x,y)=1, & s(x,y)+r(x,y) > T \end{cases} \tag{3.22}$$

　　式(3.22)计算的结果可混合 $s(x,y)$、$r(x,y)$ 两幅图像的灰度色调。假设混合后的结果图像中像素值小于给定阈值 T，那么输出图像 $t(x,y)$ 对应的灰度色调为黑色，反之得到白色的输出像素值。上述计算过程实现了输入图像、笔划纹理图像和输出图像之间的映射过程，然而，这样的计算结果由于仅仅得到二值图像，灰度色调的改变缺乏明显的过渡信息，与真实的铅笔画纹理具有一定的差距。因此，可对灰度色调的混合做进一步的修改，使得混色后的输出图像能根据灰度色调的强弱自适应地调节。

假设参数 m 用于调整输入图像的明暗程度，输入图像 $s(x,y)$ 与铅笔画纹理图像 $r(x,y)$ 利用公式混合时，$t(x,y)$ 表示最终的灰度色调图像，采用式(3.23)对输出图像的亮度色调信息进行控制。

$$t(x,y) = 1 - k \times \{1 - [r(x,y) + m \times s(x,y)]\} \tag{3.23}$$

图 3.24 显示了亮度色调信息的控制和调节过程[34]，可以看出，参数 k 用于调整混色后的灰度平滑度，实验中发现 k 取 0.5~1.5 较为合适。黑白色调可以通过参数 m 进行调节，但灰度色调的过渡较为明显，采用参数 k 作用于输出图像后可平滑灰度色调的过渡，能得到正确的笔划色调。

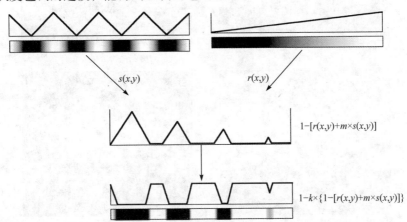

图 3.24 输入图像与铅笔纹理图像混色后的灰度级平滑[34]

3.3.6 边缘混合

通过铅笔画灰度色调混合后，获得的结果图像具有铅笔画的笔划纹理特征，由于真实铅笔画艺术效果往往体现出轮廓信息，因此铅笔画数字化模拟时需要加入边缘特征信息。可将 3.1 节所获得的边缘效果图像与灰度色调通过式(3.24)混合：

$$O(x,y) = [1 - \text{Edge}(x,y)] \times t(x,y) \tag{3.24}$$

其中，$O(x,y)$ 为最终输出图像；$\text{Edge}(x,y)$ 为边缘图像；$t(x,y)$ 为灰度色调混合得到的图像。在计算前，所有图像都已归一化到 0~1 内。

经过边缘图像的混合后，模拟了具有灰度色调的非真实感铅笔画艺术效果。由于采用了 LIC 技术、边缘提取和色调控制方法，从基本原理和技术上都已经充分考虑了铅笔画在实现过程中的要求。此外，基于灰度色调的铅笔画艺术效果绘制，可将算法扩展到彩色铅笔画和视频铅笔画的生成过程。

3.3.7 铅笔画艺术风格绘制结果

基于以上所提出的铅笔画绘制算法流程，输入不同的目标图像，通过不同的参数控制，获得如图 3.25～图 3.27 所示的铅笔画艺术效果图像。

(a) 输入图像

(b) 铅笔画效果(k=1.1)

(c) 铅笔画效果(k=0.8)

(d) 铅笔画效果(k=0.5)

图 3.25　铅笔画绘制结果图像

(a) 输入图像

(b) 铅笔画效果(k=1)

(c) 铅笔画效果(k=0.7)　　　　　　　　　(d) 铅笔画效果(k=1.3)

图 3.26　铅笔画绘制结果图像

(a) 输入图像　　　　　　　　　(b) 铅笔画效果(k=0.8)

(c) 输入图像　　　　　　　　　(d) 铅笔画效果(k=0.9)

(e) 输入图像　　　　　　　　　(f) 铅笔画效果(k=0.9)

(g) 输入图像　　　　　　　　　　(h) 铅笔画效果(*k*=1.2)

(i) 输入图像　　　　　　　　　　(j) 铅笔画效果(*k*=1.1)

(k) 输入图像　　　　　　　　　　(l) 铅笔画效果(*k*=1.2)

(m) 输入图像　　　　　　　　　　(n) 铅笔画效果(*k*=1.1)

图 3.27　铅笔画结果图像

通过图 3.25～图 3.27 可以看出,实验结果较好地模拟了真实铅笔画艺术效果,通过对参数的调节,可控制噪声的数量、边缘轮廓、笔划纹理方向以及明暗程度,产生不同的艺术效果。

3.4　彩色铅笔画艺术风格绘制

通过 3.3 节的算法得到的铅笔画艺术效果具有单一的灰度色调,然而,用户对艺术效果的追求往往需要表现出彩色的结果图像。在研究彩色铅笔画生成的过程中,只需在灰度铅笔画效果中加入色彩信息便可得到所需要的结果。在 RGB 色彩空间中,输入图像的颜色信息分布在 R、G、B 三层通道中,由于三层通道之间的相关性,色彩的传输必然导致结果图像亮度信息的改变,最终的铅笔画艺术效果也随之改变。因此,可采用在不同的色彩空间对输入图像的色彩进行传输,在不改变灰度铅笔画效果的情况下,加入色彩的信息。

由于 LAB 色彩空间具有亮度与色彩通道相关性较小的特点,首先将图像转换到 LAB 颜色空间进行处理,输入图像的色彩信息可以直接传输到具有铅笔画效果的灰度图像中,图 3.28 显示了绘制的流程图。

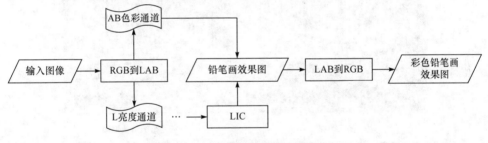

图 3.28　彩色铅笔画的绘制流程图

彩色铅笔画绘制算法的具体实现步骤如下。

(1) 色彩空间转换。利用 Reinhard 等[35]的色彩空间转换方法,将输入图像的色彩空间从 RGB 转换到 LAB 颜色空间,分离输入图像的灰度通道信息和色彩通道信息。

(2) 亮度层产生灰度铅笔画效果。利用 3.3 节所述方法,在亮度通道 L 上进行处理获得灰度级的铅笔画效果,该过程对其他通道的颜色信息没有影响。

(3) 色彩通道中的色彩传输。将 AB 颜色通道的值传输到灰度铅笔画效果中。

(4) 色彩空间转换。将结果图像的色彩空间从 LAB 转换到 RGB 颜色空间,可得到彩色的非真实感铅笔画艺术效果图像。

　　通过色彩空间的转换以及色彩在不同通道中的传输，可模拟彩色的铅笔画艺术效果，由于算法仅在亮度通道中进行铅笔画效果的模拟，AB 通道中的颜色信息不做任何处理便传输到结果图像中，因此，算法具有运行速度快、效率高、易于实现的特点。

　　从结果图 3.29 可以看出，在已有的灰度铅笔画基础上加入颜色通道的信息，结果图像可表现出更加丰富的色彩信息，表现力也更加丰富。

(a) 输入图像　　　　　　　　　(b) 彩色铅笔画效果图

(c) 输入图像　　　　　　　　　(d) 彩色铅笔画效果图

(e) 输入图像　　　　　　　　　(f) 彩色铅笔画效果图

图 3.29　彩色铅笔画绘制结果

3.5　视频场景铅笔画艺术风格绘制

3.4 节的算法实现了在静态图像中的灰度和彩色铅笔画艺术效果，由于动态视频场景往往比静态图像更具有表现力和吸引力，所以可将相关绘制算法应用在视频场景中。

视频场景由时间上连续的一系列视频帧按照相等的时间间隔，通过连续播放得到，因此，对视频的处理只需要先将视频分离成一个个连续的视频帧，视频帧即为静态图像，采用前面所述的静态图像铅笔画风格绘制算法，将处理后的视频帧按照原有时间顺序连续播放就得到了视频场景的铅笔画风格绘制。

图 3.30 所示为视频铅笔画绘制效果的流程图，基于输入的视频场景，对输入的视频自动分离为视频帧静态图像，对每一帧图像进行非真实感铅笔画艺术效果处理后，自动将视频帧按原时间顺序合成为视频结果。

图 3.30　视频铅笔画流程图

根据对动态视频处理的算法流程，对输入的视频场景进行处理，将输入不同的视频转换为铅笔画视频场景。图 3.31 显示了该算法对视频帧处理得到的结果。

(a) 输入视频帧　　　　　　　　　　(b) 输入视频帧

(c) 图(a)的结果图像　　　　　　　(d) 图(b)的结果图像

图 3.31　视频处理为铅笔画艺术效果

3.6　本章小结

　　非真实感绘制中，通过计算机来生成铅笔画效果是很多图形学研究者感兴趣的内容。铅笔画效果以明暗面为主，结合线条来表现对象特征，加以不同的绘画技巧，构成的画面能给人简洁明快、自然流畅的感觉。铅笔画单一的、明暗相间的色调往往给人带来一种好奇感和无尽的想象空间。此外，铅笔画作为一种表达中介广泛应用于插图、建筑、说明书等二维、三维及视频场景中。

　　本章首先综述了已有的铅笔画绘制算法，对铅笔画艺术效果产生的过程进行介绍：首先，算法基于灰度图像产生出白噪声图，采用图像分割方法将输入图像分割为不同的区域；其次，采用 LIC 技术确定铅笔画笔划纹理的方向；然后，根据用户需要调节最终输出效果的色调；最后，通过对目标图像的边缘提取并融合到结果图像中，可增强铅笔画艺术效果的轮廓线。

　　可将铅笔画效果的模拟扩展到彩色图像空间和视频场景。通过色彩空间的转换，将 RGB 色彩空间转换到 LAB 色彩空间，在亮度通道 L 中进行灰度铅笔画艺术效果模拟，再将 AB 通道中的色彩信息传输到灰度图像中，实现了彩色铅笔画的绘制技术。算法可进一步加入光照信息，在同一图像中突出铅笔画笔划纹理的明暗程度，实现具有深度信息的、立体的艺术效果。此外，可将铅笔画绘制算法和彩色铅笔画绘制算法也应用于视频场景的处理中，得到铅笔画的视频效果。

　　基于纹理的 LIC 技术在铅笔画的笔划纹理产生过程中发挥着重要的作用，第 4 章将详细讨论基于纹理的 LIC 技术的产生、发展过程，基于 LIC 特点，采用 LIC 模拟流体的艺术效果。

参 考 文 献

[1] Vermeulen A H, Tanner P. Pencil Sketch-a pencil-based paint system//Proceedings of Graphics Interface, 1989: 138-143.

[2] Sousa M C, Buchanan J W. Observational model of blenders and erasers in computer-generated pencil rendering//Proceedings of the Graphics Interface Conference Proceedings, 1999: 157-166.

[3] Sousa M C, Buchanan J W. Computer-generated graphite pencil rendering of 3D polygonal models. Computer Graphics Forum, 1999, 18(3): 195-208.

[4] Buchanan J W, Sousa M C. The edge buffer: A data structure for easy silhouette rendering// Proceedings of the first International Symposium on Non-photorealistic Animation and Rendering, 2000: 39-54.

[5] Wang J, Bao H J, Zhou W H, et al. Automatic image-based pencil sketch rendering. Computer Science& Technology, 2002, 17(3): 347-355.

[6] Markovic D, Stavrakis E. Parameterized sketches from stereo images//Proceedings of the Image

and Video Communications and Processing, 2005: 783-792.

[7] Isenberg T, Halper N, Strothotte T. Stylizing silhouettes at interactive rates: From silhouette edges to silhouette edges to silhouette strokes. Computer Graphics Forum, 2003, 21(3): 249-258.

[8] Isenberg T, Brennecke A. G-strokes: A concept for simplifying line stylization. Computers & Graphics, 2006, 30(5):754-766.

[9] Cabral B, Leedom C. Imaging vector field using line integral convolution//Proceedings of the ACM SIGGRAPH Conference, 1993: 263-270.

[10] Takagi S, Nakajima M, Fujishiro I. Volumetric modeling of colored pencil drawing//Proceedings of the Pacific Graphics 1999 Conference, 1999: 250-258.

[11] Mao X, Nagasaka Y, Imamiya A. Automatic generation of pencil drawing from 2D images using line integral convolution. Journal of the Society for Art & Science, 2002, 1(9): 240-248.

[12] 谢党恩. 非真实感绘制中铅笔画绘制技术相关问题的研究[硕士学位论文]. 昆明: 云南大学, 2008.

[13] 李龙生, 周经野, 陈益强, 等. 用 USM 锐化生成铅笔画的新方法. 吉林大学学报, 2007, 37(2): 442-448.

[14] Zhang W, Wang X G, Tang X O. Lighting and pose robust face sketch synthesis. European Conference on Computer Vision, 2010, 6316: 420-433.

[15] 任小康, 闫利伟, 高红玉. 用小波分层模拟铅笔画纹理. 计算机工程与应用, 2012, 48(11): 200-204.

[16] Yang H, Min K. Color pencil rendering of photographs. Communications in Computer & Information Science, 2012, 310: 302-308.

[17] Yang H, Min K. Simulation of color pencil drawing using LIC. Ksii Transactions on Internet & Information Systems, 2012, 6(12): 3296-3314.

[18] Lu C U, Liu X, Jia J Y. Combining sketch and tone for pencil drawing production// Proceedings of the International Symposium on Non-Photorealistic Animation and Rendering (NPAR 2012), 2012: 65-73.

[19] Ma S, Tian L. A 3D sketch-based modeling design system with paper-and-pencil interface// Proceedings of the International Conference on Computer Sciences & Application, 2013: 446-453.

[20] Zhang S, Gao X, Wang N, et al. Robust face sketch style synthesis. IEEE Transactions on Image Processing A Publication of the IEEE Signal Processing Society, 2015, 25(1): 1-13.

[21] Canny J. A Computational approach to edge detection. IEEE Transactions on Pattern Analysis and Machine Intelligence, 1986, 8(6):679-698.

[22] Salisbury M P, Anderson S E, Salesin D H. Interactive pen-and-ink illustration//Proceedings of the ACM SIGGRAPH Conference, 1994: 101-108.

[23] Ramesh R, Tan K, Feris R, et al. Non-photorealistic camera: Depth edge detection and stylized rendering using multi-flash imaging. ACM Transactions on Graphics, 2004, 23(3): 679-688.

[24] Bogdan G, Shimshoni I, Meer P. Mean shift based clustering in high dimensions: A texture classification example// Proceedings of the IEEE International Conference on Computer Vision, 2003, 1: 456-463.

[25] Gooch B, Reinhard E, Gooch A. Human facial illustrations. ACM Transactions on Graphics, 2004, 23(1):27-44.

[26] Kang H, Lee S Y, Chui C K. Coherent line drawing//Proceedings of the ACM Symposium on Non-photorealistic Animation and Rendering, 2007: 43-50.

[27] 孙硕, 黄东卫. 一种有效的基于区域的铅笔画方法. 计算机工程与应用, 2007,43 (14): 34-37.

[28] 冈萨雷斯. 数字图像处理. 3 版. 北京: 电子工业出版社, 2011.

[29] Gonzalez R C, Woods R E. Digital Image Processing. 2nd ed. Prentice Hall: Upper Saddle River, 2002.

[30] 摆晔. 基于 A-SOM 网络的灰度图像分割算法的研究[硕士学位论文]. 昆明: 云南大学, 2008.

[31] 薛景浩, 章毓晋, 林行刚. 一种新的图像模糊散度阈值化分割算法. 清华大学学报(自然科学版), 1999, 39(1): 47-50.

[32] Qian W H, Yue K, Xu D. An approach for non-photorealistic rendering in painting of pencil drawing//Proceedings of the Journal of Informational & Computational Science, 2008:419-427.

[33] Praun E, Hoppe H, Matthew W, et al. Real-time hatching//Proceedings of the 28th Annual Conference on Computer Graphics and Interactive Techniques, 2001: 581-587.

[34] Freudenberg B, Masuch M, Strothotte T. Real-time halftoning: A primitive for non-photorealistic shading//Proceedings of the 13th Eurographics Workshop on Rendering, 2002: 227-231.

[35] Reinhard E, Ashikhmin M, Gooch B, et al. Color transfer between images// Proceedings of the IEEE Computer Graphics and Applications, 2001: 34-40.

第4章　基于纹理的流体艺术风格绘制

自然界中很多物质的运动和变化过程是无法直接观察的，为了掌握这些物质的变化规律，1987年2月美国国家科学基金会在华盛顿召开了有关科学计算可视化的首次会议，很多研究者提出基于计算机的图形学和图像处理技术，通过计算机仿真和模拟，观察物质的内在运动和变化过程，会议上将这一领域命名为科学计算可视化(visualization scientific computing)，简称为科学可视化(scientific visualization)，会议中还定义了它所覆盖的领域，近期和长期的研究方向等。

科学计算可视化的基本含义是运用计算机图形学和图像处理技术，将科学计算等过程中产生的大规模数据及计算结果转换为图形及图像，在屏幕上显示出来，并对其进行交互处理的理论、方法和技术，实际上它不仅包括科学计算数据的可视化，还包括工程数据的可视化，如有限元分析的结果等，同时也包括测量数据的可视化，如用于医疗领域的计算机断层扫描(computed tomography，CT)数据及核磁共振成像(magnetic resonance imaging，MRI)数据的可视化等。

科学计算可视化涉及计算机图形学、图像处理、计算机视觉、计算机辅助设计及图形用户界面等多个研究领域，已发展成为一门新兴的学科方向。随着计算机软件、硬件等科学技术的发展，科学计算可视化的含义已经得到较大扩展，它已被成功地运用到天体研究、地震预测、气象分析、航空航天、船舶、建筑等领域，科学计算可视化结果的分析过程中所带来的直观性、准确性等都给科学家带来了很大的方便，该学科的快速发展引发了科学计算中计算风格的一次革命。

研究和实现科学计算可视化具有多方面的重要意义，例如，它可以加快数据的处理速度，使每时每刻都在产生的庞大数据得到有效利用；它能实现人与人和人与机器之间的图像通信，从而使人们观察到从传统方法中难以观察到的现象和规律，以加深对产生这类现象的物理机制的理解，提出改进的具体措施；可以实现对计算过程的引导和控制，通过图形交互手段可以方便快速地改变计算的原始数据和条件，并通过三维图形、模拟图像或动画来显示改变原始数据后对研究对象基本特性的影响，达到对象优化设计的目的；可提供在计算机辅助下的可视化技术手段，从而为在网络分布环境下的计算机辅助协同设计打下基础。

　　科学可视化的研究内容主要分为两大部分，可视化工具的研究和可视化应用的研究。科学计算可视化研究的重点是有关可视化参考模型的内涵，即可视化过程的组成内容，包括以下四个方面。

　　(1) 数据预处理：可视化的数据来源十分丰富，数据格式也是多种多样的，这一步将各种各样的数据转换为可视化工具可以处理的标准格式。

　　(2) 映射：即运用各种各样的可视化方法对数据进行处理，提取出数据中包含的各种科学规律、现象等，将这些抽象的、甚至是不可见的规律和现象用一些可见的物体点、线、面等表示出来。

　　(3) 绘制：将映射的点、线、面等用各种方法绘制到屏幕上，在绘制中有些物体可能是透明的，有些物体可能被其他物体遮挡。

　　(4) 显示：该模块除了完成可视信息的显示，还要接收用户的反馈输入信息，其研究的重点是三维可视化人机交互技术。

　　综上所述，矢量场在科学计算和工程分析中扮演着重要的角色，描述了许多常见的物理现象。随着科学可视化技术的发展，矢量场可视化技术以直观的图形图像来显示纹理数据场的运动过程，通过抽象过程将数据的内涵本质和变化规律显示出来，已被成功地运用到天体研究、气象分析、航空航天、地震预测、船舶、建筑等领域，矢量场可视化的结果具有直观性、准确性，给人们的工作和生活带来了极大的方便，成为科学计算可视化中最具挑战性的研究课题之一。

　　作为计算机图形学的一个分支，经过十余年的发展，传统的二维或三维艺术风格的非真实感绘制技术往往通过设置不同的笔刷大小，在输入图像中绘制来表现出画家风格的作品，或者通过图像类比技术将目标图像渲染为与原始图像相同的艺术风格作品。然而，由于艺术形式表现的多样性和灵活性，这些技术还远远不能满足不同艺术风格的模拟和绘制。1993 年，Cabral 等[1]首次提出运用 LIC 技术实现图像矢量场的可视化。在一幅图像中呈现了流体的艺术风格，结果图像中表现出对艺术效果的无限灵动的姿态和流体波动感，这种灵动的姿态和流体波动感正是很多艺术大师模拟的效果，例如，这正是凡·高绘画作品所表现出的艺术特点，因此这也吸引着图形工作者对流体艺术的模拟实现进行不断探讨和研究，通过矢量场可视化技术对其进行模拟，成为非真实感绘制中一个非常重要的绘制技术。

　　本章首先对矢量场可视化技术进行综述，介绍矢量场可视化技术的产生和发展过程，并针对矢量场可视化 LIC 技术，介绍了 LIC 技术的发展过程；其次，在已有 LIC 绘制算法的基础上，详细讨论了对输入纹理图像进行积分卷积的算法，采用弱矢量场的提升、积分长度的改进、迭代卷积计算、颜色传输算法模拟了具有流体效果的艺术风格图像。

4.1　矢量场可视化技术简述

矢量场可视化技术实现过程中,主要通过 3 个过程来实现:矢量数据的预处理、矢量数据的映射、矢量数据的绘制和显示。图 4.1 为矢量场可视化绘制流程图。

图 4.1　矢量场可视化绘制流程

(1) 矢量数据的预处理。矢量数据的预处理就是对数据进行过滤、插值、网格预处理、数据划分、特征提取等。其中,数据过滤主要是消除数据噪声等处理,插值将定义在网格上的数据场模型化为连续场。另外,由于矢量场具有数据点之间拓扑结构非常复杂以及数据量庞大的特点,需要针对这两个特点,研究行之有效的预处理方法。

由于矢量场具有数据点之间拓扑结构非常复杂的特点,矢量场的网格类型比较复杂。结构化的矢量数据常采用六面体单元来组织。对于非结构矢量场,采用四面体单元来组织数据比较有效。对于大规模的数据,最有效的预处理方法包括数据划分和特征提取。其中,数据划分是将大规模数据场划分成小的数据块,然后逐个处理数据块;特征提取是提取数据中的重要信息,减少数据量。

(2) 矢量数据的映射。矢量数据映射的目的是将预处理过的矢量数据转化为可以通过图形予以显示的几何数据,这是矢量场可视化的核心[2]。矢量数据的映射一直是矢量场可视化研究的热点所在,现有的方法主要是把矢量数据映射为基于形状、颜色和纹理三种。

(3) 矢量数据的绘制和显示。矢量数据的绘制和显示是把映射后的几何数据和属性转换成图像数据并输出到显示设备,一般采用的是计算机图形学中比较成熟的理论与算法,包括扫描转换、隐藏面消除、光照计算、透明、阴影、纹理映射等。

基于以上 3 个步骤,可将用户输入的原始矢量场数据按用户的要求映射获得可视化的图像。

4.1.1　基于几何形状的矢量场映射方法

基于几何形状的矢量场映射方法主要有点图标法、矢量线法、矢量面法。

1. 点图标法

点图标法是最简单的显示矢量数据的方法，对于每一个采样点，用具有大小和方向的图标来表示矢量，常见的有箭头、锥体等[3]，如图 4.2 所示。

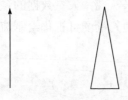

图 4.2　常见的点图标

点图标法可以较好地反映出矢量的方向和大小信息，如用箭头对矢量场进行映射时，用箭头的长短来表示矢量的大小，用箭头所指的方向表示矢量的方向。虽然点图标法容易实现，然而对于采样密集的数据场，将所有矢量逐点映射为点图标通常会导致生成的图像杂乱无章，而当矢量场信息较少或稀疏时，矢量场的变化情况很难准确把握，图 4.3 显示了 MATLAB 中自带的 Wind 数据集分别用箭头和锥体可视化的结果。

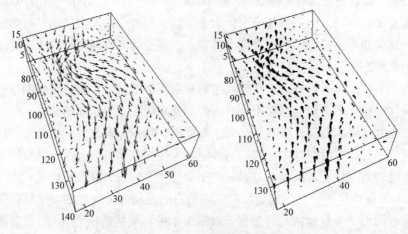

图 4.3　MATLAB 中数据集 Wind 可视化

2. 矢量线法

矢量线法利用空间的曲线走向来描述矢量场，在一定程度上克服了点图标法缺乏连续性的缺点。常用的矢量线包括流线(streamline)、迹线(pathline)、脉线(streakline)等。

流线是矢量场中各点的切矢量所组成的矢量线。在任一时刻，矢量场中的任一点只有一条流线经过，流线是研究定常场常用的矢量线。

迹线是在一个矢量场中，释放一个无质量的粒子，沿着它在流场中的运动轨迹所形成的矢量线。同样，在任一时刻，流场中的任一点只有一条迹线通过，迹线是研究非定常场常用的矢量线。

　　脉线是在某一时刻，将流场中在以前不同时刻、同一点释放的不同粒子连接起来形成的矢量线，在任一时刻，流场中的任一点处的脉线不是唯一的。

　　假设有一流场如图 4.4 所示，图中的 4 个图分别表示了随着时间 t 的变化，4 个连续时刻流场中各质点的分布情况，产生的三种矢量线的示例如图 4.5 所示。

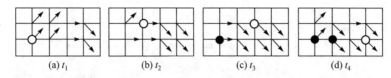

(a) t_1　　　　　　(b) t_2　　　　　　(c) t_3　　　　　　(d) t_4

图 4.4　流场在连续 4 个时刻的状态

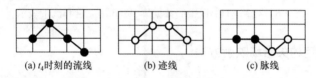

(a) t_4 时刻的流线　　　　　(b) 迹线　　　　　(c) 脉线

图 4.5　三种矢量线的示例[4]

　　矢量场的场线有如下性质：在任意一点，场线的方向与该点的矢量方向一致[5]。与点图标相比，矢量线法可以更好地描述矢量场，能在一定程度上表现出场的连续性，但也存在一定的缺陷，如可视化质量好坏严重依赖于初始质点源位置的选取，选取过少时常常会漏掉矢量场中重要的特征和细节，选取过于密集时，又会造成视觉上的混乱。

　　通常进行矢量场可视化需要展示某一时刻下各采样点上的矢量信息，此时的矢量场被假定为定常场，流线、迹线、脉线是相同的。

3. 矢量面法

　　在矢量场可视化中，经常用到的矢量面有流面(stream-surfaces)、流管(stream-tubes)、流带(stream-ribbons)等。

　　如果在流场中取一条开放或者闭合的曲线，对曲线上每一点都计算流线，就得到了一个流面；如果曲线是闭合的，称为流管；如果不是在每一点都计算流线，而是用多边形来连接相邻的流线，就得到流带。流面和前述的矢量线对于揭示矢量场的刚体平移特性很有效，而流管和流带还能揭示出流场沿流线的旋转特性。图 4.6 是对 MATLAB 中自带的 Wind 数据集分别用流管和流带可视化的显示结果[6]。

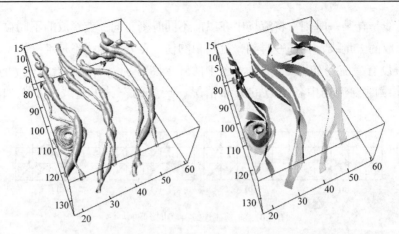

图 4.6　对 MATLAB 中的数据集 Wind 用流管和流带表示

4.1.2　基于颜色的矢量场映射方法

由于人眼对颜色较为敏感，可以通过颜色的变化来清晰地表示出矢量场数据大小的变化。在矢量场中，在标量值与颜色之间建立一一映射的关系，可通过颜色值的变化清晰地表示标量值的变化，但矢量场数据不仅具有大小还有方向，如何在方向与颜色之间建立易于被人们理解和接受的映射关系一直是一个难题。目前，一般采用的是将矢量场中的矢量转化为标量，或者直接显示矢量场中的标量，如矢量的大小、矢量和另一矢量的点积等，可将这些标量值映射为颜色值。

基于颜色、光学特性的矢量场映射方法主要有动态体绘制技术、粒子方法。使用动态体绘制技术可以将标量与矢量的可视化合成在一幅图像中，同时可生成具有较高真实感效果的图形。该技术存在的问题是，对矢量场中的标量进行动态体绘制常常使人产生错觉，例如，没有显示矢量也可能产生具有方向的效果；粒子方法可用于模糊对象的造型和绘制，能表示出不规则的复杂几何形状。在矢量场可视化中可将粒子的某一具体性质与矢量场中的矢量联系起来，如在流场中，可将速度矢量映射为粒子运动的动态性质，而将其他物理量映射为粒子的其他性质。用粒子来显示矢量场，这种方法灵活、方便，但有可能丢失矢量场的连续性特征。

上述几种矢量场可视化技术大多取得了较好的效果，但是它们都具有不同程度的局限性，特别在数据场采样比较密集和矢量场比较大时，存在算法的时间复杂度较高、细节和特征信息丢失、视觉上的混乱等问题。因此，很多研究者将纹理技术引入矢量场可视化中。

4.1.3　基于纹理的矢量场映射方法

如第 2 章所述，纹理是颜色按一定方式排列组成的图案，兼具形状和颜色两种属性。由于不同的纹理特征能表示出图像空间的连续性，因此，纹理在表示矢量场可视化技术中能表现出一定的几何形状。此外，方向信息的表达往往可以通过颜色的排列来得到。可以看出，基于纹理的矢量场技术具有几何形状映射方法和颜色映射方法的优点，主要通过点噪声方法、可变形参数域卷积法来实现。

Vanwijk 等[7]将纹理映射技术引入矢量场可视化，于 1991 年提出了点噪声方法，能通过纹理清楚地表达出数据场的变化，但这种方法的计算量较大，在实际应用中很难得到推广。矢量可视化在实际应用中应减少计算量、加快映射速度，同时由于矢量场的可视化应该与初始采样点的位置无关，并且应该能较好地映射和显示出采样比较密集的纹理区域，在实际应用需求的驱动下，出现了基于卷积法计算的矢量场可视化技术。

卷积法实现的矢量场能清楚地反映整个矢量场的结构特征，能显示出矢量和流线的方向信息，避免了箭头、流管等可视化图像的混乱现象。卷积法能够在静止的图像上表达出动感和速度的效果，在计算过程中，每一个像素亮度值的求取不仅与它所在位置的大小和速度有关系，而且与当前时刻前后一段时间内该点所经过流场的速度和大小有关，沿着速度方向对当前所求像素点的纹理信息进行卷积，得到输出的结果值。

基于纹理图像的矢量场可视化方法最主要的技术是 Cabral 等[1]在 1993 年提出的 LIC 技术，实现了图像矢量场的可视化，基本思想是某一像素点的局部特性是由一卷积核函数沿该点同时向前、向后追踪出的一段流线积分的结果来决定。任一像素点经过卷积积分后，能较好地显示出矢量场的细节信息，对矢量不同方向变化的快慢均能表现出较好的效果。利用 LIC 计算得到的结果图像能体现像素点之间的连续性，数据场信息较为丰富，但是，LIC 仅仅利用速度方向上的某一折线段对像素点进行计算，输出结果会存在流体效果不均匀、高频噪声较大的缺点[8]。

在 Cabral 等提出的流线积分卷积思想上，Wang 等[9]对 LIC 技术进行进一步的探索研究，通过在输入图像中增加噪声点以及对输入矢量场进行平滑处理，在利用 LIC 过程中，由于纹理图像中噪声点的加入，输出图像的流体效果更加丰富，取得了较好的效果，然而，他们的算法没有考虑局部的结构特征，输出结果的矢量场趋于一致，缺少一定的灵活性。

基于小波和能量的方法，Kim 等[10]提出的算法根据纹理的大小细节分别进行流体卷积计算，实现了在较高分辨率下的三维流体模拟，得到了如图 4.7 所示的非常逼真的烟雾流动的过程；冯冲把并行思想与 LIC 算法结合起来，提出了 LIC 的并行实现方法[11]，该方法在微机集群上基于 MPI(message passing interface)并行编程环境的分布式环境实现了流体可视化效果，提高了计算速度、缩短了运行时间；肖亮等[12]提出一种流线型风格化图像绘制算法，通过提取目标图像的结构矢量场产生流线场，并结合凹凸映射的多源光照渲染、LIC 算法对流线场和纹理图进行合成，获得了流线流动感和色彩层叠感的艺术效果；Martin 等[13]在已有流体算法的基础上，通过捕获空间局部流体行为，提出了基于网格的流体模拟算法，算法灵活，加速了流体模拟过程，弥补了大型或复杂环境中流体速度计算较慢的不足。

图 4.7　高分辨率下的烟雾流体模拟[10]

　　非真实感绘制中，基于矢量场可视化的绘制技术是近几年研究的热点问题。通过矢量场的可视化，能模仿或绘制出具有流体艺术风格的绘画作品，如表现主义派别中的绘画作品往往表现出这样的流体效果。图 4.8 显示了真实的凡·高油画作品，绘画作品的画面中每一笔每一小块颜料都蕴含着无限灵动的姿态，表现出夸张的流体艺术效果。

(a) 星夜　　　　　　　　　　(b) 松柏中的麦田

图 4.8　凡·高的油画作品

　　综上所述，很多研究者对矢量可视化技术进行了大量的研究工作，与非真实感绘制技术相结合，利用数据场可视化技术，将从 LIC 算法描述开始，基于图像的局部特征，介绍 LIC 算法，包括积分长度的改变、参考矢量场的多样性、颜色传输等算法，实现对流体艺术风格的模拟。

4.2　LIC 算法简介

在图形图像处理过程中，如果需要描述物体或粒子的运动方向，往往通过动态或视频的方法，在视频帧中只需标出各质点的坐标位置，速度或运动等信息可通过前后连续帧中质点的变化体现出来。然而，为了绘制具有流体艺术风格的作品，表现出艺术作品的漩涡状、随意流动的特点，需要在一幅静态的图像中表现出运动或速度的方向等信息，LIC 算法具有这方面的优势。

LIC 算法基于输入的 2D 向量场和一幅图像的白噪声图，通过对白噪声和定义在向量场局部流线上的低通滤波核进行卷积，得到的结果图像能反映向量的走向，该技术可以用作数据的可视化表示。LIC 主要的思想与经典的直线生成方法——数值微分法(digital differential analyzer，DDA)原理类似，都是通过逐步累加增量的方法获得结果，因此，首先讨论 DDA 卷积算法的实现过程。

4.2.1　DDA 卷积算法

DDA 卷积算法是基于传统 DDA 直线画线算法、数值微分算法和空间卷积算法相结合形成的一种矢量场可视化方法。图 4.9 显示了 DDA 卷积的过程，以白噪声图像作为输入纹理，经过每一像素点时，以该像素点为中心，沿切线方向向前、向后进行滤波卷积计算，计算后的结果图像能表现出矢量场的方向特征。

DDA 卷积算法在一定的输入纹理图像中取得了较好的效果，该方法的最大特点是用具有一定长度的直线表示矢量场的信息，因此对于曲率半径比较大的点，算法效率较高。然而，在纹理图像中结构复杂的部分区域，由于大多数点的曲率半径很小，很难用卷积后的直线近似表示，这些区域的细节如小漩涡等信息便会丢失。这种情况的发生是由它的滤波核的生成方法决定的，这些核函数具有不确定性。LIC 算法很好地解决了这个问题，对于纹理图像中各个区域的矢量方

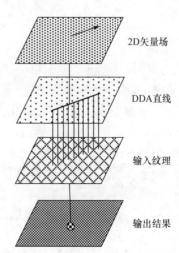

2D 矢量场

DDA 直线

输入纹理

输出结果

图 4.9　DDA 算法的矢量映射和卷积[1]

向和曲率半径都能通过滤波核函数很好地表示出来。

4.2.2 LIC 技术

LIC 技术很好地解决了滤波核函数的问题，矢量场中任一局部特性如颜色、方向信息的产生，利用某个指定的卷积核函数，对当前像素点开始的正负两方向跟踪出的一段局部流线进行卷积，获得结果图像。

LIC 过程中，采用一维的低通滤波函数作为卷积核，输入纹理采用白噪声图像，输出结果图像中每个像素值采用卷积积分计算得到。基于某个像素点，沿该点的正负矢量方向跟踪得到流线，将流线上所有像素对应的纹理图像噪声值按卷积核参与卷积。在计算之前，纹理图像的白噪声图像中各像素点不相关，但经过 LIC 后得到的纹理在流线方向上具有相关性，可显示出矢量场的方向信息。

输入矢量场和白噪声图像进行卷积计算，图 4.10 描述了线积分卷积得到的结果，根据矢量场方向，杂乱无章的白噪声点被处理为具有方向和形状的图像。

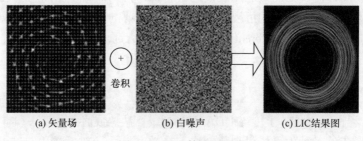

(a) 矢量场　　　　　　　(b) 白噪声　　　　　　　(c) LIC结果图

图 4.10　LIC 算法原理图

4.3　流体艺术风格绘制

LIC 算法充分发掘矢量场质点之间的相关性，该方法在具体的实现过程中，需要考虑以下一些内容：噪声图像选择、矢量场网格化、卷积核函数选择、局部流线停止的条件、卷积路径长度的选择、纹理映射过程等技术。最终通过对矢量场对应的噪声图像的卷积显示出矢量场的方向特性，此外，将方向特性与非真实感绘制技术接合，得到具有流体的非真实感艺术效果图像。在方向场的产生过程中，由于流线上的每一像素都需要参与卷积，因此局部流线的生成是一个非常重要的环节。

基于已有的 LIC 绘制算法，可实现具有非真实感流体艺术效果的图像。与基本 LIC 绘制算法类似，首先，可选择输入参考矢量场对目标图像进行 LIC，也可根据目标图像自身的梯度信息进行卷积；其次，在 LIC 过程中，对矢量场中矢量较弱的区域进行提升，加入一定的随机纹理信息，使得流体效果能充满整个图像空间；再次，计算某一像素点的卷积结果时，采用统计标准差的方式改变积分长度，使得积分长度能够灵活地产生变化；在算法运行过程中，卷积的过程可根据上一次迭代的结果不断迭代，直到得到较满意的效果；最后，利用颜色传输算法对卷积之后的结果图像进行颜色传输，将已有绘画艺术作品的颜色信息渲染到结果图像中，使得绘制效果颜色更加丰富，弥补了颜色单一、与参考图像色彩差别较大的不足。

4.3.1　LIC 算法思想

流体艺术效果的显著特征就是结果图像的画面中能表现出活泼的流体波动感，利用计算机模拟这一特征时，首先根据输入的纹理图像信息，求取输入图像亮度分量的切矢量场，对图像中颜色较接近的大块区域即矢量信息较弱的区域加入一定的随机扰动提升矢量场信息，使得整个画面都能呈现出流体的效果；其次，根据不同的矢量场参考图像，采用统计的方法局部改变积分长度进行 LIC 纹理卷积运算；最后通过色彩传输算法对结果图像进行色彩渲染。图 4.11 描述了基于 LIC 实现流体艺术效果的算法流程，算法具体步骤如下。

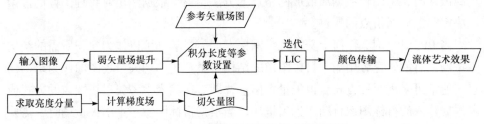

图 4.11　LIC 算法实现流体艺术效果流程

(1) 确定参考矢量场。可采用两种方式获得矢量场信息，可输入已有的矢量场图像作为参考矢量场，也可以根据输入目标图像的梯度信息产生出矢量场信息。由输入目标图像产生出矢量场时，需要经过下面的计算步骤：

① 计算源输入目标图像的亮度分量；

② 计算亮度分量的梯度场信息；

③ 产生结构矢量场。

(2) 添加白噪声。对目标图像中颜色较单一的区域或矢量场信息较弱的区域加入一定的随机噪声纹理，使得卷积的结果能充满整个图像画面。

(3) 矢量场卷积。根据结构矢量场数据处理目标纹理图像，获得具有非真实感流体艺术效果的结果图像，LIC 运算的具体步骤如下：

① 根据 LIC 结构矢量场和输入纹理目标图像的局部特征，可采用统计方差的方法分别产生可变的积分长度；

② 根据结构矢量场数据,对输入目标纹理图像的像素点从正方向和反方向进行卷积,获得输出图像中各像素点的具体值;

③ 卷积过程中,通过减少冗余信息减少一条流线上相邻像素点的计算;

④ 控制每一条流线停止的条件;

⑤ 采用迭代计算思想,当卷积结果不满足要求时,卷积的过程可根据上一次计算的结果不断迭代,直到得到较满意的效果。

(4) 颜色模拟和传输。为了模拟参考图像的颜色信息,在得到具有流体艺术效果的目标图像后,采用颜色传输的算法,根据需要可以将输入参考图像的颜色特征传输到目标图像中。

4.3.2　结构矢量场

数据的预处理阶段,卷积的计算首先需要进行网格化处理,即将矢量场离散化。由于通常的显示器以像素为显示单位,在矢量场可视化卷积计算之前首先需要将数据场离散化,可表示为网格点、短线段、体单元或者面单元;对二维矢量场离散化时,采用将数据离散成网格点的方法,最终根据输出时纹理图像的像素数决定离散后网格点的数目。

当 LIC 计算时,任何定义在二维网格上的矢量场都可以作为卷积所需的结构矢量场,有的研究者用输入目标图像的结构张量产生的切矢量场图像作为结构信息。通常可采用两种方式获得矢量场信息,即直接输入参考矢量场图像的方式或者根据输入的目标图像自动产生矢量场。当根据目标图像产生出矢量场时,需要进行以下计算步骤。

(1) 计算输入目标图像的亮度分量。可通过输入图像的 R、G、B 三通道的值按下式计算得到亮度值 L:

$$L = [\text{Red}, \text{Green}, \text{Blue}] \begin{bmatrix} 0.299 \\ 0.587 \\ 0.114 \end{bmatrix} \tag{4.1}$$

其中, Red、Green、Blue 表示 RGB 色彩空间的三层通道信息。在计算图像的亮度分量时,也可以将图像的色彩空间从 RGB 转到 LAB 色彩空间[14],其中 L 通道表示亮度信息。

(2) 计算亮度分量的梯度场。设 $f(x, y)$ 为输入图像的亮度图像, (x, y) 分别表示该图像的行列坐标; $\partial_x f(x, y)$、$\partial_y f(x, y)$ 为其方向导数, $g_x f(x, y)$、$g_y f(x, y)$ 为该参考图的水平、垂直方向上的梯度向量,则该向量计算如下:

$$g_x f(x,y) = \frac{\partial_x f(x,y)}{\sqrt{\partial_x f(x,y)^2 + \partial_y f(x,y)^2}}$$

$$g_y f(x,y) = \frac{\partial_y f(x,y)}{\sqrt{\partial_x f(x,y)^2 + \partial_y f(x,y)^2}}$$

(4.2)

将上述连续信号表示为离散信号后，采用 Sobel 算子提取亮度分量中各像素在 x、y 方向上的偏导数 G_x、G_y 分别为 $G_x = L \otimes S_x$、$G_y = L \otimes S_y$，其中：

$$S_x = \begin{bmatrix} -1 & 0 & 1 \\ -2 & 0 & 2 \\ -1 & 0 & 1 \end{bmatrix}, \quad S_y = \begin{bmatrix} 1 & 2 & 1 \\ 0 & 0 & 0 \\ -1 & -2 & -1 \end{bmatrix}$$

(4.3)

(3) 计算图像的切矢量场。输入图像的矢量场信息可以通过求取图像的切矢量场得到。由于图像中梯度方向垂直于当前像素点的曲线方向，即图像中亮度信息变化较剧烈的方向，切矢量方向即为与梯度垂直的方向，该方向信息能体现出亮度信息变化缓慢的方向，同时也能较好地确定图像中物体的形状，更好地呈现流体的艺术效果。因此，可采用图像的切矢量场信息作为卷积过程中的结构矢量场图像[15]。

假设当前像素点用 $f(x, y)$ 表示，该点的切矢量可以通过其梯度信息在不同方向上的简单交换得到。定义 $d_x f(x,y)$、$d_y f(x,y)$ 分别为图像梯度法线向量的两个分量，式(4.4)描述了计算过程：

$$d_x f(x,y) = -g_y f(x,y), \quad d_y f(x,y) = g_x f(x,y)$$

$$v(x,y) = (-G_y, G_x)$$

(4.4)

像素点 $f(x, y)$ 处曲线的方向假设为 α，则 α 和切矢量 V 的模值采用式(4.5)计算：

$$\alpha = \arctan(-G_x / G_y), \quad |V| = \sqrt{(-G_x)^2 + (G_y)^2}$$

(4.5)

在切矢量的计算过程中，由于输入图像的变化多样，某些区域的矢量信息有可能非常微弱，如背景区域有较大均匀颜色的区域时，无法得到绘制时所需的、有效的方向信息，最终的流体感效果不太明显，可以通过加入随机扰动噪声的方式提升这部分区域的矢量场信息，增强流体感。

4.3.3　白噪声纹理图像生成

LIC 过程中，如果严格按照结构矢量场的数据进行处理，绘制效果并不能呈现出很强的流体波动感。为了更好地模拟画家创作过程中的随意性和艺术效果的波动感，可以在源图像中加入噪声点丰富流体的表现力。

可通过采用随机函数在 0～255 中生成整数的方法产生白噪声图像，也可以加入一定百分比的高斯噪声获得纹理参考图像，使得绘制在结构矢量场控制下，具有一定的自由度，输出结果图像也能体现出灵活多变的效果。图 4.12 为得到的白噪声结果图像，图像中噪声点的分布具有随机性。

图 4.12　白噪声结果图像

4.3.4　局部流线计算

LIC 的基本思想是把纹理参考图像 I 和图像矢量场 V 作为输入，基于矢量场数据对参考纹理图像进行积分卷积，得到输出图像。LIC 的原理如图 4.13 所示。

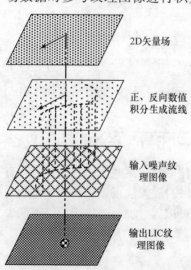

2D矢量场

正、反向数值积分生成流线

输入噪声纹理图像

输出LIC纹理图像

图 4.13　LIC 示意图[1]

假设 I_{out} 代表最终的结果图像，$\sigma(s)$ 是经过点 p_0 且长度为 num 的一条流线，即 $p_0 = \sigma(s_0)$，则 p_0 点的输出值基于流线所经过的像素点卷积得到

$$I_{\text{out}}(p_0) = \int_{s_0-\text{num}/2}^{s_0+\text{num}/2} k(s-s_0)I[\sigma(s)]\mathrm{d}s \quad (4.6)$$

其中，$k(s)$ 是卷积核函数；$I[\sigma(s)]$ 是流线 $\sigma(s)$ 所经过像素点的像素值。

如果采用盒式卷积核函数，其离散化计算过程为

$$I_{\text{out}}(p_0) = \frac{1}{2n+1}\left[\sum_{i=-n}^{i=n} I(p_i)\right] \quad (4.7)$$

其中，$I(p_i)$ 为流线上纹理参考图像各像素值；n 为流线上的离散点个数。

每个像素点的详细计算步骤如下。

1. 局部流线生成

卷积过程中的局部流线能够描述矢量场局部方向等特性，它的计算决定了输出纹理图像中矢量场局部特性的精确度和准确度，因此，局部流线的计算是 LIC 算法中非常重要的一步。

图 4.14 描述了某一个像素点(x, y)处的 LIC 计算过程。对输入图像数据场离散网格化后，每一个网格对应着最终显示设备中的一个像素点，网格中的小箭头代表该网格中心点的矢量方向，即代表着某一具体像素的矢量方向，图 4.14 中的弯曲曲线表示经过像素(x, y)所生成的一条局部流线。

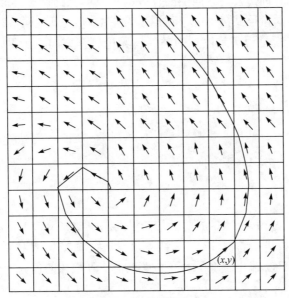

图 4.14　像素点(x, y)处的局部流线生成[1]

流线的生成分为正方向和负方向上的计算，图 4.15 显示了正方向上的生成过程，首先以像素中心P_0为起点，按照式(4.8)、式(4.9)，沿着像素的正向矢量方向前进，当流线经过下一个网格时，该流线与两个网格相交于点P_1，继续以点P_1作为起始点，沿着下一个网格中心点的矢量方向前进，得到每一个点P_i，当到达图像的边缘或者遇到像素中心点的矢量大小为零的网格时，满足流线停止条件，流线的生成过程结束。

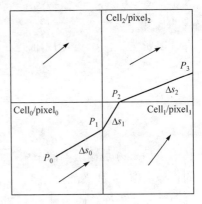

图 4.15　流线生成局部放大图[1]

$$P_0 = (x + 0.5, y + 0.5) \qquad (4.8)$$

$$P_i = P_{i-1} + \frac{V\left(\lfloor P_{i-1}\rfloor\right)}{\left\|V\left(\lfloor P_{i-1}\rfloor\right)\right\|}\Delta s_{i-1} \tag{4.9}$$

其中，$V\left(\lfloor P_i\rfloor\right)$ 表示输入矢量场在点 P_i 处的矢量，$\lfloor * \rfloor$ 表示取整操作；P_0 是种子点的坐标，即该种子点所在像素的中心。式(4.9)描述了如何从样本点 P_{i-1} 的坐标计算出样本点 P_i 的坐标。Δs_i 是沿着平行于网格 i 的矢量方向，从当前点 P_i 到达离它最近的一条网格边的距离参数。

　　LIC 的计算需要保持流线的对称性，因此，在计算过程中流线的生成沿正、反两个方向上同时前进。负方向上的计算与正方向上的计算类似，以 P_0 为起点，沿着流线的负方向按照式(4.10)进行计算。每一次进入下一网格时，都需要在正、反两个方向上判断是否满足停止的条件，无论哪个方向上满足，流线的计算即停止。

$$P_0' = P_0$$
$$P_i' = P_{i-1}' - \frac{V\left(\lfloor P_{i-1}'\rfloor\right)}{\left\|V\left(\lfloor P_{i-1}'\rfloor\right)\right\|}\Delta s_{i-1}' \tag{4.10}$$

其中，变量的取值方向与正方向相反。

2. 卷积计算

　　流线只能反映每一个像素所对应的矢量的斜率，要反映矢量场的运动方向必须用卷积核对流线进行卷积计算。流线上每一条线段 i，需要对卷积核 $k(\omega)$ 积分，作为 LIC 的权重计算输出图像的每一个像素值，卷积核的积分计算如下：

$$h_i = \int_{s_i}^{s_i+\Delta s_i} k(\omega)\mathrm{d}\omega \tag{4.11}$$

其中，$s_0 = 0$，$s_i = s_{i-1} + \Delta s_{i-1}$，$\Delta s_i$ 是计算流线时第 i 步的长度，s_i 是第 i 步后流线的长度。

　　以 h_i 为权值，式(4.12)描述了每一个像素值的 LIC 计算过程：

$$F(x,y) = \frac{\displaystyle\sum_{i=0}^{l}F\left(\lfloor P_i\rfloor\right)h_i + \sum_{i=0}^{l'}F\left(\lfloor P_i'\rfloor\right)h_{i'}'}{\displaystyle\sum_{i=0}^{l}h_i + \sum_{i=0}^{l'}h_{i'}'} \tag{4.12}$$

其中，$F(x,y)$ 是输出图像中像素 (x,y) 的像素值；l 和 l' 分别是流线的正向、反向的积分步数；i 和 i' 表示正向、反向不同位置的像素坐标；$F\left(\lfloor P_i\rfloor\right)$ 是与输入矢量场中坐标点 P_i 处对应的输入纹理的像素值。式(4.12)中的分子表示流线上每一点的

卷积核的线积分 h_i 乘以输入纹理中对应点的像素值 $F\left(\lfloor P_i \rfloor\right)$ 的累加,分母表示卷积核的线积分的累加,用来对输出结果进行归一化处理。

卷积的过程可根据上一次的结果不断迭代,直到得到较满意的效果。

4.3.5 卷积核函数选择

LIC 的计算过程与卷积核函数的选择有较为紧密的联系,可以从纹理映射的角度出发,选择合适的核函数。由于图像中的纹理信息具有空间上的连续性,因此卷积核函数应该具有一定低通滤波的性质,保留低频信息,保持纹理的连贯性。通常采用式(4.13)所示的盒式卷积核函数:

$$k(\omega) = \frac{1}{2n+1} \tag{4.13}$$

其中,n 为流线上的离散点个数。

如果将卷积核 $k(\omega)$ 换成周期性低通滤波核,随着时间的变化来调整滤波核的相位,能够生成矢量场方向上的运动效果。可采用 Hanning 滤波函数作为卷积核,Hanning 滤波函数 $1/2[1+\cos(\omega+\beta)]$ 恰好具有周期性的特点,形式也较为简练,称为汉宁波纹(Hanning ripple)函数。同时,卷积函数还必须要有局部性,也就是窗口性,Hanning 窗口函数 $1/2[\cos(c\omega)]$ 恰好具有这样的性质,两个函数的乘积采用式(4.14)计算,乘积结果可由图 4.16 形象地表示出来,其中,参数 c、d 代表 Hanning 窗口函数和 Hanning ripple 函数各自的放大系数,β 是 Hanning ripple 函数的相移。

$$
\begin{aligned}
k(\omega) &= \frac{1+\cos(c\omega)}{2} \times \frac{1+\cos(d\omega+\beta)}{2} \\
&= \frac{1}{4}[1+\cos(c\omega)+\cos(d\omega+\beta)+\cos(c\omega)\cos(d\omega+\beta)]
\end{aligned} \tag{4.14}
$$

上式中,对 $k(\omega)$ 积分为

$$
\int_a^b k(\omega)\mathrm{d}\omega = \frac{1}{4}\left\{
\begin{aligned}
& b-a+\frac{\sin(bc)-\sin(ac)}{c} \\
& +\frac{\sin(bd+\beta)-\sin(ad+\beta)}{d} \\
& +\frac{\sin[b(c-d)-\beta]-\sin[a(c-d)-\beta]}{2(c-d)} \\
& +\frac{\sin[b(c+d)+\beta]-\sin[a(c+d)+\beta]}{2(c+d)}
\end{aligned}
\right\} \tag{4.15}
$$

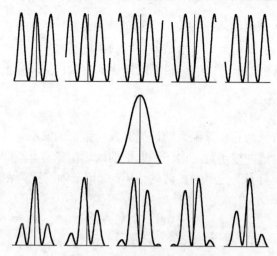

图 4.16　Hanning 滤波函数卷积核

第一行为 Hanning ripple 函数，第二行为 Hanning 窗口函数，第三行为 Hanning ripple 函数
与 Hanning 窗口函数的乘积[1]

通过核函数进行卷积计算时，参数 c、d 的调整可使卷积核函数保持结果图像局部信息的周期性，可直接赋值 c 为 $2\pi/(b-a)$，则 Hanning 窗口函数在从 a 到 b 积分时恰好经过半个周期(一个窗口)。

4.3.6　局部流线的停止条件

局部流线生成时沿中心像素点的矢量正负两个方向前进，经过多个网格反复卷积，满足结束条件时停止。因此，结束条件的制定就显得尤为重要，局部流线的停止条件主要有以下几个方面[1]。

(1) 卷积计算时，经过的网格数即在正负方向上走过的距离超过了预先指定的像素长度。

(2) 流线到达了输入目标图像的边界。

(3) 流线计算时，遇到了零矢量或临界点。当局部流线在前进过程中，如果某一个像素点的矢量方向与它之前网格的矢量方向相反，这时，卷积也应该停止。因此，通过比较流线上下网格的中心点的矢量方向也可以作为流线积分卷积停止的标志。

4.3.7　局部流线长度选择

卷积长度的选择将影响局部流线的卷积结果，并且对算法精度、算法效率有较大的影响。传统的 LIC 方法中，对同一个矢量场只采用统一的积分长度。通过该方法得到的可视化结果，如果选择的积分长度太大，要么造成结果发散不可用，要么造成每个像素卷积结果相类似的情况，则结果图像纹理变换趋于平缓，丢失了向量场中的局部细节信息；如果选择的积分长度太小，则流线方向上对中心点像素的影响较小，会导致滤波效果不足，最终的纹理效果不清晰，噪声也会随之变大。特殊情况下，当积分长度 $L=0$ 时，输出的纹理依然是白噪声。LIC 可以采用固定的积分长度，但导致卷积的流线结果缺乏一定的变化，造成生硬呆板的结果图像。因此，积分长度的大小是不确定的，要根据实际情况和实验效果而定。

为了能够自适应地计算矢量场中每个点的积分长度，可用一种较简便的计算方法——基于统计的方法进行计算，例如，标准差能很好地反映局部统计的信息，采用某一个像素的 3×3 或者 5×5 邻域的标准差来量化图像的细节信息，式(4.16)为采用 3×3 邻域计算该标准差：

$$\sigma_{X(x,y)} = \sqrt{\mathrm{Var}(X)} = \sqrt{E(X^2) - \mu^2} \tag{4.16}$$

$$\mu = \frac{1}{9} \sum_{m=-1}^{1} \sum_{n=-1}^{1} I_{(x+n, y+m)}$$

$$E(X^2) = \frac{1}{9} \sum_{m=-1}^{1} \sum_{n=-1}^{1} \left[I_{(x+n, y+m)}^2 \right]$$

由式(4.16)可以得到结论，如果某一像素与周围领域像素值差别较大，那么该像素点的标准差越大，应采用较短的积分长度。反之，在标准差较小的区域，可以采用较长的积分长度，也能保证图像的连续性，采用这样的方式保证变化较大区域的细节信息，又能在变化不大的区域计算时加速计算的过程。

为了自适应地计算某一像素点的积分长度 $L_{(x,y)}$，采用式(4.17)计算：

$$L_{(x,y)} = L_{\max} - \frac{L_{\max} - L_{\min}}{\sigma_{\max} - \sigma_{\min}} [\sigma_{(x,y)} - \sigma_{\min}] \tag{4.17}$$

其中，$L_{(x,y)}$ 表示像素点 (x, y) 的积分长度；$\sigma_{(x,y)}$ 表示像素点 (x, y) 的标准差；$L_{\max}$ 和 $L_{\min}$ 分别是用户指定的原图像的最大和最小积分长度；$\sigma_{\max}$ 和 $\sigma_{\min}$ 分别表示根据式(4.16)统计出的输入图像局部区域的最大、最小标准差。

4.3.8　减少冗余信息

用传统的 LIC 算法时，由于对每个像素点进行相同的卷积运算，势必导致冗余信息的产生。首先，相邻像素点的卷积过程中，经过了同一条流线中的很多相同像素点，造成重复计算；其次，一条流线的计算经过很多像素点，这条流线上的每一个像素点计算时都经过相同的卷积过程，造成同一条流线被反复计算多次的情况。

因此，可对 LIC 过程进行改进，减少计算过程中的冗余信息，假设 x_1 和 x_2 是一条流线上相邻的两个像素点，如图 4.17 所示，计算它们的卷积时，两个像素点生成的两条流线有很大部分的区域是相互覆盖的，假设 x_1 的卷积结果是 $I(x_1)$，x_2 的卷积结果是 $I(x_2)$，采用式(4.18)可简化卷积计算过程：

$$I(x_2) = I(x_1) - I(\Delta_1) + I(\Delta_2) \tag{4.18}$$

其中，Δ_1 和 Δ_2 是同一卷积流线上的差值；$I(\Delta_1)$ 和 $I(\Delta_2)$ 分别是 Δ_1 和 Δ_2 区域的卷积结果。对于从点 x_0 开始的流线的卷积结果可计算为

$$I(x_0) = k \sum_{i=-L}^{L} T(x_i) \tag{4.19}$$

其中，x_i 是从第 i 步流线积分的像素位置；$T(x_i)$ 是在像素 x_i 处的输入白噪声纹理值；L 是积分长度；k 为卷积核。

当求出 $I(x_m)$ 的值时，正负方向上 $I(x_{m+1})$ 和 $I(x_{m-1})$ 的值计算如下：

$$\begin{aligned} I(x_{m+1}) = I(x_m) + k[T(x_{m+1+L}) - T(x_{m-L})] \\ I(x_{m-1}) = I(x_m) + k[T(x_{m-1-L}) - T(x_{m+L})] \end{aligned} \tag{4.20}$$

根据式(4.20)，卷积可沿着流线的正、负两个方向继续进行卷积计算，该方法提高了流线计算的速度。

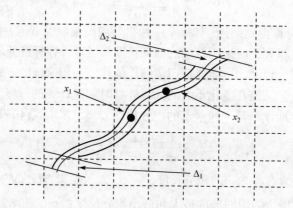

图 4.17　像素点 x_1 和 x_2 的卷积

4.3.9　颜色模拟和传输

经过以上步骤后，算法已经获得了具有漩涡感、流体感的处理图像。然而，为了模拟已有的绘画艺术作品，将该艺术风格的颜色信息渲染到结果图像中，需要进一步丰富结果图像的色彩信息。

为了模拟已有绘画作品的颜色信息，可对结果图像与绘画作品的相关性进行颜色和亮度的校正，由于图像之间的颜色和亮度差异可以视为图像的数据在颜色空间中的分布不同，所以适当地对图像数据的分布进行修改，就可以减少这种差

异。本书第 2 章介绍了颜色传输算法的实现，可运用于流体艺术风格绘制过程中色彩的模拟和传输过程。

颜色和亮度校正的目的是使输出图像的颜色和亮度与绘画作品的颜色和亮度相一致，基于统计的方法，简单的线性映射，使得输出图像各通道与参考绘画作品图像各对应通道上的亮度或色彩分布相一致，具体的实现步骤如下。

(1) 色彩空间变换。将输出图像和参考图像的色彩空间从 RGB 转换到 LAB。

(2) 颜色和亮度校正。在 LAB 色彩空间的每个色彩通道中，对输出图像中的每个像素点减去其数据分布的均值。

(3) 计算标准偏差。针对每个色彩通道，计算参考图像和输出图像的均值和标准偏差。

(4) 色彩均值校正。针对每个色彩通道，在输出图像中加入参考图像的色彩均值。

(5) 色彩空间变换。经过上述变换，输出图像在 LAB 颜色空间中的色彩和参考图像在 LAB 颜色空间中的色彩类似，最后把图像从 LAB 颜色空间转换到 RGB 颜色空间，完成颜色和亮度的校正，输出图像具有与参考绘画作品相似的色彩信息。

4.4　流体艺术风格绘制结果

基于不同的实验环境和实验平台，根据上述所提的相关算法，对不同的输入图像进行实验，得到的实验结果如下(参数 L 表示实验中所采用的最大积分长度，最小积分长度为 2)。

图 4.18 为根据输入图像本身的梯度信息进行 LIC 得到的结果图像。可以看出，结果图像呈现出流体、漩涡的艺术效果，随着卷积长度的增加，流体效果越来越明显。但是，由于在蓝色天空部分图像的色彩较均匀，这部分的卷积并没有很好地显现出来，例如，需要对天空部分做进一步的处理，可在进行卷积之前对输入图像加入一定的白噪声，再进行 LIC 计算。

图 4.19 显示了根据参考矢量图 4.19(b)进行 LIC 得到的结果图像，图 4.19(c)为输入图像(a)的 LIC 结果，由于输入图像的局部色彩较均匀，得到的流体效果并不明显。利用第 3 章得到的铅笔画效果图 4.19(d)作为输入图像进行 LIC，得到图 4.19(e)和图 4.19(f)所示的结果图像，但由于图 4.19(d)的背景色调较为均匀，图 4.19(e)和图 4.19(f)背景色调也较为单一，对图 4.19(d)加入噪声提升背景纹理得到图 4.19(g)，对图 4.19(g)进行 LIC 得到图 4.19(h)和图 4.19(i)的 LIC 结果图像，流线效果充满了整个图像的画面。

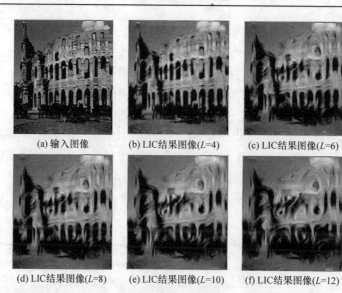

(a) 输入图像　　　(b) LIC结果图像($L=4$)　　　(c) LIC结果图像($L=6$)

(d) LIC结果图像($L=8$)　　(e) LIC结果图像($L=10$)　　(f) LIC结果图像($L=12$)

图 4.18　改变卷积长度得到的结果图像

(a) 输入图像　　　(b) 参考矢量图　　　(c) LIC结果图像($L=4$)

(d) 铅笔画效果　　(e) LIC结果图像($L=4$)　　(f) LIC结果图像($L=8$)

(g) 加入白噪声　　(h) LIC结果图像($L=4$)　　(i) LIC结果图像($L=8$)

图 4.19　改变卷积长度得到的结果图像

利用不同的非真实感效果作为输入图像,图 4.20 显示了另一组实验结果图像。图 4.20(b)为参考矢量图, 图 4.20(c)为抽象化艺术效果(采用第 5 章抽象算法绘制得到)。图 4.20(d)、图 4.20(e)、图 4.20(f)为选取不同的卷积长度对图 4.20(a)进行 LIC 的结果, 图 4.20(g)、图 4.20(h)、图 4.20(i)为选取不同的卷积长度对图 4.20(c)进行 LIC 的结果图像。可以看出, 对抽象化后的结果进行 LIC 后提升了色彩信息,为了模拟已有绘画作品的色彩信息,将图 4.20(k)作为指定的颜色参考图,图 4.20(l)为经过色彩传输之后的结果图像。图 4.20(m)、图 4.20(n)、图 4.20(o)为加入一定数量的噪声之后进行 LIC 的结果图像, 整个图像画面都充满了流体的效果。

(a) 输入图像　　　　　(b) 参考矢量图　　　　　(c) 抽象结果图像

(d) LIC结果图像(L=4)　　　(e) LIC结果图像(L=8)　　　(f) LIC结果图像(L=14)

(g) LIC结果图像(L=4)　　　(h) LIC结果图像(L=8)　　　(i) LIC结果图像(L=14)

(j) LIC结果图像(L=4)　　　(k) 颜色参考图像　　　(l) 颜色传输后的结果

(m) LIC结果图像(L=4)　　　(n) LIC结果图像(L=8)　　　(o) LIC结果图像(L=14)

图 4.20　改变卷积长度得到的结果图像

与图 4.20 的结果类似，图 4.21 给出了另一组实验结果图像。其中，图 4.21(a)为输入图像，图 4.21(b)为参考矢量图，图 4.21(c)为输入图像的抽象化艺术效果图像。图 4.21(d)、图 4.21(e)、图 4.21(f)为选取不同的长度对图 4.21(a)进行 LIC 的结果，图 4.21(g)、图 4.21(h)、图 4.21(i)为选取不同的长度对图 4.21(c)进行 LIC 的结果图像，对图 4.21(c)的 LIC 结果提升了色彩信息，图 4.21(j)为输入的色彩传输目标图像，图 4.21(k)为输入的颜色参考图，图 4.21(l)为经过色彩传输之后的结果图像，图 4.21(m)、图 4.21(n)、图 4.21(o)为加入一定数量的噪声之后进行 LIC 的结果图像。

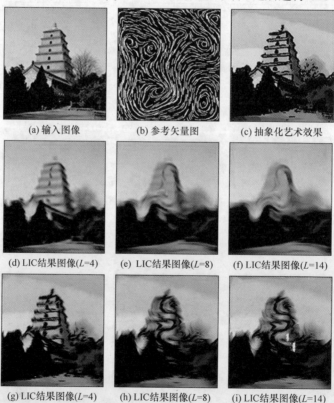

(a) 输入图像　　　　　(b) 参考矢量图　　　　　(c) 抽象化艺术效果

(d) LIC结果图像(L=4)　　　(e) LIC结果图像(L=8)　　　(f) LIC结果图像(L=14)

(g) LIC结果图像(L=4)　　　(h) LIC结果图像(L=8)　　　(i) LIC结果图像(L=14)

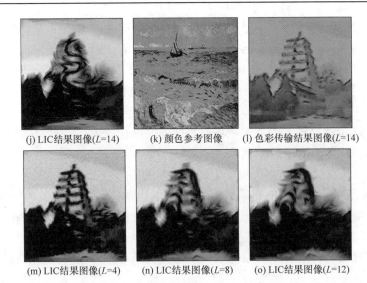

(j) LIC结果图像(L=14)　　　(k) 颜色参考图像　　　(l) 色彩传输结果图像(L=14)

(m) LIC结果图像(L=4)　　　(n) LIC结果图像(L=8)　　　(o) LIC结果图像(L=12)

图 4.21　改变卷积长度得到的结果图像

从以上几组实验结果可以看出，采用 LIC 方法得到的结果具有一定的流体艺术效果和漩涡感，能给人以奔放的感觉，使人产生丰富的联想。从表 4.1 可以看出，本章所描述的算法与 Wang 等[9]的算法相比，速度得到了一定的提升，这是由于在 LIC 过程中减少了部分计算的冗余信息，迭代过程基于上一次的卷积结果，提高了运行效率，加速了卷积的计算过程。

表 4.1　LIC 纹理计算时间比较

	Wang 等[9]的算法		优化算法(L 最大积分长度)			
最大积分长度/像素	14	8	4	8	10	14
最小积分长度/像素	2	2	2	2	2	2
计算时间/s	246	176	53	68	89	110

实验表明，算法对不同的输入图像都具有相同的卷积功能，结合图像的颜色扩散、抽象化等艺术效果处理，可以展现出不同的卷积结果。为了提升最终图像的艺术表现力，对于图像中某些色彩比较单一、变化平缓的区域加入一定的噪声，增强最终效果的流体艺术感。算法通过色彩传输的方法将已有艺术作品的色彩信息传输到目标图像中，丰富了色彩信息。

4.5　本 章 小 结

矢量场可视化技术以直观的图形图像来显示纹理数据场的运动过程，产生的结果具有直观性、准确性，极大地方便了人们的生活和工作。本章首先对矢量场可视化技术进行简要综述，介绍矢量场可视化技术的产生和发展过程，详细介绍了 LIC 算法的实现过程，在已有线积分卷积绘制算法的基础上，介绍了对输入纹理图像积分卷积的算法，生成具有流体艺术的风格化绘制结果。算法的具体流程总结如下。

(1) 算法可选择输入参考矢量场对目标图像进行 LIC，也可根据目标图像自身的梯度信息进行 LIC。

(2) 在 LIC 过程中，对矢量场中矢量较弱的区域进行提升，加入一定的随机纹理信息，使得流体效果能充满整个图像空间。

(3) 计算某一像素点的卷积结果时，采用统计标准差的方式改变积分长度，使得积分长度能够灵活地产生变化。

(4) 在算法运行过程中，根据上一次迭代的结果不断迭代，直到得到较满意的效果。

(5) 为了模拟已有艺术家的绘画作品，可采用颜色传输算法，提升了输出图像中的色彩信息，打破了颜色较为单一的局限。

基于 LIC 纹理的流体艺术风格绘制可从二维空间扩展到三维空间，此外，对于矢量大小变化很大的区域，生成的可视化结果中高频噪声较大，可进一步提升；绘制算法可通过硬件加快运行的速度，提高时间效率。

参 考 文 献

[1] Cabral B, Leedom C. Imaging vector field using line integral convolution//Proceedings of the ACM SIGGRAPH Conference, 1993: 263-270.

[2] Hesselink L, Post F H. Research issues in vector and tensor field visualization. IEEE Computer Graphics & Application, 1994, 14(2): 76-79.

[3] 李海生, 牛文杰, 杨钦, 等. 矢量场可视化的研究现状和发展趋势. 计算机应用研究, 2000, 18(8): 11-14.

[4] 潘金京. 基于纹理的矢量场可视化方法研究[硕士学位论文]. 北京: 中国石油大学, 2004.

[5] Helman J L, Hesselink L. Visualizing vector field topology in fluid flows. IEEE Computer Graphics & Applications, 1991, 11(3): 36-46.

[6] 田永慧. 基于纹理的非真实感绘制技术研究[硕士学位论文]. 昆明: 云南大学, 2010.

[7] Vanwijk G G, Jarke J. Spot noise texture synthesis for data visualization. ACM SIGGRAPH Computer Graphics, 1991, 25(4): 309-318.

[8] 张清波. 矢量场可视化技术研究及其在海洋数据处理上的应用[硕士学位论文]. 青岛: 中国海洋大学, 2003.

[9] Wang C M, Lee J S. Using ILIC algorithm for an impressionist effect and stylized virtual environments. Journal of Visual Languages and Computing, 2003, 14(3): 255-274.

[10] Kim T, Rey N, James D, et al. Wavelet turbulence for fluid simulation. ACM Transactions on

Graphics, 2008, 27(3): 15-19.

[11] 冯冲. 基于纹理的矢量场可视化并行方法研究[硕士学位论文]. 青岛: 中国海洋大学, 2008.

[12] 肖亮, 钱小燕, 吴慧中, 等. 流线型风格化图像生成算法. 计算机辅助设计与图形学学报, 2008, 20(7): 843-849.

[13] Martin W, Stanton M, Treuille A. Modular bases for fluid dynamics. ACM Transactions on Graphics, 2009, 28(3): 25-31.

[14] Reinhard E, Ashikhmin M, Gooch B, et al. Color transfer between images//Proceedings of the IEEE Computer Graphics and Applications, 2001: 34-40.

[15] 钱小燕. 艺术风格图像的非真实感绘制理论与方法研究[博士学位论文]. 南京: 南京理工大学, 2007.

第 5 章　非真实感抽象艺术风格绘制

非真实感绘制技术通过计算机生成不具有照片般真实感,而具有不同手绘风格的图形,能消除冗余信息、激发想象力,具有较强的艺术表现力,其中对艺术特制或手绘风格的模拟可以通过抽象技术来实现。通过抽象所产生的艺术效果比真实感图像更具有吸引力和愉悦性,能让用户产生丰富的联想,此外,抽象的影视作品历来是观众最喜爱的艺术表现形式,同时被广泛应用于游戏开发、说明手册等领域。

根据格式塔理论,一幅图像中有些物体会占据主体位置,而有些物体会成为背景来衬托主体[1]。艺术家在创作作品时,往往会在一幅作品中突出某些区域的部分细节,模糊其他区域;从用户观察的角度出发,人们欣赏某一件艺术作品时,注意力往往只集中在画面的某些区域,具有明确轮廓、突出亮度等特征的物体会成为主体感知对象。在艺术作品模拟过程中,运用格式塔理论,更加符合观测者的生理反应,能提高艺术效果表达的准确性。因此,本章将利用非真实感绘制技术模拟艺术作品中的这些特质。本章首先对已有的非真实感抽象绘制技术进行综述,在这些算法基础上,模拟实现了抽象艺术效果。此外,通过人为指定和重要度计算两种方法,模拟抽象艺术效果,在目标图像中突出用户所关注的或重要区域的细节信息,忽略背景或其他次要区域的信息。

5.1　抽象艺术风格绘制简述

抽象艺术通常通过归纳、夸张、变形的手法来塑造各种形象。与其他艺术风格不同,抽象艺术风格化的特点可以归纳为以下几点:①高度的概括,通过细节的减少强调局部区域,更加具有视觉吸引力;②颜色的泛用,图像颜色较为鲜明,局部区域的颜色相似,没有细小的色块;③边缘的强化,通过对边缘信息的增强突出边缘细节;④变形夸张,漫画效果通过对主体的夸张和变形,产生不同于真实场景的效果,增强艺术表现力和吸引力。

传统的抽象渲染具有明显的勾边和比较均一的内部着色,对于光照不同的区域,通过颜色的深浅来表示明暗程度。抽象常用于动画领域,如转描机技术逐帧追踪真实运动物体,直接转换为抽象的动画场景。图 5.1 显示了转描机技术生成抽象艺术效果的结果图像[2]。

图 5.1　《恶之华》转描机技术生成漫画效果[2]

　　很多研究者采用基于图像分割的技术实现图像的抽象艺术模拟，通过简单的勾边、色彩量化获得结果图像，例如，DeCarlo 等[3]提出了一种交互的绘制方法，利用眼动仪跟踪用户的视线，实现了图像多层次抽象绘制，图 5.2 显示了绘制效果，将真实感图像转换为简洁、抽象的艺术风格。通过抽象和细节信息的消除，可突出用户所关注的区域；David 等[4]提出的系统基于 Mean-shift 滤波和特征最小化方法对输入图像进行处理，产生局部区域简化的风格化效果。

(a) 在输入图像中记录关注点　　(b)基于用户所关注的目标绘制得到的效果图　　　(c)边缘效果图[3]

图 5.2　基于眼动仪技术的抽象效果

　　Wang 等[5]将一个各向异性的 Mean-shift 滤波方法应用于视频抽象过程，对视频进行了整体一致的抽象处理；Sörman 等[6]提出一种 3D 的交互抽象画绘制方法，在多边形模型基础上，利用简单的线条表现出绘制物体的形态，能较好地表现出阴影细节信息，抽象视频动画的实现是系统的重要组成部分；Fischer 等[7]提出一种完全自动的风格化处理算法，可以将真实的或虚拟的图像转换为抽象的艺术效果，但算法对边缘等细节的处理会导致噪声点的出现；Son 等[8]提出了一种新颖的从二维图像中自动产生抽象线条画的方法，他们研究的工作主要表现在两个方面：线条的提取和线条的绘制，通过简单的线条提取和抽象，对弱边缘等区域也取得了较好的结果，同时通过对曲线进行平滑等展现出了较好的抽象艺术效果。

　　另一种自动产生抽象风格化效果的典型方法是边缘保留滤波，Winnemoller等[9]采用 DOG 滤波提取线条，采用双边滤波平滑局部区域，对静态和视频图像进行抽象绘制；Kyprianidis 等[10]扩展了该方法，改进了滤波半径，提出局部双边滤波以及局部结构的 DOG 滤波方法。此外，针对抽象画的模拟和研究，Kang 等[11]取得了较优秀的抽象艺术效果。首先，他们利用 B 样条曲线，通过人机交互的方式控制图像的边缘或绘制的风格细节，用户不仅可以控制笔刷的落笔方式和位置，也能够控制笔刷的色调，以及笔刷的数量，允许用户生成各种具有抽象艺术风格的图画。在此基础上，算法基于图像的曲率信息，简化了输入图像的形状和色彩信息，随着曲率方向，将特征信息在输出结果中突显出来；之后，基于 DOG 滤波，产生了较为连续的、光滑的线条，获得了色调一致的线条抽象画艺术效果[12]；同时，抽象的程度可以通过算法的迭代次数来控制，算法能有效地保存特定区域的信息[13]，绘制结果如图 5.3 所示。此后，Kang 等[14]基于输入图像的形状或颜色，自动产生矢量场，根据矢量场提升输入图像的色彩信息，将特征进行抽象风格化处理，算法简单、快速、易于实现。

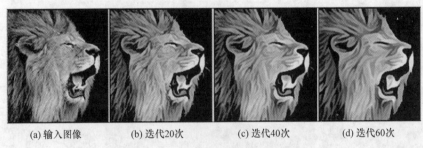

　　(a) 输入图像　　　　(b) 迭代20次　　　　(c) 迭代40次　　　　(d) 迭代60次

图 5.3　抽象艺术效果图[13]

　　此外，基于卷积，Papari[15]模拟了连续玻璃纹样，采用合成的绘画纹理代替输入图像中的局部纹理，实现了不同的抽象艺术风格作品；柳有权等[16]将建筑物图像作为研究对象，针对建筑物图像线条鲜明、轮廓清晰的特点，采用双边滤波、基于流的 DOG 滤波器生成具有手绘风格的抽象建筑物效果；王山东等[17]改进了图像分割及图像滤波算法，实时地获得抽象化艺术效果，解决了明暗对比度低、画面模糊、表现力不强等问题；Spicker 等[18]对图像进行深度信息提取，用户能通过及时的视觉反馈对绘制参数进行调整，扩展了抽象线条画的艺术表现力；Xie 等[19]提出了一个称为 Portrait Sketch 的交互绘制系统，主要针对人脸肖像画进行处理，详细计算了轮廓和阴影两个重要特征，通过显示屏，用户可参与抽象艺术效果的创作过程，实时地获得线条抽象画艺术效果；Su 等[20]提出了一种称为

EZ-Sketching 的绘制系统，能自动跟踪和监测图像的边缘，产生抽象的线条画效果，对笔划线条进行了优化处理，在线条不连贯、不正确时能自动进行修正，获得更为精细的、连贯的抽象线条画艺术效果，图 5.4 显示了绘制的艺术效果图像，可以看出，作品更加符合艺术家的手绘风格和绘画意图。

(a) 线条捕获　　　　　　　(b) 输入图像　　　　　　　(c) 线条抽象结果

图 5.4　线条抽象画效果图[20]

边缘保留滤波方法能平滑对比度较低区域的细节，保留对比度较高区域的边缘和细节信息，因此对整体对比度趋于一致的图像并不适合，抽象程度难于控制。此外，在有噪声或局部区域有相同方差的情况下，滤波效果并不稳定，导致人造痕迹的产生。

在三维线条画抽象艺术效果方面，Zimmermann 等[21]采用将抽象的表面信息和三维模型表面特征编辑融合的方法，用户在物体表面任意的位置绘制抽象的线条，系统根据绘制的线条对三维物体自动分割，分割后自动将局部区域转换为三维的抽象表面。系统为用户提供了一个交互的模型，抽象线条的绘制可以不断调整修改，直到得到较满意的绘制效果；Olsen 等[22]将抽象的过程集中在三维几何表面模型的建立上，得到了具有抽象的线条画艺术效果，通过对线条的粗细、形状等参数的变化，得到了丰富多彩的抽象艺术效果图像；Nard 等[23]提出了一种平滑的三维表面线条画艺术效果绘制方法，采用迭代算法在三维表面建立网格，约束线条的产生过程，弥补了原来算法中线条拓扑结构存在的问题，同时消除了线条的伪轮廓，对复杂的三维物体也能取得较好的抽象艺术效果；Larussi 等[24]提出了线条抽象艺术效果图像绘制算法，并扩展到三维领域，针对三维光照、阴影等进行研究，逼真地显示出阴影、透视等效果。

Jue 等[25]设计了一个可把输入的任意视频渲染成为具有高度抽象特性、并在时间上具有连贯性的多风格卡通动画自动生成软件。在这套系统中，将视频视为在时间和空间上统一的图像数据，通过改进的 Mean-shift 图像分割算法[26]，能自动地将视频数据划分到连续的时空当中；Aseem 等[27]提出了基于关键帧的自动探测方法，对视频中目标对象的轮廓线进行提取，并成功地将该方法与非真实感动画制作技术相结合，最大限度地减少了在卡通动画制作过程中的人工干预，如

图 5.5 所示，自动化程度较高，并且最终绘制效果十分出色；Guay 等[28]提出了基于时空的抽象算法，可将视频处理为具有抽象艺术风格的动画，算法减小了原有视频抽象处理算法的复杂性，用户可自行设计抽象动画效果，实时性较高。

图 5.5　视频处理为人物卡通动画[27]

Morgan 等[29]提出了一个实时地动态产生抽象画艺术效果的系统，从一些较小的多边形可产生较复杂的阴影和轮廓，实时模拟出了烟雾的效果，可将系统用于游戏、动画的制作过程；Winnemoller 等[9]首次提出了一个全自动的基于视频和图像的抽象风格化渲染系统，算法基于双边滤波平滑视频帧的低对比度区域，保留高对比度区域的边界，同时采用高斯差分算法提取视频帧轮廓信息，并通过色彩量化对色彩进行处理，实现了视频的抽象艺术效果绘制；宋阳等[30]针对人脸图像进行研究，提取人脸的轮廓生成线条画，分离出光照图像和材质图像，结合量化、非线性增强等操作生成具有光照效果的人脸卡通图像。

除了针对图像进行整体抽象，Collomosse 等[31]认为图像的艺术性具有显著度的特征，使用遗传算法在输入图像中搜寻有意义的绘画区域，因此接近理想艺术效果的显著细节被保留下来，而没有显著细节的区域被弱化，同时可通过输入艺术绘画作品中不同的笔划类型，产生不同效果的艺术图像；Zhao 等[32]设计了感知模型，通过输入图像的显著度指导抽象等风格化的绘制，突出显著度内局部区域的细节，忽略了背景区域；Yi 等[33]基于颜色和纹理模式对人脸图片进行处理，第一阶段基于语义感知图像之间的对象，突出了重要的局部对象，第二阶段基于多尺度方法检索及模拟图像的轮廓信息，获得的艺术风格效果更加符合人们的视觉特征。

在游戏方面，卡通风格或者抽象风格的二维、三维游戏更是层出不穷。例如，PS2 游戏中的《犬夜叉》《真红之泪》；在电脑游戏中的《忍者神龟》《杀手》，以及目前比较流行的《波斯王子·神迹》等。这些作品都以炫目的游戏画面以及逼真的场景受到游戏玩家的追捧，游戏领域也将不断涌现出更多更优秀的作品。

综上所述，抽象风格以其夸张、变形的艺术表现风格，对人们具有极大的吸引力，可将抽象艺术应用于视频、游戏中，极大地丰富了艺术的表现形式。本章首先综述二维抽象艺术效果的绘制方法，并介绍通过双边滤波、量化等技术如何绘制出具有抽象艺术风格的结果图像；接着，从用户的关注度方面，介绍基于图像的重要度对图像进行抽象化的绘制方法。

5.2 抽象艺术风格绘制

根据抽象艺术效果的特点，可以基于以下几方面来考虑抽象艺术效果的产生：①亮度和色彩信息是需要重点考虑的特征，色彩明暗间过渡是不连贯的，即非平滑过渡；②图像的轮廓具有重要的视觉效果，需要增强轮廓信息；③抽象化艺术效果颜色比较鲜艳；④原始输入图像中的很多细节信息被忽略，大块区域的颜色比较接近或均匀[33]。

图 5.6 描述了抽象画艺术效果的绘制流程，静态图像的抽象化艺术效果绘制过程主要包括以下几个步骤。

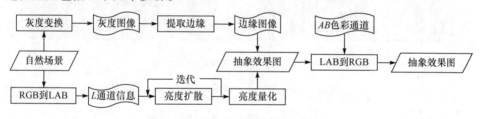

图 5.6 抽象艺术效果绘制流程图

(1) 色彩空间转换。将输入图像从 RGB 色彩空间转换为 LAB 色彩空间。

(2) 在亮度 L 通道中进行滤波扩散。基于抽象艺术效果具有大块区域的颜色比较接近或均匀的特点，采用非线性滤波扩散技术，能扩大或缩小图像中的局部对比度信息，较好地模拟局部区域颜色接近的特点。

(3) 对非线性扩散后的效果进行量化操作。为了消除不同区域之间过渡时亮度信息的平滑和连续性，采用量化技术提升局部区域的色彩信息。

(4) 加入边缘信息。图像的边缘是抽象效果中非常重要的表现方式，利用勾边等图像提取方法将边缘信息加入到量化之后的效果图中。

(5) 色彩空间转换。将结果图像从 LAB 转换为 RGB 色彩空间，输出最终图像。

具体的操作步骤将在后面详细讨论。

5.2.1 图像的双边滤波扩散

Perona 等[34]提出了一个各向异性的扩散滤波函数，它能模糊较小的不连续或突出的边缘。在此基础上，Barash 等[35]提出了一种新的各向异性的模糊滤波器——扩展的非线性扩散滤波器，将扩散的范围扩展到更大的邻域。Holger 等[36]采用双边滤波器(bilateral filter)对输入图像进行滤波处理，修改影响可视化的两个显著特性，即亮度和色彩的对比度，得到色彩扩散的结果图像，如图 5.7 所示，产生抽象的艺术效果。

图 5.7　Holger 等的抽象画绘制结果图[36]

双边滤波器是非线性滤波器的一种，滤波时主要通过对高斯滤波中高斯权系数与输入图像亮度进行卷积运算获得滤波结果，即空间距离中的高斯函数与灰度图像距离函数的乘积。与传统的均值滤波、中值滤波相比，双边滤波器除了使用像素之间几何上的距离，还考虑了像素之间的光度、色彩的差异，因此能够有效地将图像上的噪声去除，同时保存图像上的边缘信息。

基于该滤波函数，假设 I 表示输入图像，x 表示像素点的坐标位置，s 表示 x 的邻域像素，b 代表滤波模糊半径，O 表示最终的输出扩散结果，非线性扩散采用式(5.1)进行计算。在实验过程中发现，半径 b 取值越小则效果越清晰，越大的半径导致最终的效果越模糊，但半径太大又会失去重要的边缘等细节信息。

$$O(x) = \frac{\int e^{-\frac{1}{2}\left(\frac{|x-s|}{b}\right)^2} w(s,x)I(s)\mathrm{d}s}{\int e^{-\frac{1}{2}\left(\frac{|x-s|}{b}\right)^2} w(s,x)\mathrm{d}s} \tag{5.1}$$

其中，w 代表了邻域权重值。该权重值可用式(5.2)、式(5.3)计算，邻域权重值决定了当前像素点对邻域像素点的影响程度，邻域内越接近中心的像素点，w 值越大，局部区域对比度越平滑，反之，w 值越小，局部区域对比度越清晰，迭代使用该权重函数，可得到不同的扩散结果图像。

$$w(s,x) = [1 - u(x)]w'(s,x) + u(x)s(x) \tag{5.2}$$

$$w'(s,x) = e^{-\left[\frac{I(x)-I(s)}{\sigma}\right]^2 \Big/ 2} \tag{5.3}$$

当输出图像的亮度信息由于扩散减少时，参数 $u(x)$ 为扩散过程的补偿函数，参数 $s(x)$ 决定了某一个像素被关注的程度。参数 σ 决定了对比度信息被保留或模糊的程度，σ 越小，模糊程度越小，因此，边缘信息保留越多，抽象程度在最终结果图像中越不明显。$u(x)$ 和 $s(x)$ 可以使用硬件设备眼动仪跟踪用户的注视区域来得到，或由艺术家描绘的更精确的可视化重要度模型来计算。

输入图像对比度的调整可以通过在亮度通道中进行，提高算法的运行效率。参考 Reinhard 等提出的方法，将色彩空间从 RGB 转换到 LAB，使得非线性的扩散计算仅在亮度通道中进行，在最终效果中加入色彩信息获得彩色的结果图像[37]。

图 5.8 和图 5.9 显示了采用滤波扩散函数，通过设置不同的滤波模糊半径得到的结果图像。随着滤波半径的增大，图像中局部区域的颜色逐渐扩大，细节信息越来越模糊，但尽可能地保留了边缘信息。

(a) 输入图像　　　(b) 滤波(b=2)　　　(c) 滤波(b=3)　　　(d) 滤波(b=5)

图 5.8　双边滤波结果

(a) 输入图像　　　　(b) 滤波扩散图像(b=6.5)　　　(c) 滤波扩散图像(b=9)

图 5.9　滤波扩散结果图像

5.2.2　量化光照信息

滤波扩散得到的结果具有部分的抽象艺术效果，但是画面比较模糊，这是由于颜色信息扩散后，在不同区域之间的过渡非常平滑和连续，画面各区域之间缺乏明显的亮度对比度信息，所以，需要提升不同区域之间的亮度信息，增强不同区域之间的对比度，通过色彩量化技术可以达到这样的效果。

图 5.10 显示了色彩量化过程原理，横坐标 Luminance 表示输入图像亮度，纵坐标表示输出图像亮度，Q 表示亮度的不同区间，Width 表示亮度范围，由于非线性扩散之后亮度信息在不同区域之间的过渡非常平滑，如图 5.10 中的虚线所示，经过量化之后，亮度信息被集中在不同的局部区域，如图 5.10 中的实线所示，导致不同区域之间有较明显的过渡。

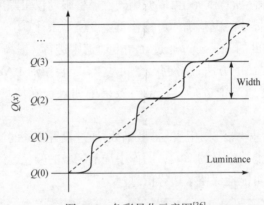

图 5.10　色彩量化示意图[36]

进行量化操作时，采用式(5.4)对非线性扩散后的图像进行计算：

$$Q(x) = Q_B + \text{Width} \times \tanh\left(\varphi[I(x) - Q_B]\right) / 2 \qquad (5.4)$$

其中，$Q(x)$ 表示量化之后的结果图像；参数 Q_B 表示输入图像的边缘信息；Width 控制量化区间的宽度，参数 Width 越大，量化区间之间过渡的不连续性逐渐缩小直至消除；参数 φ 为色彩的补偿函数。图 5.11 显示了量化的结果图像。

(a) 量化(Width=2.3)　　　　(b) 量化(Width=3.4)　　　　(c) 量化(Width=5.1)

图 5.11　量化结果

5.2.3　边缘增强

艺术家创作作品时，经常通过简单的线条和边缘绘制产生某种艺术效果，边缘的信息在抽象艺术效果中具有重要的作用，计算机模拟艺术家绘制过程中，通过对比度的变化来确定边缘所在位置，并且通过对边缘色调信息的改变突出绘制场景的艺术效果。

采用 Kang 等[12]提出的各向异性的 DOG 滤波器进行滤波，各向异性的滤波器离散化计算为

$$G_\sigma(x,y) = \frac{1}{\sqrt{2\pi\sigma^2}} \exp\left(-\frac{x^2+y^2}{2\sigma^2}\right) \tag{5.5}$$

DOG 滤波实质上是用掩模的卷积来近似高斯滤波器二阶导数 $\nabla^2 G$，该掩模是两个具有明显不同标准差 σ 的高斯平滑掩模的差。假设 $E(x,y)$ 代表该差值，采用式(5.6)计算：

$$E(x,y) = G_{\sigma_1}(x,y) - tG_{\sigma_2}(x,y) \tag{5.6}$$

其中，参数 σ_1、σ_2 和参数 t 用于调整轮廓效果图，轮廓中边缘的粗细也可以通过参数 σ_1、σ_2 进行调节。得到 $E(x,y)$ 后，采用式(5.7)对图像二值化处理可以得到最终的边缘效果。

$$\text{Edge}(x,y) = \begin{cases} 0, & E(x,y) < 0, \quad 1+\tanh[E(x,y)] < \tau \\ 1, & \text{否则} \end{cases}, \quad \tau \in [0,1] \tag{5.7}$$

经过对图像的非线性扩散、量化光照信息和边缘信息增强，可将输入图像或视频帧图像转变为具有抽象艺术效果的图像。

图 5.12 显示了采用 DOG 算子对图像进行边缘检测获得的结果图像。其中，图 5.12(a)为输入图像，图 5.12(b)为通过 DOG 算子计算后得到的结果图像，可以看出图像的边缘较为平滑，弱边缘等细节信息也被保留下来，然而由于原始图像的灰度差异，提取出的边缘亮度并不一致，形成了一些弱边缘。为了获得清晰可见的边缘，需要统一边缘的亮度。因此，可以采用阈值处理的方法对边缘图像进行处理。通过设置阈值，对边缘进行二值化处理，达到边缘增强、滤除细小边缘的效果，图 5.12(c)显示了阈值处理之后得到的结果，可以看出，获得了亮度一致的边缘图像。

(a) 输入图像　　　　　　　(b) 边缘检测　　　　　　　(c) 阈值处理

图 5.12　边缘获取

5.2.4　抽象艺术风格模拟结果

　　根据以上算法思想，对输入图像进行实验，基于 MATLAB 进行编程实验，得到图 5.13～图 5.16 所示的实验结果图像,通过调节不同的扩散半径和平滑系数,可产生不同的量化结果和抽象艺术效果图像。

(a) 输入图像　　　　　　　(b) 量化效果(b=6.5)　　　　　　(c) 添加边缘(b=6.5)

图 5.13　量化和添加边缘后的结果图像

(a) 输入图像　　　　　　　　　　　　(b) 滤波扩散图像

(c) 量化图像　　　　　　　　　　　　(d) 加入边缘图像

图 5.14　抽象化结果图像

(a) 输入图像　　　(b) 滤波扩散图像(b=7,σ=4.25)　　(c) 滤波扩散图像(b=10,σ=5.5)

(d) 量化结果图像　　　　　　　(e) 量化结果图像　　　　　　　(f) 加入边缘图像

图 5.15　抽象化结果图像

(a) 输入图像　　　　(b) 滤波扩散图像(b=5,σ=2.5)　　(c) 滤波扩散图像(b=7,σ=4.25)

(d) 量化结果图像　　　　　　　(e) 量化结果图像　　　　　　　(f) 加入边缘图像

图 5.16　抽象化结果图像

　　通过图 5.13～图 5.16 的结果可以看出，获得了抽象的艺术效果图像，通过滤波函数和量化函数参数的改变，可以改变最终的抽象化程度，得到不同的抽象化效果。

5.3　用户感兴趣区域提取

　　非真实感绘制技术能突出图像中的局部区域，模糊背景或其他区域，确定用户所关注的区域。DeCarlo 等[3]采用基于物理设备的方法，利用硬件设备眼动仪去跟踪用户的视线，并记录下用户观看图像中某一对象的时间长短，根据时间长短确定用户所感兴趣的部分，记录时间长的区域绘制较清晰，对该区域抽象化的程度较低，这部分的细节信息被保留下来；而记录的时间短或用户没有注视的区域较模糊，抽象化程度较高，这部分的细节信息将被忽略。

可从两方面讨论如何确定用户所关注的区域：①根据图像的重要度对图像进行滤波，将重要度参与滤波计算，对图像的局部区域进行不同程度的抽象；②可利用硬件设备眼动仪记录用户在画面中观测的数据，或通过简单的交互方式选取用户所关注的区域。

5.3.1　利用硬件设备记录关注区域

使用硬件设备如眼动跟踪仪可以很容易地记录用户观看图像时的数据。图5.17显示了根据眼动仪记录的结果，其中，图5.17(a)为输入图像，图5.17(b)为眼跟踪仪记录的结果，以圆圈表示眼睛对注视区域的变化。圆圈的数量表示用户在图像中注视点的数目，圆圈中的数字表示用户关注不同区域的次序，圆圈的大小表示注视的时间，圆圈越大，说明眼睛停留在这个区域的时间越长，该区域被重视的程度越高，细节信息越能被突出。反之，说明用户的眼睛在该区域停留的时间越短，细节信息能忽略，抽象化程度越高。

(a) 输入图像　　　　　　　　　　(b) 眼跟踪仪记录的结果

图 5.17　输入图像以及眼动跟踪仪记录的结果

有了以上的分析数据，根据圆圈记录数据的多少，可指定用户感兴趣的区域，对用户感兴趣的区域进行不同程度的抽象，可改进图像整体抽象的算法流程，在计算过程中通过改变扩散函数的大小、设置不同的扩散半径大小达到突出不同局部区域细节信息的目的。

根据用户所关注的区域以及停留时间的多少，将停留时间转换为最终扩散效果清晰程度的大小范围，式(5.8)描述了将用户关注区域的时间转换为局部区域扩散半径的计算过程。

$$D_i(x,y) = D_{\min} + \frac{[e(x,y) - \min(e)]D_{\max}}{\max(e) - \min(e)} \tag{5.8}$$

其中，e 表示用户对输入图像进行观测后的结果图像，记录了用户关注区域的时间；$e(x, y)$表示某一位置(x, y)坐标点处的观看时间，如果用户没有关注该坐标点，那么此处 $e(x, y)$=0；D_{min} 和 D_{max} 表示根据时间设定的清晰半径的大小区域，一般由人为指定；$min(e)$和 $max(e)$表示结果图像 e 中的最小值和最大值，即记录的最短时间和最长时间；$D_i(x, y)$表示最终将用户观测时间转换为具体扩散半径大小的数值，确定半径大小之后，可用式(5.9)求取扩散系数。

$$theta\_m(x, y) = \varphi \times D_i(x, y) \tag{5.9}$$

其中，$theta\_m(x, y)$ 表示像素点 (x, y) 处的扩散系数，对应式(5.5)中的 σ；由于 $D_i(x, y)$为较大的整数，参数φ用来调整最终的扩散系数，将 $theta\_m(x, y)$设定为一个合适的值。

有了扩散系数的大小，根据式(5.3)求取权值 $w'(s, x)$，再采用式(5.1)和式(5.4)，对图像进行扩散和量化等操作，得到最终的效果图。

图 5.18 显示了绘制的结果图像，其中，图 5.18(a)为输入图像，采用硬件设备跟踪和记录用户观察图像的结果，根据记录的结果，图 5.18(b)为整体抽象得到的结果图像，图 5.18(c)和图 5.18(d)为最终的抽象化艺术效果，图 5.18(c)突出了右下角的签名部分，图 5.18(d)突出了输入图像右边男人的眼睛和签名的细节信息。

(a) 输入图像

(b) 整体抽象效果

(c) 突出右下角的签名部分(量化之后)

(d) 突出右边人物的眼睛和签名(量化之后)

图 5.18　抽象过程中突出不同的细节部分

图 5.19 显示了另一幅结果图像。其中，图 5.19(a)为输入图像，图 5.19(b)为用户注视区域，图 5.19(c)和图 5.19(e)显示了非线性扩散和量化之后的效果，图 5.19(d)和图 5.19(f)显示了局部非线性扩散和局部量化之后的结果，可以看出，最终的抽象艺术风格突出了人物的脸部细节信息。

(a) 输入图像

(b) 用户注视区域

(c) 整体扩散结果(量化之前)

(d) 突出了脸部细节(量化之前)

(e) 整体抽象结果(量化之后)

(f) 突出了脸部细节(量化之后)

图 5.19　抽象过程中突出细节部分

5.3.2　交互选择区域

在没有硬件设备记录用户观测时间的情况下，可采用用户交互的方式选择关注的局部区域。对于输入图像，可根据实际的需要，人为地用鼠标勾勒出用户所关注的局部区域，对选取得到的结果和其他区域采用不同的扩散系数进行扩散和量化处理。

通过以上算法可将静止图像转换为抽象的艺术效果，然而，动态场景对用户具有更强的吸引力，在信息的传输、表示、存储等领域中也得到了更广泛的应用。结合视频纹理合成技术，将动态纹理处理为具有抽象艺术效果的、无限播放的视频场景。

通过人为指定的方式获取用户对输入图像的关注程度，如图 5.20 所示，其中，图 5.20(a)为输入图像[9]，图 5.20(b)、图 5.20(c)为用户选取的不同区域，通过调节参数的方法降低这些区域在扩散和量化过程中的抽象化程度，突出该区域的细节信息，图 5.20(d)为整体抽象化的结果。图 5.20(e)和图 5.20(f)显示了最终的结果图像，图 5.20(e)左边人物的细节更为明显，图 5.20(f)则突出了右边人物脸部的细节信息。

(a) 输入图像　　　　　(b) 选择区域　　　　　(c) 选择区域

(d) 整体抽象效果　　　(e) 突出左边人物　　　(f) 突出右边人物

图 5.20　突出了图像的不同细节信息

图 5.21 显示了另一幅输入图像的处理结果。其中，图 5.21(a)为输入图像，图 5.21(b)、图 5.21(c)为用户选取的不同区域，图 5.21(e)突出了左边小老鼠的细节信息，而图 5.21(f)中右边小老鼠的细节信息更加明显。

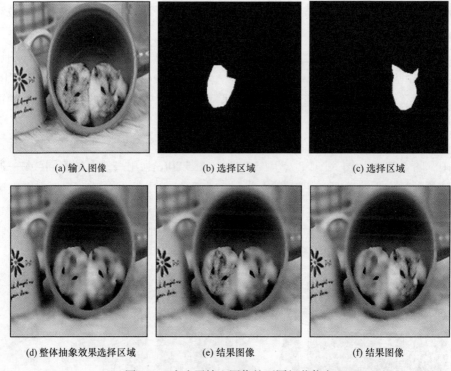

(a) 输入图像　　　　　　　(b) 选择区域　　　　　　　(c) 选择区域

(d) 整体抽象效果选择区域　　(e) 结果图像　　　　　　(f) 结果图像

图 5.21　突出了输入图像的不同细节信息

5.4　基于重要度的抽象艺术效果绘制

根据格式塔理论[1]，人眼观察一幅图像时，有些物体会占据主体位置，而有些物体会成为背景来衬托主体，具有明确轮廓、突出亮度等特征的物体会成为主体感知对象。在艺术作品模拟过程中，运用格式塔理论，更加符合观测者的心理反应，能提高艺术表达的准确性。因此，可以对图像进行不同程度的抽象，用户关注的区域清晰一些，用户不太关注的区域模糊一些，更能产生富有想象力的图像。5.3 节介绍可以通过眼动仪等设备记录用户关注区域，或者通过人机交互的方式选取用户所关注的区域，获得不同抽象程度的图像，然而，基于眼动仪等设备的方法需要硬件支持，人机交互的方法并不能自动完成抽象绘制，降低了绘制效率，当输入视频场景时并不适用，因此，可以考虑针对输入的图像或视频进行自动绘制，获得不同抽象程度的结果图像。

图像分割和边缘保留滤波是产生抽象艺术效果常用的绘制方法，它们能产生较一致的抽象艺术效果图像，然而，抽象结果图像中存在人造痕迹，且不能有效地控制图像中局部区域的抽象程度，实际操作中需要大量的人为参与。Collomosse

等认为图像的艺术性具有显著度的特征，使用遗传算法在输入图像中搜寻有意义的绘画区域，因此接近理想艺术效果的显著细节被保留下来，而没有显著细节的区域被弱化[38]；此外，Papari[15]基于卷积模拟了连续玻璃纹样，并采用合成绘画纹理代替输入图像中的局部纹理，实现了不同的抽象艺术风格作品；Zhao 等[32]设计了感知模型，通过输入图像的显著度指导抽象等风格化绘制，突出显著度内局部区域的细节，忽略了背景区域。

基于 Papari 和 Zhao 等的思想，可以基于重要度自动地对输入图像进行不同程度的抽象，避免了遗传算法的迭代过程，同时通过光照明模型，突出了抽象结果的色彩重叠感和凹凸感。

图 5.22 显示了基于重要度的抽象算法绘制流程图，算法首先求取输入图像的显著度和重要度信息，识别主体对象；其次，求取输入图像的张量场，采用各向异性滤波平滑结构张量场，并对图像沿张量场局部曲线方向进行积分卷积计算，产生抽象效果；最后，利用改进后的局部光照明 Phong 模型对抽象结果进行渲染，增强艺术效果的色彩层叠感和艺术表现力[37]。

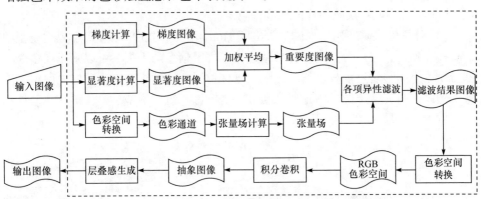

图 5.22　基于重要度的抽象算法流程图

5.4.1　重要度计算

非真实感抽象算法有时需要对输入图像的局部区域进行不同程度的抽象，这方面的典型例子是 DeCarlo 等[3]提出的方法，采用眼动仪跟踪并记录用户在图像中的注视区域和注视时间，根据注视时间的长短自适应地对局部区域进行不同程度的抽象绘制；文献[38]采用感兴趣区域的图像绘制算法，得到局部区域色彩一致的抽象效果，但结果忽略了图像中前景及重要区域的细节信息；Zhao 等[32]和Li 等[39]基于显著度和结构场对输入图像进行渲染，结构场强调了局部区域的结构细节，在艺术抽象结果中能较好地保留细节信息。

除了交互方式选取用户感兴趣的区域，也可采用基于图像重要度的方法自适应地对图像进行抽象绘制，并增加最终效果的凹凸立体感。图像重要度反映了人眼对图像内容区域变换的敏感程度，即在环境衬托下极易吸引人眼注意的区域，图像处理时可用于描述需要有针对性保护的或者着重处理的主体对象区域；图像重要度主要根据亮度信息区分不同对象的保护程度，能保护重要度高的局部区域中的对象细节，忽略背景区域，被广泛地应用于图像缩放、文本分类等领域。因此，可以利用图像重要度能对局部主体对象区域进行保护的特点，对输入的真实感图像局部区域进行不同程度的抽象绘制。

Avidan 等[40]直接采用梯度计算图像的重要度，突出了背景边缘，却忽略了对象内部的主体等重要区域。由于视觉显著度驱动人类感知注意，能反映图像中不同区域对人眼的吸引程度，相对精确地识别出图像中的主体对象，所以它被用来代替重要度，然而它忽略了边缘的结构信息。Wang 等[41]采用梯度和显著度乘积的方式计算重要度，仍然存在无法正确识别主体对象内部区域的缺点。根据图像中不同背景衬托下的突出刺激更容易吸引人眼注意力的特点[42]，可采用基于梯度和显著度加权平均的方法计算图像的重要度。

(1) 计算输入真实感图像的梯度信息 G。

(2) 计算输入真实感图像的显著度 S。Hou 等[43]通过在单一分辨率视觉模型中计算 S，然而，单一分辨率计算导致边缘等细节信息的丢失，可以采用在多个不同分辨率下对显著度加权平均的方法，既保留了主体的细节，也更好地保留了图像的边缘。首先从原图像中生成高斯金字塔图像，每一层基于单分辨率模型计算显著度，不同层中像素的显著度权重值基于最高分辨率计算，即

$$W_{(i,j)} = \begin{cases} 0, & S^1_{(i,j)} < t \\ 1, & 否则 \end{cases} \qquad (5.10)$$

其中，$W_{(i,j)}$表示图像坐标位置(i, j)的像素对应的权重；S^1表示最高分辨率下得到的显著度值；参数 t 为经验阈值，实验中 t 取值为 0.2～0.5。

$$S_{(i,j)} = \frac{1}{N} \sum_{m=1}^{N} S^m_{(i,j)} \times W_{(i,j)}, \quad m = 1, 2, \cdots, N \qquad (5.11)$$

通过式(5.11)加权计算不同分辨率下图像的显著度，其中，N 表示金字塔不同分辨率的层数，通常取值为 5～7 层，S^m 为第 m 层分辨率上的显著度值。

(3) 求取重要度图像。对图像的梯度和显著度进行加权平均，求取最终的重要度图像(region of interest，ROI)：

$$\mathrm{ROI}_{(i,j)} = a \times G_{(i,j)} + (1-a) \times S_{(i,j)} \qquad (5.12)$$

其中，(i, j)表示像素位置；a 表示权重参数，实验中取值为 0.3～0.6；$\mathrm{ROI}_{(i,j)}$表示最终的重要度图像。

图 5.23 描述了利用本小节算法得到的重要度结果图像。其中，图 5.23(a)为输入图像，图 5.23(b)为显著度图像，显著度通过计算颜色、方向等信息计算，忽略了较为重要的边缘信息。从图 5.23(c)所示的结果图像可以看出，采用图像的显著度和梯度加权平均的方法，能有效识别场景中的主体对象，同时保留了边缘信息，为图像不同程度的抽象过程奠定了基础。

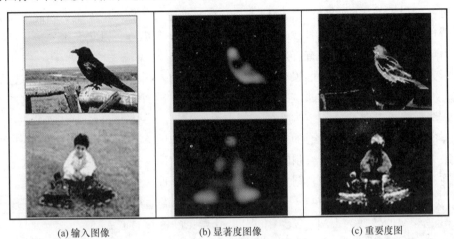

(a) 输入图像　　　　　　(b) 显著度图像　　　　　　(c) 重要度图

图 5.23　重要度结果图像

5.4.2　图像的张量场计算

科学计算可视化可将科学计算过程中及计算结果的数据转换为图形或图像，针对标量、矢量和张量三种不同类型的数据，在屏幕上显示并可进行交互处理。图像的标量是可以用一个不依赖于坐标系的数字表征其性质的量，如温度、像素值等；图像的矢量是需要用不依赖于坐标系的数字及反向表征其性质的量，如速度等；将图像的矢量进行推广，可得到图像的张量。通常，一个物理量如果必须用 n 阶方阵描述，且满足某几种特定的运算规则，即该方阵通过运算后得到的结果是由规则指出的，则这个方阵描述的物理量称为张量。

对于一个直角坐标系 $O_{x_1 x_2 x_3}$，有 9 个分量 $x_{i,j}$ (i=1,2,3; j=1,2,3)，它可以按照以张量表示的式(5.13)转换为另一个直角坐标系中的 9 个量 $x'_{i,j}$ (i=1,2,3; j=1,2,3)，则这 9 个量定义了一个二阶张量：

$$x'_{i,j} = a_{il} a_{jm} x_{i,j}, \quad l=1,2,3; m=1,2,3 \tag{5.13}$$

显然，二阶张量可以表示为一个 3×3 的矩阵：

$$x_{i,j} = \begin{bmatrix} x_{11} & x_{12} & x_{13} \\ x_{21} & x_{22} & x_{23} \\ x_{31} & x_{32} & x_{33} \end{bmatrix} \tag{5.14}$$

其中，矩阵中的每一项 $x_{i,j}$ 称为二阶张量的分量。

二阶张量可推广到 n 阶张量，当 $n=0$ 时，$x_{i,j}$ 只有 1 个分量，是一个标量，因此可将标量看作零阶张量；当 $n=1$ 时，$x_{i,j}$ 有 3 个分量，是一个矢量，因此可将矢量看作一阶张量；当 $n=2$ 时，$x_{i,j}$ 有 9 个分量，是一个矩阵，以此类推。张量在流体力学、图像处理等领域有着广泛的应用。

为了产生色彩量化的抽象艺术效果，通常对输入图像进行中值滤波或双边滤波，滤波时采用像素周围邻域的均值或最小方差代替当前像素值，然而，这些滤波方法忽略了方向特征和结构特征，使得绘制结果的整体方向和结构趋于一致，而方向和结构特征在艺术绘画作品中具有重要的作用，有助于表现和激发用户的想象力。因此，为了突出绘制的方向和结构，使结果产生类似画家创作时的笔刷痕迹，可采用结构张量场对图像进行自适应滤波处理。

(1) 色彩空间变换。结构张量场的计算可在亮度通道中进行，将输入图像从 RGB 色彩空间转换为 LAB 色彩空间[44]，获得亮度色彩通道 L。

(2) 在 L 通道中计算局部结构张量场。假设输入图像为 I，图像中像素点的梯度向量可表示为 $G=(I_x, I_y)^T$，则该点的张量可计算为

$$Z = G \times G^T = \begin{bmatrix} I_x^2 & I_x I_y \\ I_x I_y & I_y^2 \end{bmatrix} = \begin{bmatrix} Z_{11} & Z_{12} \\ Z_{21} & Z_{22} \end{bmatrix} \tag{5.15}$$

该张量仅描述了像素点的一维结构和方向，缺乏对局部结构信息的描述，为了增强张量场，可采用滤波对 Z 矩阵进行处理，较常用的方法是采用高斯滤波平滑结构张量场，然而，从整体来看，由于高斯滤波器具有各向同性的性质，且结构场中存在不规则的跳变，平滑滤波可能会破坏图像的边缘等局部结构信息，导致滤波结果丢失了图像的结构特征。

Perona 等[34]提出各向异性的滤波方法，能较好地保留输入图像的局部特征，被广泛地应用于去噪、图像平滑等领域。为了更好地保留图像的局部结构信息，本书采用各向异性的偏微分方程对图像的结构张量场进行滤波处理。

(3) 各向异性滤波计算。根据图像中不同方向上的亮度变化自适应滤波[45]。设 a_1 和 a_2 表示 Z 的特征值，描述了在特征向量 v_1 和 v_2 方向上的灰度变化程度，各向异性滤波用 h 表示，则

$$h_{\sigma,r}(i,j) = \frac{a_1 + a_2}{2\pi\sigma^2} \exp\left[-\frac{i^2 + r^2 j^2}{2\sigma^2 / (a_1 + a_2)}\right] \tag{5.16}$$

其中，σ 表示高斯核函数方差；exp 函数中分母越大，特征值越大，图像的局部结构趋于一致，因此滤波半径较大，反之，当前像素点处于边缘或角点位置时，滤波半径较小；r 表示滤波函数的形状，采用 a_1/a_2 计算，可根据局部结构自适应地调整滤波半径。

(4) 各向异性结构张量场计算。假设结构张量场用 Z' 表示，通过张量场与各向异性滤波 h 的乘积获得：

$$Z' = h_{\sigma,\gamma} \times Z = \begin{bmatrix} h_{\sigma,\gamma} Z_{11} & h_{\sigma,\gamma} Z_{12} \\ h_{\sigma,\gamma} Z_{21} & h_{\sigma,\gamma} Z_{22} \end{bmatrix} \tag{5.17}$$

5.4.3　积分卷积计算

Papari[15]通过对图像按曲线方向进行卷积获得连续的玻璃纹样，并将玻璃纹样与输入图像融合获得具有笔刷方向的、抽象的艺术效果。对输入图像进行各向异性滤波得到图像的张量场后，首先基于重要度沿曲线方向对图像进行卷积运算，获得初步的抽象结果。基于张量场进行卷积除了可以保留边缘，同时具有锐化边缘的作用，这种具有锐化边缘的效果更加符合抽象艺术效果的边缘特性。具体的算法步骤如下。

(1) 局部区域曲线方向计算。结构张量场可得到两个大小不同的特征值，其中较小的特征值能反映出像素点的曲线方向，设某一像素点(i, j)较小特征值对应的特征向量为 V，则

$$V(i,j) = [V_{1,2}(i,j), V_{2,2}(i,j)]^{\mathrm{T}} \tag{5.18}$$

该点的局部曲线方向 β 可通过式(5.19)计算：

$$\beta(i,j) = \arctan[V_{12}(i,j) / V_{22}(i,j)] \tag{5.19}$$

(2) 调整方向场。经过张量场计算得到的 $\beta(i,j)$ 可能存在负值的情况，而三角函数 tan 具有周期性，则可通过增加 π 进行调整。

(3) 选取卷积核函数。对图像局部流线进行积分卷积时，考虑到图像中的亮度信息具有空间上的连续性，且流线上越接近当前像素点 $x_{(i,j)}$，权重应越大的原则，可利用高斯核反映该性质：

$$k(x_{(i,j)}) = \frac{1}{\sqrt{2\pi}\sigma} \mathrm{e}^{\frac{-(x'_{(i,j)} - x_{(i,j)})^2}{2\sigma^2}} \tag{5.20}$$

其中，$x'_{(i,j)}$ 表示流线上的像素点；σ 表示标准差。

(4) 积分卷积计算。抽象图像中局部抽象效果的模拟通过积分卷积获得，任意一像素点可采用局部流线上的像素点和卷积核函数的乘积离散计算。同时，卷

积过程有利于局部色彩的量化，基于图像的重要度对主体和背景区域进行不同程度的抽象，因此，需要将重要度信息 ROI 加入卷积过程：

$$\text{Sketch}_{(i,j)} = \frac{\sum_{i=-l}^{l} k(x_{(i,j)}) \times \text{ROI}(x_{(i,j)}) \times S'(x_{(i,j)})}{\sum_{i=-l}^{l} k(x_{(i,j)}) \times \text{ROI}(x_{(i,j)})}$$ (5.21)

其中，$\text{Sketch}_{(i,j)}$ 表示抽象结果；$\text{ROI}(x_{(i,j)})$ 表示重要度信息；S 表示以 $x_{(i,j)}$ 为起始点的一条流线；$x'_{(i,j)}$ 表示该条流线上的所有像素点。实验中可基于曲线角度场 β 计算，在图像细节信息丰富时积分步数较小，反之积分步数较大。

$$l_{(i,j)} = l_{\max} - (l_{\max} - l_{\min})\beta_{(i,j)}$$ (5.22)

其中，l 表示积分步数；$l_{\max}$ 和 $l_{\min}$ 是指定的最大和最小积分长度。

基于以上的算法思路，获得了如图 5.24 所示的抽象艺术风格图像。输入图像为图 5.24(a)，图 5.24(b) 为通过加权平均计算输入图像的显著度图和梯度图获得的重要度图，用于指导抽象效果绘制。基于该重要度采用式(5.21)对滤波结果进行积分卷积，并对色彩局部量化以后获得图 5.24(c)所示的抽象结果。可以看出，图 5.24(c)中对输入图像的局部区域进行了不同程度的抽象，更好地保留了前景图像中的人物主体的边缘、结构等细节信息，背景中的内容抽象程度较大，忽略了结构等细节信息。由于对输入图像实现了不同程度的抽象绘制，符合格式塔理论突出主体、背景衬托的心理现象。

(a) 输入图像　　　　　　　(b) 重要度图　　　　　(c) 基于重要度的抽象结果

图 5.24　抽象结果图像

5.4.4　层叠感生成

已有的抽象绘制算法缺少类似油画的色彩层叠感效果，然而色彩层叠感是艺术表现力的重要组成部分，能给人以不同的视觉感受和想象空间。Hertzmann 等[46]从输入图像中提取高度场，将高度场作用于不同的渲染笔刷，最后通过凹凸映射技术产生具有色彩层叠感的艺术表面。可以看出，光照模型对增强艺术表面的立体感具有重要作用。高度场信息较难获取，计算较为复杂，通过对简单的光照明模型进行改进，首先求取抽象结果的矢量图，通过改进的 Phong 光照明模型沿矢量场方向映射[47]，产生具有色彩层叠感效果的艺术图像，算法如下。

1) Phong 光照明模型的计算

假设 Inte 为模拟的光照结果图像，Diff 和 Spec 代表漫反射和镜面反射，Phong 光照明模型可表示为[48]

$$\text{Inte}_{i,j} = \text{Diff}(L,N)_{i,j} + \text{Spec}(V,R)_{i,j} \times m \tag{5.23}$$

其中，L 和 N 表示光线的入射方向和法线；V 和 R 表示视线方向和反射方向；(i,j) 表示像素位置；参数 m 表示镜面反射系数。图 5.25 描述了 Phong 光照明模型的基本原理，入射光与反射光之间的夹角 θ、视线方向 V 共同作用于光照明模型，根据 Phong 光照模型，式(5.23)可进一步扩展为

$$\text{Light}_{u,v} = I_e K_e V_d + I_p (K_d V_d \cos\theta + K_s \cos^m \alpha) \tag{5.24}$$

其中，Light 表示光照结果图像；(u,v) 表示像素位置；θ 是光线入射方向(L)和表面法线(N)之间的夹角，α 是视线方向(V)和反射方向(R)之间的夹角 ($0 \leqslant \theta, \alpha \leqslant \pi/2$)；$I_e$ 是环境光的强度；K_e 表示环境光反射系数($0 \leqslant K_e \leqslant 1$)；$V_d$ 是图像的颜色信息；I_p 表示 R、G、B 颜色通道；参数 m 表示镜面反射指数；K_d 和 K_s 表示物体表面的反射系数($0 \leqslant K_d, K_s \leqslant 1$)。

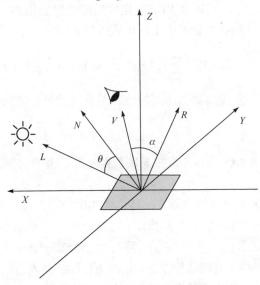

图 5.25　Phong 镜面反射模型[48]

2) 多光源局部光照明模型计算

单光源模型能增强艺术效果的真实感，而多个点光源模型的使用能突出颜

料的厚重感，显示出色彩的层叠感的效果，设有 n 个点光源，式(5.24)可进一步表示为

$$\text{Light}_{u,v} = I_e K_e V_d + \sum_{i=1}^{n} I_{pi}[K_d V_d \cos\theta_i + K_s \cos^m \alpha_i] \tag{5.25}$$

3）图像的矢量场表示

令抽象结果图像表示为式(5.26)所示的三维参数曲面形式：

$$\text{Light}(u,v) = [u,v,g(u,v)] \tag{5.26}$$

其中，(u,v)表示坐标位置；$g(u,v)$表示亮度值；假设 F_u 和 F_v 表示图像在 u、v 方向的偏导数，该点处的法线向量可表示为 $N(u,v)=F_u \times F_v$，则

$$N(u,v) = [-F_u, -F_v, 1]$$

$$F_u = \frac{\partial g(u,v)}{\partial u}, \quad F_v = \frac{\partial g(u,v)}{\partial v} \tag{5.27}$$

令 $N(u,v)_x = -F_u$，$N(u,v)_y = -F_v$，则对于给定的入射光向量 L，可求出法线方向与入射方向的夹角 θ'：

$$\cos\theta' = N(u,v)L \tag{5.28}$$

4）层叠感效果生成

求出 $\cos\theta'$ 后，将式(5.28)运用于多光源局部光照明模型，为了保证 $\cos\theta'$ 结果大于零，最终的色彩层叠感效果生成用式(5.29)计算：

$$\text{Light}_{u,v} = I_e K_e V_d + \sum_{i=1}^{n} I_{pi}[K_d V_d \max(0,\cos\theta'_i) + K_s \cos^m \alpha_i] \tag{5.29}$$

通过多光源模型能模拟类似油画的色彩层叠感效果，增强立体感，运行速度较快。

5）增加边缘

采用各向异性 DOG 滤波求取抽象图像的边缘，并叠加到最终的艺术效果图像中。

将基于输入图像重要度的抽象方法对文献[3]中的图像进行处理，获得如图 5.26 所示的实验结果。图 5.26(a)为输入图像，图 5.26(b)为矢量场图，图 5.26(c)为 DeCarlo 等获得的结果，图 5.26(d)、图 5.26(e)、图 5.26(f)为基于重要度计算获得的抽象结果图像。可以看出，在没有眼动仪设备的情况下，根据输入图像的重要度对图像进行抽象处理，保留了图像中主体对象的细节信息。图 5.26(c)所示的 DeCarlo 等的方法结果中，背景中的局部区域间有明显的边界，局部整体色彩一致，忽略了部分局部结构和方向特征。基于图像的重要度计算，获得图 5.26(d)、图 5.26(e)、图 5.26(f)

所示的结果图像,最终的抽象效果更好地保留了图像中主体的局部细节、结构信息,在对背景区域进行抽象绘制过程中,色彩的过渡更加平滑,符合格式塔理论。此外,通过不同参数的调整,产生了不同的色彩层叠感效果,增强了最终抽象艺术风格的表现力。

(a) 输入图像Woman　　　　　　　　　　　(b) 矢量场图

(c) DeCarlo等获得的结果图像[3]　　　　　(d) 抽象结果(n=1,m=2,k_e=0.3,k_s=0.4)

(e) 抽象结果(n=4,m=2,k_e=0.4,k_s=0.6)　　　(f) 抽象结果(n=8,m=4,k_e=0.6,k_s=0.8)

图 5.26　抽象结果

　　根据上述所提方法进行抽象绘制,与文献[4]基于图像分割的抽象方法结果进行比较,如图 5.27 所示,图 5.27(a)为输入图像,图 5.27(b)为文献[4]的绘制结果,局部色彩和细节信息在分割过程中丢失,导致局部色彩趋于一致,画面显得较为生硬,与真实艺术作品有一定的差距。图 5.27(c)为基于重要度的抽象结果图像,抽象结果保留了局部结构和方向信息,整个画面的主体特征集中于手表附近,因此,表盘中间的指针等主体细节仍然可见,背景区域的重要度信息较弱,抽象程度较大。图 5.27(d)显示了增加了边缘,并经过光照明模型映射之后的结果图像,从结果图中可以看出,最终艺术效果增强了色彩层叠感和艺术表现力。

(a) 输入图像　　　　　　　　(b) 文献[4]的抽象结果

(c) 基于重要度的抽象结果　　　　(d) 色彩层叠感效果图

图 5.27　抽象艺术风格效果

此外，针对 Papari[15]的输入图像 Stone 和 Vat，根据所提方法对其进行抽象绘制，图 5.28(a)、图 5.28(d)为输入图像，图 5.28(b)、图 5.28(e)为文献[15]获得的抽象结果图像，可以看出，从背景到前景，图 5.28(b)、图 5.28(e)获得了较好的、整体趋于一致的抽象效果。图 5.28(c)、图 5.28(f)为基于重要度获得的结果图像，通过重要度图像引导抽象过程，能有效突出 Stone 图像中石块主体的细节和结构特

(a) 输入图像Stone　　　(b) 文献[15]抽象结果　　　(c) 重要度抽象结果图像

(d) 输入图像Vat　　　(e) 文献[15]抽象结果　　(f) 重要度抽象结果图像

图 5.28　抽象结果图像

征，以及 Vat 图像中木桶主体的细节和结构特征，而背景区域，如 Stone 图像中的天空和 Vat 图像中的地面和墙顶的细节被忽略，抽象程度较大，与人眼观测图像的格式塔心理学保持一致。同时，可以看出抽象结果进一步增强了色彩层叠感效果，增强了立体感，其凹凸感纹理比平面纹理更具有吸引力。

从时间复杂度来看，除了与文献[15]中方法类似的卷积过程，通过 Phong 光照明模型增加色彩层叠感，而 Phong 光照明模型中时间复杂度主要为法线方向与入射方向的夹角 θ' 的计算，由于每一个像素在线性时间复杂度内可计算出 θ'，即 Phong 光照明模型的时间复杂度为 $O(N)$（其中，N 为输入图像的像素个数）。因此，算法中时间复杂度主要为卷积过程的时间复杂度。

5.5　本 章 小 结

抽象艺术效果能简化图像中的局部区域，对用户具有极大的吸引力。本章首先对已有的抽象艺术效果绘制方法进行了综述，详细介绍了非真实感绘制中的抽象艺术风格绘制技术和方法，同时考虑对图像进行不同程度的抽象。在交互方式中，从两方面讨论如何确定用户所关注的区域：一方面利用硬件设备眼动仪记录用户在画面中观察的数据，确立用户所关注的区域；另一方面通过一种简单的鼠标选择交互方式选取用户所关注的区域，之后对用户所关注的区域和其他背景区域进行不同程度的抽象。

此外，可基于图像的重要度自适应地对图像中的局部区域进行不同程度的抽象，突出了主体细节信息，更好地保留了主体的方向和结构信息，忽略背景等不重要的区域，更加符合人眼观测图像的格式塔心理学。同时，基于光照明 Phong 模型设计并实现了一种简单的色彩层叠感效果生成方法，可增强色彩层叠感的绘制效果，表现出抽象效果的凹凸感等艺术表现力。算法的具体流程总结如下。

(1) 根据图像的重要度进行各向异性滤波，避免了遗传算法的迭代过程。同时，对图像的局部区域进行不同程度的抽象，获得了抽象的艺术效果，更加符合格式塔理论。

(2) 采用基于图像梯度和显著度加权平均的方法计算重要度，保留了更多的边缘等细节信息。

(3) 抽象过程中，对多光源局部光照 Phong 模型进行了介绍，运用于抽象绘制，可增强艺术效果的色彩层叠感、凹凸感等。

参 考 文 献

[1] Hothersall D. History of Psychology. New York: McGraw Hill, 2004.
[2] Marco R, Della C. Through a "Scanner" dazzlingly: Sci-fi brought to graphic life: USA Today,

2006-2-8.

[3] DeCarlo D, Santella A. Stylization and abstraction of photographs//Proceeding of the ACM SIGGRAPH, 2002: 769-776.

[4] David G, Hiroki T, Suguru S, et al. Sketch based fine-tuning of image segmentation methods// Proceedings of the International Workshop on Advanced Image Technology (IWAIT), 2006: 393-398.

[5] Wang C H, Lee J S. Non-photorealistic rendering for aesthetic virtual environments. Journal of Information Science and Engineering, 2004, 20(5): 923-948.

[6] Sörman C J, Hult J. Sketchy Shade Strokes[Master Thesis]. Gothenburg: University of Gothenburg, 2005.

[7] Fischer J, Bartz D, Strasser W. Stylized augmented reality for improved immersion//Proceedings of the IEEE Virtual Reality, 2005: 195-202.

[8] Son M, Kang H, Jin L Y. Abstract line drawing from 2D images//Proceedings of the Pacific Graphics, 2007: 333-342.

[9] Winnemoller H, Olsen S C, Gooch B. Real-time video abstraction. ACM Transactions on Graphics, 2006, 25(3): 1221-1226.

[10] Kyprianidis J E, Döllner J. Image abstraction by structure adaptive filtering//Proceedings of the EG UK Theory and Practice of Computer Graphics, 2008: 51-58.

[11] Kang H, He W J, Chui C K, et al. Interactive sketch generation//Proceedings of the Pacific Graphics, 2005: 12-14.

[12] Kang H, Lee S, Chui C. Coherent line drawing//Proceedings of the ACM Symposium on Non-photorealistic Animation and Rendering, 2007: 43-50.

[13] Kang H, Yong L S. Shape-simplifying image abstraction. Computer Graphics Forum, 2008, 27(7): 1773-1780.

[14] Kang H, Lee S, Chui C K. Flow-based image abstraction. IEEE Transactions on Visualization and Computer Graphics, 2009, 15(1): 62-76.

[15] Papari G. Nicolai: Continuous glass patterns for painterly rendering petkov. IEEE Transactions on Image Processing, 2009, 18(3): 652-664.

[16] 柳有权, 吴宗胜, 韩红雷, 等. 线条增强的建筑物图像抽象画生成. 计算机辅助设计与图形学学报, 2013, 25(9): 1275-1280.

[17] 王山东, 李晓生, 刘学慧, 等. 图像抽象画的实时增强型绘制. 计算机辅助设计与图形学学报, 2013, 25(2): 189-199.

[18] Spicker M, Kratt J, Arellano D, et al. Depth-Aware coherent line drawings. ACM Transactions on Graphics, 2015, 1-5.

[19] Xie J, Hertzmann A, Li W, et al. Portrait Sketch: Face sketching assistance for novices. The 27th ACM User Interface Software and Technology Symposium, 2014: 407-417.

[20] Su Q, Li K, Wang J, et al. EZ-Sketching: Three-level optimization for error-tolerant image tracing. ACM Transactions on Graphics, 2014, 33(4): 70-79.

[21] Zimmermann J, Nealen A, Alexa M. Sketching contours. Journal of Computer and Graphics, 2008, 32 (5): 486-499.

[22] Olsen L, Samavati F F, Sousa M C, et al. Sketch-based modeling: A survey. Computers & Graphics, 2009, 33(1): 85-103.

[23] Nard P, Hertzmann A, Kass M. Computing smooth surface contours with accurate topology. ACM Transactions on Graphics, 2014, 33(2): 1-21.

[24] Larussi E, Bommes D, Bouseau A. Bendfields: Regularized curvature fields from rough concept sketches. ACM Transactions on Graphics, 2015, 34(3): 1-16.

[25] Jue W, Qing X Y, Yeung S H, et al. Video toning. ACM Transactions on Graphics, 2004, 23(3): 574-583.

[26] Comaniciu D, Meer P. Mean shift: A robust approach toward feature space analysis. IEEE Transactions on Pattern Analysis Machine and Machine Intelligence, 2002, 24(5): 603-619.

[27] Aseem A, Hertzmann A, Salesin H D, et al. Keyframe-based tracking for rotoscoping and animation//Processing of the SIGGRAPH 2004, 2004: 584-591.

[28] Guay M, Gleicher M, Cani M P. Space-time sketching of character animation//Proceedings of the ACM SIGGRAPH Transactions on Graphics, 2015, 34(4): 1-10.

[29] Morgan C, Annabelle M. Abstraction and Refinement in Probabilistic Systems//Proceedings of the ACM SIGMETRICS Performance Evaluation Review, 2005: 41-47.

[30] 宋阳, 刘艳丽. 基于照片的可编辑光照效果卡通人脸生成算法. 图学学报, 2015, 36(1): 83-89.

[31] Collomosse J P, Hall P M. Salience-adaptive painterly rendering using genetic search. Artificial Intelligence Tools, 2006, (15)4: 551-575.

[32] Zhao H L, Mao X Y, Jin X G, et al. Real-time saliency-aware video abstraction. Visual Computer, 2009, 25(11): 973-984.

[33] Yi Z, Li Y, Ji S, et al. Artistic stylization of face photos based on a single exemplar. Visual Computer, 2016: 1-10.

[34] Perona P, Malik J. Scale-space and edge detection using anisotropic diffusion. IEEE Transactions on Pattern Analysis and Machine Intelligence, 1990, 12(7): 629-639.

[35] Barash D, Comaniciu D. A common framework for non-linear diffusion, adaptive smoothing, bilateral filtering and mean shift. Image and Video Computing, 2004, 22(1): 73-81.

[36] Holger W, Sven C. Real-time video abstraction//Proceeding of the ACM SIGGRAPH, 2006: 1221-1226.

[37] 钱文华, 徐丹, 岳昆, 等. 重要度引导的抽象艺术风格绘制. 计算机辅助设计与图形学学报, 2015, 27(5): 916-923.

[38] 程琳琳, 陈昭炯. 基于感兴趣区域的图像非真实感绘制算法. 计算机工程, 2010, 36(16): 195-199.

[39] Li P, Sun H Q, Shen J B, et al. Image stylization with enhanced structure on GPU. Science China Information Sciences, 2012, 55(5): 1093-1105.

[40] Avidan S, Shamir A. Seam carving for content-aware image resizing. ACM Transactions on Graphics, 2007, 26(3): 157-165.

[41] Wang Y S, Tai C L, Sorkine O, et al. Optimized scale-and-stretch for image resizing. ACM Transactions on Graphics, 2008, 27(5): 1-9.

[42] 施美玲, 徐丹. 主体大小能控的内容感知图像缩放. 计算机辅助设计与图形学学报, 2011, 23(5): 915-923.

[43] Hou X D, Zhang L Q. Dynamic visual attention: searching for coding length increments// Proceedings of the 22nd Annual Conference on Neural Information Processing Systems, 2008: 681-688.

[44] Reinhard E, Ashikhmin M, Gooch B, et al. Color transfer between images//Proceedings of the IEEE Computer Graphics and Applications, 2001: 34-40.

[45] Brox T, Weickert J, Burgeth B. Nonlinear structure tensors. Image and Vision Computing, 2006, 24(1): 41-55.

[46] Hertzmann A, Oliver N, Curless B, et al. Shape analogies//Proceedings of the ACM SIGGRAPH 2002 Sketches and Applications, 2002: 247-253.

[47] Liu W Y, Tong X, Xu Y Q, et al. Artistic image generation by deviation mapping. International Journal of Image and Graphics, 2001, 1(4): 565-574.

[48] Phong B T. Illumination for computer generated pictures. Communications of the ACM, 1975, 18(6): 311-317.

第6章　非真实感蜡染艺术风格绘制

蜡染是中国古代民间的三大印花技艺之一，也是我国一种古老的民间传统纺织印染手工艺，在我国西南地区少数民族广泛流行，其制作过程采用蜡刀蘸取适量的蜡等防染剂，在布料上绘制各种丰富多彩的图案，并将其放入染缸，用蓝靛对布料进行浸染，浸染中蜡层破裂，染液便随着裂缝浸透在布上，留下天然花纹，称为冰纹，之后捞出即用清水将其煮沸，待作为防染剂的蜡溶解之后，布料呈现出丰富多彩的白底蓝或蓝底白花图案。由于衣物经长时间染色，其间冰纹特征各不相同，制作出来的蜡染图案丰富多彩、素气而淡雅、风格独特，被广泛应用于服装衣饰的制作和各种生活用品上。图 6.1 显示了真实的云南蜡染艺术作品，画面给人以清新悦目、朴雅大方之感，极具民族特色风格和乡土气息，是我国独具一格的民族艺术之花。

图 6.1　真实云南蜡染艺术作品

利用计算机对蜡染艺术效果进行数字化模拟的研究并不多见，已有的方法主要针对蜡染的冰纹或者布料进行模拟，但尚缺乏对蜡染艺术效果进行系统化的仿真模拟系统，本章基于蜡染艺术效果的视觉特征，介绍该艺术作品的计算机数字化仿真过程。

图 6.2 显示了蜡染艺术效果的数字合成流程图，首先，通过交互式或自动化方法进行蜡染白描图创作，并对白描图进行盖蜡操作，获得盖蜡区冰纹效果；其次，输入布料纹理，通过纹理合成等方法获得布料的纹理图像；最后，将蜡染冰纹与布料的纹理图像进行图像融合，获得最终的蜡染画数字合成作品。

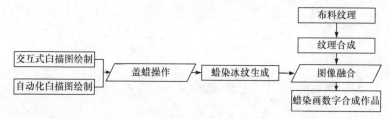

图 6.2 蜡染画数字合成过程

6.1 蜡染白描图绘制

真实蜡染艺术作品中，图案具有规整性和对称性，即蜡染时的染距都有一定的规格和变化规律，呈现出等距对称或重复循环的视觉效果；另外，蜡染图案组成比较规则，包含曲线、几何图形、植物花卉图案等，结构对称整齐而富有紧凑感。为了获得最终的蜡染艺术效果，首先需要从真实蜡染艺术作品中提取图案元素，并通过自动或交互式方法获得蜡染图案，称为蜡染白描图绘制。

6.1.1 蜡染画图案元素提取

真实蜡染艺术作品中的图案以曲线、花卉、几何形状、动物等元素为主，采用交互式勾边的方式选取完整的图案元素，分类建立图案元素数据库，之后，通过对不同图案元素的组合、编辑，获得最终的蜡染白描图。图 6.3 显示了提取的蜡染图案元素，图 6.3(a)为真实蜡染艺术画，图 6.3(b)为采用勾边等方法提取的部分图案元素。

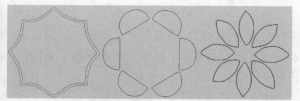

(a) 真实蜡染艺术画　　　　　　　　　　(b) 提取的部分图案元素

图 6.3 蜡染图案元素的提取

6.1.2　交互式的白描图绘制

1. 蜡染图案元素的建模

通过对图案元素合成获得的蜡染图案需要最大限度地保留原来蜡染图形元素的形状特性，同时保持图案元素线条的光滑度，因此可采用交互式方法在真实蜡染画中设置控制点，并采用样条曲线对控制点进行曲线拟合。

在曲线的拟合过程中，基数样条曲线、Bezier 曲线和 B 样条曲线都是常用的曲线拟合方法。Bezier 曲线不能较好地对曲线的形状进行局部调整，当移动或改变任意一个控制点时，整条曲线都将受到影响；虽然 B 样条曲线可以实现曲线的局部修改，但 B 样条曲线计算更为复杂；基数样条曲线简单高效，允许对曲线进行局部修改，在控制点处具有连续的一阶和二阶导数，曲率变化均匀，保证了多段曲线间的连续性，能较好地通过交互方式标记控制点，对蜡染图案元素轮廓进行拟合，图 6.4 显示了基于控制点绘制生成的不同基数样条曲线、Bezier 曲线和 B 样条曲线[1]。

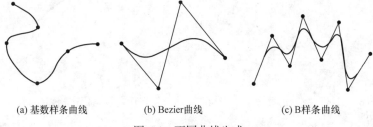

(a) 基数样条曲线　　　　　(b) Bezier曲线　　　　　(c) B样条曲线

图 6.4　不同曲线生成

基数样条曲线由控制点组成的数组和张量参数指定生成，其中张量参数的取值范围一般为$[0, \infty)$，表示曲线到下一个控制点之间的弯曲程度。曲线平滑地经过数组中的每个控制点，在控制点处的曲线并没有明显突然的尖角变化。图 6.5 显示了不同张量参数下的基数样条，其中，张量 0 表示该曲线采取了无穷的物理张量，强制曲线在点与点之间采取直线的方式进行连接；张量参数若设为 1，表示没有张量，让曲线在点与点之间采用最小完全弯曲的路径进行连接；若张量大于1，则曲线在点之间将会采用较长的路径进行连接。

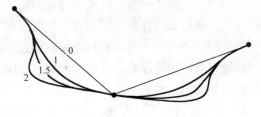

图 6.5　不同张量下的样条曲线

从 p_{k-1} 到 p_{k+1} 之间建立起来的基数三次样条曲线的边界约束条件如下[1]：

$$\begin{cases} P(0) = p_k \\ P(1) = p_{k+1} \\ P'(0) = \dfrac{1}{2}(1-t)(p_{k+1} - p_{k-1}) \\ P'(1) = \dfrac{1}{2}(1-t)(p_{k+2} - p_k) \end{cases} \tag{6.1}$$

其中，t 表示张量，控制基数样条曲线与输入的控制点间的松紧程度。图 6.6 显示了由 4 个连续控制点绘出的一段样条曲线，其中，$p(u)$ 表示控制点 p_k 与 p_{k+1} 间的参数三次函数式，中间两个控制点是曲线段的端点，而另两个点可计算出端点斜率。

图 6.7 显示了曲线端点之间的关系，p_k 与 p_{k+1} 点的斜率值分别与弦 $\overline{p_{k-1}p_{k+1}}$ 和 $\overline{p_k p_{k+2}}$ 呈正比关系。此外，图 6.8 说明了张量 t 在取较大值和较小值的情况下对曲线形状的影响。

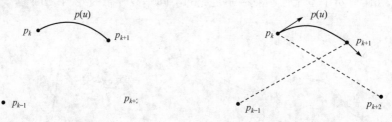

图 6.6　向量函数 $p(u)$　　　图 6.7　曲线端点切向量正比于相邻控制点所形成的弦

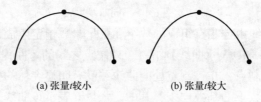

(a) 张量t较小　　　　　　(b) 张量t较大

图 6.8　张量参数对曲线形状的影响

2. 蜡染图案元素的提取

将采集到的真实云南蜡染画载入系统中，通过鼠标对所需要提取的图形元素进行描点，并将这些控制点进行基数样条曲线拟合，获取图案元素的轮廓曲线，拟合曲线保留了原来蜡染图形的风格，当用户对曲线控制点进行移动编辑时，可调节控制点的位置，系统只会对编辑控制点处的两段曲线重绘，在一定程度上保证了实时性，生成用户满意的图案元素，绘制出蜡染图案的轮廓，保存到蜡染图形库中。

此外，不需载入真实蜡染图案，采用交互方式，可直接用鼠标在画布上描点或绘制，进行基数样条曲线拟合。通过移动控制点，对生成的基数条曲线进行微调，最终产生用户满意的图案元素。图 6.9 显示了图案元素的提取结果。

(a) 蜡染部分图案　　　　　　　　　　(b) 提取的图案元素

图 6.9　图案元素的提取

3. 蜡染图案元素的管理

为了提高系统的运行速度，同时降低对存储空间的消耗，提取的蜡染图案元素及曲线数据存放在 dat 文件中，数据文件按二进制格式保存，与图片存储方式相比，该方法占用较少的硬盘空间，读写速度较快。此外，由于 Windows 操作系统中的注册表储存着大量的系统信息，加载速度快、安全性高，可把图案元素数据存放于注册表，不仅提高了安全性，也使绘制速度加快。

获取满意的图案元素后，存入蜡染基本图形数据库，由于蜡染图案的规则性和对称性，将图形库分为 3 个管理模块。

(1) 几何模块：蜡染图案的主体部分，是由一系列图形元素经过对称、旋转等操作合成的，是进行蜡染白描图合成的重要部分。

(2) 曲线模块：曲线模块所保存的曲线，是一些非连通式曲线，起到对几何图形元素补充和连接的作用。

(3) 边界模块：蜡染图案的主体部分是由存放在几何模块中的图案元素生成的，蜡染图案的边界元素也单独存放，方便用户使用，如图 6.10 所示。

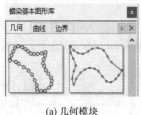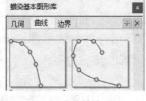

(a) 几何模块　　　　　　　(b) 曲线模块　　　　　　　(c) 边界模块

图 6.10　图形库模块划分

4. 蜡染图案元素的编辑

蜡染白描图绘制中，涉及平移、缩放、旋转等编辑操作。从蜡染图形库中选取合适的图案元素，基于式(6.2)~式(6.4)中的几何变换公式，编辑并组合成最终的蜡染白描图[1]：

$$\begin{bmatrix} x' \\ y' \end{bmatrix} = \begin{bmatrix} \cos\theta & -\sin\theta \\ \sin\theta & \cos\theta \end{bmatrix} \begin{bmatrix} x \\ y \end{bmatrix} \tag{6.2}$$

$$\begin{bmatrix} x' \\ y' \end{bmatrix} = \begin{bmatrix} S_x & 0 \\ 0 & S_y \end{bmatrix} \begin{bmatrix} x \\ y \end{bmatrix} \tag{6.3}$$

$$\begin{bmatrix} x' \\ y' \\ 1 \end{bmatrix} = \begin{bmatrix} 1 & 0 & \Delta x \\ 0 & 1 & \Delta y \\ 0 & 0 & 1 \end{bmatrix} \begin{bmatrix} x \\ y \\ 1 \end{bmatrix} \tag{6.4}$$

其中，x 和 y 表示变换前的坐标位置；x' 和 y' 表示变换之后的坐标位置；θ 表示旋转角度；S_x 和 S_y 分别表示缩放的比例因子；Δx 和 Δy 分别表示水平和垂直方向上的平移量。通过二维几何变换，获得编辑后的图案元素，二维图形几何变换矩阵的通式如下：

$$[x', y', 1] = [x, y, 1] \begin{bmatrix} a & b & p \\ c & d & q \\ m & n & s \end{bmatrix} \tag{6.5}$$

其中，$[x', y', 1]$ 表示变换后的像素点齐次坐标；$[x, y, 1]$ 表示输入像素点的齐次坐标；$\begin{bmatrix} a & b & p \\ c & d & q \\ m & n & s \end{bmatrix}$ 表示二维几何变换矩阵。

图 6.11 显示了蜡染白描图的绘制流程图，从图案数据库中选取图案元素载入画布，在相应的图层区对图案元素进行编辑、组合操作，绘制出白描图案，并进行保存。

为了避免多个图案元素之间的相互干扰，采用分层操作对当前图案进行编辑，不会影响到其他图层的曲线，最后合并各图层的结果，获得最终的白描图。图 6.12 显示了在不同图层中对图案元素的编辑过程。

图 6.13 显示了蜡染图案元素的几何编辑过程。此外，为了组合出各种优美的蜡染白描图，从建立好的蜡染图形库中选取合适的图形元素之后，也可通过撤销、复制、剪切、粘贴、控制点移动等功能，实时修改和编辑曲线。

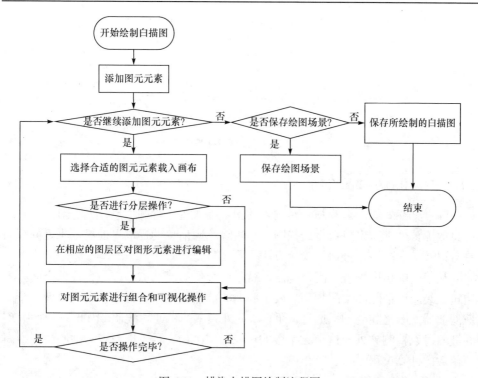

图 6.11　蜡染白描图绘制流程图

图 6.12　蜡染图案元素的图层操作

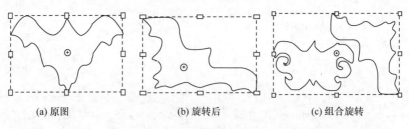

(a) 原图　　　　　　　　(b) 旋转后　　　　　　　(c) 组合旋转

图 6.13　几何变换操作

6.1.3　自动化的白描图绘制

除了交互式绘制白描图，对输入的图像提取边缘轮廓信息，通过对边缘轮廓信息的编辑处理，也可获得白描图案，边缘轮廓信息的提取可通过基于流的高斯差分以及扩展高斯差分边缘检测方法得到。

从信号的角度来说，高斯滤波器就是一个低通滤波器，即只允许低空间频率通过，衰减或消除高空间频率。两个高斯滤波器相减时，得到一个只允许两个高斯滤波器截断之间的频率通过，而衰减此外频率的带通滤波器，因此，一个 DOG 滤波器可以检测到处于这个频率段的边缘，式(6.6)表示了以原点为中心，二维高斯函数的计算过程[1]：

$$g(x,y) = \frac{1}{2\pi\sigma^2} e^{\frac{x^2+y^2}{2\sigma^2}} \tag{6.6}$$

其中，x、y 表示图像坐标；σ 表示标准差；σ^2 表示方差。式(6.7)用高斯核对图像进行卷积操作：

$$G(x,y) = \frac{1}{2\pi\sigma^2} \int I(x) e^{\frac{x^2+y^2}{2\sigma^2}} \, \mathrm{d}x \tag{6.7}$$

其中，I 表示输入图像；G 表示卷积结果。采用不同参数的高斯核对图像进行卷积，采用式(6.8)求取卷积结果的差值：

$$D_x(\sigma,k,\tau,\varepsilon,\varphi) = G(\sigma) - \tau \cdot G(k\cdot\sigma) \tag{6.8}$$

$$E_x(\sigma,k,\tau,\varepsilon,\varphi) = \begin{cases} 1, & D_x(\sigma,k,\tau) < \varepsilon \\ 1 + \tanh\{\varphi \cdot [D_x(\sigma,k,\tau)]\}, & \text{否则} \end{cases} \tag{6.9}$$

其中，参数 τ 表示卷积的权重；参数 k 表示标准差的权重；参数 ε 为指定阈值，ε 越小，获得的边缘信息越多，反之则越少；参数 φ 控制边缘的平滑度；正切函数 tanh 用来调节边缘和非边缘之间的平滑过渡。通过对 ε、τ、φ、k 四个参数的调整，产生不同的边缘检测结果。

Kang 等[2]基于流的高斯差分算法，通过基于 ETF 的非线性平滑矢量场求出边

缘，得到一幅黑白的边缘图，不断迭代各向异性的 DOG 滤波器，直到得到一幅
令人满意的连贯性较好的边缘图像。

通过对积分结果二值化，获得边缘图像。图 6.14 显示了不同边缘检测算法的
结果图。可以看出，扩展 DOG 滤波及基于流的 DOG 滤波获得了较连续的边缘效
果图，适用于蜡染白描图的绘制。

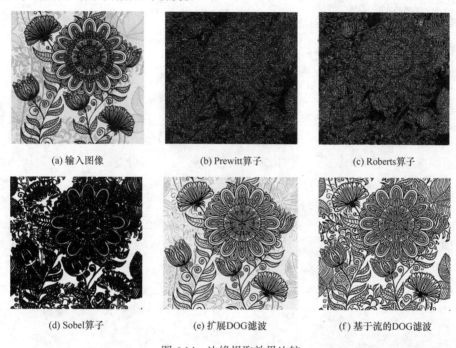

(a) 输入图像　　　　　　(b) Prewitt算子　　　　　　(c) Roberts算子

(d) Sobel算子　　　　　(e) 扩展DOG滤波　　　　　(f) 基于流的DOG滤波

图 6.14   边缘提取效果比较

综上所述，交互式绘制过程中，从图形数据库中选取合适的图形元素，拖
入画布中，并对所拖入的图形元素进行放大、缩小、旋转、形状改变等编辑操
作，完成蜡染白描图的绘制。通过对不同图案元素的搭配组合，最终完成蜡染
白描图的绘制，提高了用户的自主性；自动化白描图绘制方法，基于用户载入
的图片，采取基于流的 DOG 算法，通过调整工具箱中的参数，获取用户满意的
白描图绘制结果，最终完成蜡染白描图的自动化绘制，该方式简单、交互少、
实时性高。

6.2   白描图盖蜡效果绘制

真实蜡染的主要特征是冰纹的生成，也是蜡染艺术效果数字化模拟的关键，
大多数的冰纹是不规则的、随机的，呈现出平行、网格和螺旋等形状，但在这不

规则和随机中又有一定的规律性。首先，蜡的龟裂是由于材质表面张量过大而引起的，冰纹的出现就可以缓解以其为中心一定范围内蜡表面的张量；其次，从蜡发生

龟裂开始，染料从蜡中先裂开的部位进行染色，再流向后面裂开的部分，相对而言，后面裂开部位新生成的冰纹染色时间较短，染色效果也较浅、较细，但在冰纹的交点处，冰纹表现出较粗的效果，也会呈现较深的染色效果。图 6.15 是云南手工蜡染作品的冰纹效果图。

蜡染制作工艺中，点蜡是蜡染的第一个环节，蜡染的纹样和图案将决定点蜡区域的形状和位

图 6.15　真实云南蜡染画冰纹效果

置，基于选择的纹样和图案，可以选择对前景或背景纹样点蜡，即通过盖蜡技术对白描图进行点蜡仿真。基于漫水填充算法，对于图像中的给定点，对该点所在的特定有界区域内的所有像素点采用指定的颜色填充[3]，同时可通过标记位指定填充范围，解决漫水填充算法中局部区域填充颜色不一致的问题[4]。

用户可以交互式地指定白描图的某一区域为白色盖蜡区域，某一区域是黑色"布料"区域，漫水填充算法将会把蜡染白描图转换为二值化图像，其中的白色区域即为盖蜡区域。图 6.16 为白描图和盖蜡填充(白色区域为蜡)后的结果，白描图的盖蜡数字化仿真将为冰纹的模拟奠定基础。

图 6.16　白描图盖蜡填充

6.3　蜡染冰纹艺术效果绘制

"冰纹"是蜡染图案的灵魂，它是由于蜡画坯布在不断地翻卷浸染中，作为防染剂的蜡层自然开裂，染料随着裂缝浸染到坯布上，留下人工难以描绘的天然纹理，蜡染冰纹的形成与其制作过程中的工艺条件密切相关。

蜡染冰纹的视觉特征，主要有粗细特征、曲度特征、交叉特征、分布特征、形态特征等。①在粗细特征方面，质地偏硬的蜡或使用纹理较粗的面料，可以得到粗犷效果的冰纹；而质地偏软的蜡或使用丝绸等纹理细腻的面料，产生的冰纹较为细窄；另外，同一作品中，由于裂缝产生的时间不同，各条冰纹粗细也不尽相同。②在曲度特征方面，冰纹线条主要呈流线型，弯曲时呈弧线状，较少出现折线形态。③在交叉特征方面，冰纹生成时，遇到其他冰纹即停止，多为"T"形交点，且通常交点处的冰纹互相垂直。另外，裂缝交叉处的开裂程度相对较大，染色时渗透染液较多，因此染色后交叉处有不同程度的加粗现象。④在分布特征方面，若无人为影响，冰纹较易经过空旷处且常终止于旧冰纹凹入区域，呈随机分布；若有人为影响，常为平行状、网格分布等形态特征。

通过计算机对蜡染艺术效果进行模拟时，冰纹的生成是仿真算法中最核心的部分。图 6.17 显示了冰纹仿真算法流程图，可通过如下步骤产生具有冰纹的蜡染图案：①对盖蜡区进行距离变换，变换结果用于冰纹种子点的产生及生长方向的确定；②使用随机方法产生种子点，从种子点开始沿距离下降最快的方向生成初始冰纹，此时的冰纹为单像素冰纹轮廓；③对形态不能满足要求的初始冰纹进行形态修正，得到形态较好的冰纹；④对单像素冰纹轮廓进行基于乘法模型的染色。

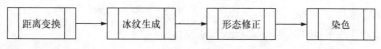

图 6.17　冰纹仿真算法流程图

6.3.1　冰纹绘制方法简介

可通过基于物理建模的方法和基于图像的两种方法对冰纹进行模拟，基于物理建模的方法中，Terzopoulos 等[5,6]引入图形群体的概念模拟弹性和非弹性物体的形变及裂纹；Norton 等[7]基于一种弹簧模型，对固体裂纹进行了仿真；Pauly 等[8]将对象物体表示为由离散节点构成的模型，有限元方法广泛用于仿真脆性裂纹、韧性裂纹、三维表面裂纹及形变，弹簧系统用于生成微单分子膜表面裂纹、树表裂纹及表面裂纹；Gobron 等[9]使用分子机器人生成裂纹并仿真表面的剥落，油画裂纹及剥落也使用 2D 网格模型进行模拟；Federl 等[10]使用楔形有限元建模仿真泥土裂纹及树皮。基于物理建模的方法仿真效果较好，但方法复杂、计算量大，实时性较差。

　　基于图像处理的方法中，Martinet 等[11]先定义裂纹模式，然后在物体表面生成裂纹，算法具有一定的通用性，可模拟不同形状和外观的物体；Wyvill 等[12,13]采用种子生长的方法生成裂纹；Mould[14]根据已有图像，从参考图像中提取特征，生成与输入图像相似的裂纹；Tang 等[15]提出了一种改进的裂纹模拟生成算法，根据距离变换确定裂纹初始位置，并不断生长，利用颜色模型对裂纹的不同特征(如裂纹以及裂纹的交叉区域)进行模拟，通过参数的调整绘制出不同的蜡染艺术效果图案；之后，Tang 等[15]提出了一种改进的基于 Voronoi 图模拟蜡染裂纹图案的方法，能模拟出更加逼真的蜡染裂纹效果，接近手工制作的艺术图案；Yu 等[16]对蜡染裂纹的模拟方法进行总结，提出从距离变换、种子点生成、随机抽样、线性插值和双曲线模型几个方面模拟蜡染裂纹效果；Li 等[17]分析了裂纹产生的起因和生长机制，抽象出裂纹生长的单裂纹生长和分枝裂纹生长两种方式，将裂纹看成两种生长方式在不同维度上的有机组合，提出一种基于多级生长模型的裂纹仿真算法；Liu 等[18]提出一个蜡染印花图案的仿真方法，利用该方法对裂纹扩展过程的数值进行模拟，采用力学领域中扩展有限元法的二维断裂方法模拟裂纹，同时提出了结合距离变换模拟裂纹的方法，算法降低了计算开销，可以模拟具有裂纹的蜡染印花图案。

　　基于漫水思想的距离变换算法对蜡染冰纹进行模拟，考虑冰纹的分布、交叉、曲度、形态等因素。算法首先根据纹样或图案产生盖蜡区，用二值图像表示，冰纹在盖蜡区中生成，得到盖蜡区后，对盖蜡区进行距离变换；其次，在距离变换基础上，由随机方法选取距离局部最大点，并由该点开始，沿距离下降最快方向生长冰纹；冰纹生成后，进行形态修正，在其方向上加入扰动，得到冰纹轮廓，生成过程中应记录冰纹年龄、交点复合距离等参数，与冰纹密度、宽度、随机度、分布一起，才能较好地体现冰纹的视觉特征。

6.3.2　距离变换算法

　　假设Ω为图像域，W为盖蜡区，V为W的边缘及裂纹集合，盖蜡区的边界为最早的裂纹。裂纹生成时考虑其分布、形态特征，应具有如下特点。

　　(1) 裂纹从一条旧裂纹开始，到另一条旧裂纹结束。

　　(2) 新裂纹主要经过远离旧裂纹的空旷区域。这是因为裂纹通常通过张力较大处，并且具有减小张力的作用，靠近旧裂纹的像素张力趋于零。由第 2 个特点可求W中任一点至距离其最近裂纹的距离$D(p)$，对W中元素p的距离变换值$D(p)$定义如下：

$$D(p) = \text{Min}(v : v \in V : |p - v|) \tag{6.10}$$

若 $p \in V$，$D(p)$ 初始化为 0，否则为 ∞，由于仿真冰纹宽度特征需要，距离变换时应记录冰纹年龄 λ。

Wyvill 等[13]使用标记变换(identity transform，IT)算法进行距离变换，算法步骤如下。

(1) 按自左上到右下的顺序，进行第一次扫描。若当前扫描点 $p \in W$，考察其邻域 $N(p)$ 中左上部分的点 n 到最近裂纹的距离 $D(n)$，以及 n 到 p 的距离 $|n-p|$，则 $D(n)+|n-p|$ 为新裂纹产生后 p 到最近裂纹的最新距离。若 $D(n)+|n-p|<D(p)$，则修改 $D(p)$ 值，记录裂纹年龄 $\lambda(p)$。

(2) 按自右下到左上的顺序，进行第二次扫描。若当前扫描点 $p \in W$，考察其邻域 $N(p)$ 中右下部分的点 n，若 $D(n)+|n-p|<D(p)$，则修改 $D(p)$ 值，记录裂纹年龄 $\lambda(p)$。

(3) 算法终止。每条裂纹生成后，距离传递都要扫描所有点，标记变换算法单条裂纹的复杂度为 $O(|\Omega|)$。对于 m 条裂纹，复杂度为 $O(m|\Omega|)$。当盖蜡区较大、生成冰纹数量较多时，比较耗时。实验中，使用一幅像素为 4280×3424 的图像，生成裂纹数 $m=1000$，该算法耗时约 5min，实时性较差。

此外，可基于漫水策略，采用漫水标记变换(flood identity transform，FIT)算法进行距离变换。该算法每次生成一条冰纹后，对该冰纹周围的点 p 用漫水策略由裂纹开始，逐层向外修改其 $D(p)$ 值。若新 $D(p)$ 值比原 $D(p)$ 值小，说明新冰纹对 p 点有影响，应考虑修改其周围点的 $D(p)$ 值；反之，新冰纹对 p 点没有影响，保留 $D(p)$ 值；若没有任何像素 $D(p)$ 值被修改，说明已达漫水边界，算法终止。

(1) 初始化先进先出队列 queue，获得最新生成裂纹编号 Num，其上所有点 c 入队列，$\lambda(c)=$Num。

(2) 队首元素 p 出队列，对于 $n \in N(p)$，若 $D(p)+|n-p|<D(n)$，则 $D(n)=D(p)+|n-p|$，$\lambda(n)=\lambda(p)$，n 入队列。

(3) 若 queue 为非空，则转步骤(2)；若 queue 为空，则算法结束。

逐层向外的漫水策略采用先进先出队列 queue 完成，queue 初始化时存储裂纹轮廓，之后逐一处理其中元素，同时将下一层待考察元素入队。若 queue 为空，则到达漫水边界，算法结束。

FIT 算法只对最新冰纹的影响范围进行访问，越靠后生成的冰纹，扫描像素范围越小，影响范围也越小。此外，FIT 算法时间复杂度可用对数函数描述，而 IT 算法时间复杂度可使用线性函数描述，因此，FIT 算法时间复杂度比 IT 算法时间复杂度 $O(m|\Omega|)$ 要小。

6.3.3　裂纹生成

单条裂纹生成时，首先使用随机算法找一个种子点，然后从该点进行生长，到达旧裂纹时停止，当裂纹数量达到要求时，算法终止。

假设裂纹生成后，会减小周边张力，则会生成最短长度的裂纹。生长时，有两个条件：

(1) 通过 $D(p)$ 局部最大点，最大限度降低张力，保证裂纹通过空旷处；

(2) 尽快到达旧裂纹。后者保证裂纹终止于旧裂纹曲率最大处，与裂纹的物理特性吻合。

为了使裂纹沿 $D(p)$ 降落最快的方向生长，应计算 $D(p)$ 梯度，获得梯度值后，使用随机算法在盖蜡区中确定一点 q，从该点找到 $D(p)$ 的局部最大点 q'，由 q' 沿 $D(p)$ 梯度方向 d 及 $-d$ 进行生长；之后，采用 Wyvill 等[13]的方法确定下一个种子点的位置，如图 6.18 所示，其中 s 为起始点，t 为下一点，生长点坐标为小数，且每点至少有一个坐标为整数。

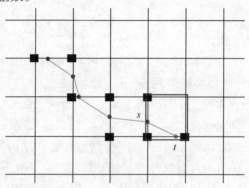

图 6.18　种子点位置确定[12]

通过以上方法获得了冰纹的轮廓信息，图 6.19 显示了冰纹的轮廓信息，从图 6.19(a)可以看出，冰纹轮廓较粗，且单条冰纹整体上的变化显得单一，宏观上过于平直。因此，可以对冰纹轮廓点进行半随机采样，在采样点之间进行线性插值，同时对裂纹方向加入高斯噪声扰动，获得冰纹。图 6.19(b)显示了修正后的冰纹效果，获得了较为理想的冰纹轮廓。

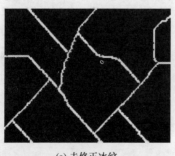

(a) 未修正冰纹

(b) 修正后冰纹

图 6.19　冰纹的轮廓信息

为了模拟交点附近冰纹较宽的特征，单条冰纹生成后还应记录交点坐标。当全部冰纹轮廓生成后，对交点进行距离变换，记录所有像素到交点的距离 $D_{cross}(p)$。

6.3.4　视觉特征控制

为了控制冰纹仿真的视觉特征，在冰纹生成过程中可考虑如下参数：①冰纹参考宽度 $d(p)$；②冰纹密度 $\rho(p)$；③冰纹随机度 $w(p)$。这些参数均可由用户指定。其中，$d(p)$ 指不考虑冰纹年龄时冰纹的宽度，该值越大，冰纹整体越宽；$\rho(p)$ 指单位面积分布的冰纹数量，该值越大，冰纹越密；$w(p)$ 指冰纹的摆动幅度，即加入干扰程度，该值越大，冰纹摆动越大。图 6.20 显示了不同参数值获得的冰纹结果，图 6.20(a)为 50 条冰纹，图 6.20(b)为 200 条冰纹；图 6.20(c)的参考宽度为 8，图 6.20(d)的参考宽度为 20；图 6.20(e)的随机度方差为 5，图 6.20(f)的随机度方差为 50。

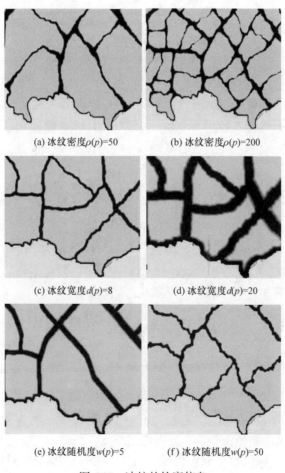

(a) 冰纹密度 $\rho(p)$=50　　　　(b) 冰纹密度 $\rho(p)$=200

(c) 冰纹宽度 $d(p)$=8　　　　(d) 冰纹宽度 $d(p)$=20

(e) 冰纹随机度 $w(p)$=5　　　　(f) 冰纹随机度 $w(p)$=50

图 6.20　冰纹的轮廓信息

真实蜡染的冰纹交点附近有加粗现象，该加粗与到交点的距离 $D_{cross}(p)$ 及到冰纹的距离 $D(p)$ 有关，可采用交点复合距离 $DC(p)$ 表示：

$$DC(p) = D(p)^a \times D_{cross}(p)^b \tag{6.11}$$

其中，参数 a 和 b 表示视觉系数，用来调整加粗的效果。参数 a 和 b 互为倒数，即 $a \times b = 1$，因此可以采用点线比 pl 表示 a、b 的值。图 6.21 显示了交点加粗的冰纹效果，可以看出，点线比越大，加粗效果越明显。

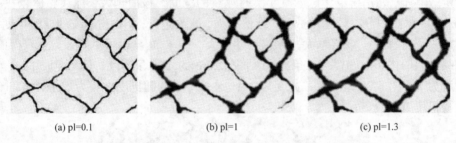

(a) pl=0.1　　　　　　(b) pl=1　　　　　　(c) pl=1.3

图 6.21　交点加粗效果

6.3.5　染色模拟

采用乘性颜色模型对布料进行色彩模拟中，若使用点光源 s_i 对布料进行照射，设布料 p 点的反射系数为 $r_i(p)$，第 j 层染料对布料的染色系数为 $t_{i,j}(p)$，则 p 点的颜色为

$$s_i r_i(p) \prod t_{i,j}(p) \tag{6.12}$$

其中，i 表示 R、G、B 三个颜色通道。引入染料浓度系数 $c_j(p)$ 计算染色系数 $t_{i,j}(p)$：

$$t_{i,j}(p) = 1 - c_j(p)(1 - t_{i,j_0}) \tag{6.13}$$

其中，j_0 表示初始层染料；浓度系数 $c_j(p)$ 可通过冰纹距离 $D(p)$、年龄 λ、交点复合距离 $DC(p)$ 计算。若仅考虑冰纹距离 $D(p)$，则染料浓度系数 $c_j(p)$ 分布为指数分布，可采用线性分布近似计算：

$$c_j(p) = \mathrm{MAX}\left[0, 1 - \frac{D(p)}{d(p)}\right] \tag{6.14}$$

该函数为上截断函数，其取值范围为 $[0,1]$，若考虑年龄及交点复合距离，则：

$$c_j(p) = \mathrm{MAX}\left[0, 1 - \frac{\lambda DC(p)}{d(p)\lambda_0 DC_0}\right] \tag{6.15}$$

其中，λ_0 是年龄 λ 的初始值；DC_0 为参考交点复合距离。

图 6.22 显示了冰纹数量分别为 50、100、150 条的结果，具体参数见表 6.1。

(a) 输入图像　　　　　　　　(b) 50条冰纹

(c) 100条冰纹　　　　　　　　(d) 150条冰纹

图 6.22　中国传统图案"鸡"靛蓝冰纹仿真结果

表 6.1　冰纹生成的主要参数

图例	冰纹密度/条	冰纹宽度/像素	随机度/度
图 6.22(b)	50	3	20
图 6.22(c)	100	5	5
图 6.22(d)	150	8	40

6.4　蜡染艺术风格绘制结果

蜡染的布料背景图案的分布具有一定的周期性，呈现出颗粒或平滑、粗糙或细致、规则或者不规则等特性，可输入真实的蜡染布料作为背景图像。当布料纹理样本较小时，可采用纹理合成的方法扩大蜡染的布料图案，如图 6.23 所示。

获得蜡染的布料背景图像后，对蜡染冰纹图像和布料纹理图像进行图像融合，保留蜡染冰纹图像和布料图像的色彩和细节信息：

$$P(i,j) = \frac{C(i,j) \times T(i,j)}{255} \tag{6.16}$$

其中，$P(i,j)$ 表示蜡染艺术模拟结果图像；$C(i,j)$ 是蜡染冰纹图像中像素点 (i,j) 的像素值；$T(i,j)$ 是布料纹理图像中像素点 (i,j) 的像素值。

图 6.23　布料纹理背景合成

对于蜡染冰纹图像和布料纹理图像的 R、G、B 三层通道，采用上述同样的方法进行融合，并合并 R、G、B 三通道，获得结果图像。图 6.24 显示了蜡染冰纹与布料纹理融合之后的结果图像。

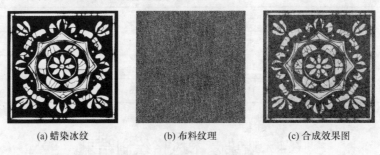

(a) 蜡染冰纹　　　　　　(b) 布料纹理　　　　　　(c) 合成效果图

图 6.24　蜡染画合成示意图

将蜡染基本图案元素提取和管理、蜡染白描图绘制、盖蜡等功能合成为交互式云南蜡染画数字合成系统。

首先基于输入的真实蜡染画，对感兴趣的图形元素，用鼠标对其进行描点，如图 6.25 所示，并对描点进行基数样本曲线拟合，加入图形库中进行保存和管理，可通过删除控制点、撤销、清理画布、画布亮度调整、是否入库等对提取的图案元素进行编辑操作。

图 6.25　基本图形元素提取界面

　　从图案库中选取合适的图案元素，通过编辑操作获得白描图，对白描图进行交互式的盖蜡操作，如图 6.26 所示，其中白色部分代表白描图的盖蜡区域。

图 6.26　盖蜡操作界面

　　通过冰纹参数工具箱，对冰纹条数、宽度等参数进行设置，可得到不同的冰纹效果图，并实时显示，如图 6.27 所示。

图 6.27　冰纹生成工具箱

　　最后，选择不同的布料纹理、冰纹和布料比重参数进行调整，并得到不同效果的云南蜡染数字合成效果图，如图 6.28 所示。

图 6.28　磨砂布料蜡染艺术效果数字合成

　　通过选取不同的背景纹理图案，可获得不同的蜡染艺术效果图像，如图 6.29 所示，图 6.29(a)为真实蜡染画，图 6.29(b)显示了冰纹效果与不同布料纹理的蜡染画合成结果。图 6.30 显示了其他蜡染艺术效果合成图。

(a) 真实蜡染画

(b) 不同布料纹理的蜡染画合成结果

图 6.29　真实蜡染画与本书合成作品

图 6.30　其他蜡染艺术效果合成图

6.5　本　章　小　结

　　中国少数民族民间蜡染艺术作品风格独特、素气淡雅、图案丰富多彩，在国际上享有盛誉，被广泛用于服装及生活用品，又因其清新悦目、朴雅大方、独具民族特色，受到人们的喜爱。本章利用非真实感绘制技术，对蜡染艺术效果进行数字化仿真，主要包括以下四个方面的内容。

　　(1) 交互式蜡染白描图绘制方法。通过交互式方法收集蜡染基本图形元素，用样条曲线拟合，建立基本图形库，并从库中选择合适的图形元素组合，实现蜡染白描图的绘制。设置几何、曲线和边界三级模块对白描图绘制过程进行管理，通过对图形元素进行存储、编辑、变换，选取合适的图形元素进行可视化操作。

　　(2) 自动化的白描图绘制方法。可采用基于流的高斯差分算法提取真实蜡染图形的边缘，最大限度地保留原有蜡染基本图形的特征，实现了白描图自动化绘制技术，满足了用户自动化绘制的需求。

　　(3) 白描图盖蜡仿真和蜡染冰纹生成。针对蜡染画数字合成技术中冰纹效果的数字化模拟，首先基于标记位和范围填充的漫水填充算法实现了白描图的盖蜡仿真；采用基于漫水思想的距离变换算法，计算像素点张量、标记冰纹年龄，确定冰纹的起点和方向，并使用梯度的方法生成冰纹，采用参数对冰纹的粗细、宽度进行控制。

　　(4) 布料纹理和蜡染冰纹的融合。输入不同的布料纹理图像，通过布料纹理图像和蜡染冰纹图像的融合，实现了蜡染艺术效果的数字化仿真，获得蜡染艺术风格的结果图像。

参 考 文 献

[1] 冈萨雷斯. 数字图像处理. 3 版. 北京: 电子工业出版社, 2011.

[2] Kang H, Lee S Y, Chui C K. Coherent line drawing//Proceedings of the in ACM Symposium on Non-photorealistic Animation and Rendering, 2007: 43-50.

[3] 喻扬涛, 徐丹. 蜡染冰纹生成算法研究. 图学学报, 2015, 36(2):159-165.

[4] 张可师. 交互式云南蜡染画数字合成技术研究[硕士学位论文]. 昆明: 云南大学, 2015.

[5] Terzopoulos D, Platt J, Barr A, et al. Elastically deformable models. ACM SIGGRAPH Computer Graphics, 2015, 21(4): 205-214.

[6] Terzopoulos D, Pleischer K. Modeling inelastic deformation: Viscoelasticity, plasticity, fracture. Computer Graphics, 1988, 22(4): 269-278.

[7] Norton A, Turk G, Bacon B, et al. Animation of fracture by physical modeling. The Visual Computer, 1991, 7(4): 210-219.

[8] Pauly M, Keiser R, Adams B, et al. Meshless animation of fracturing solids. ACM Transactions on

Graphics, 2005, 24(3): 957-964.

[9] Gobron S, Chiba N. Simulation of peeling using 3d-surface cellular automata//Proceedings of the 9th Pacific Conference on Computer Graphics and Applications, 2001: 338-347.

[10] Federl P, Prusinkiewicz P. Finite element model of fracture formation on growing surfaces// Proceedings of the Computational Science-ICCS, International Conference 2004, 3037: 138-145.

[11] Martinet A, Galin E, Desbenoit B, et al. Procedural modeling of cracks and fractures// Proceedings of the International Conference on Shape Modeling and Applications 2004, 2004: 346-349.

[12] Wyvill G, Novins K. Filtered noise and the fourth dimension//Proceedings of the ACM SIGGRAPH Conference Abstracts and Applications, 1999, 1(1):242-250.

[13] Wyvill B, Overveld K, Carpendale S. Rendering cracks in batik//Proceedings of the 3rd International Symposium on Non-photorealistic Animation and Rendering, 2004: 61-149.

[14] Mould D. Image-guided fracture//Proceedings of Graphics Interface, 2005: 219-226.

[15] Tang Y, Fang K J, Fu S H, et al. Computer simulation research on batik crack patterns. Journal of Textile Research, 2010, 31(3):128-132.

[16] Yu Y T, Xu D. Computer-generated batik crack in real time//Proceedings of the International Conference on Virtual Reality & Visualization, 2014: 146-153.

[17] Li B J, Lv J. Simulation of batik ice cracks based on multi-level growth model. Journal of Guizhou University, 2014, 31(2): 88-91.

[18] Liu S, Chen D. Computer simulation of batik printing patterns with cracks. Textile Research Journal, 2015, 85(18): 1972-1984.

第 7 章　非真实感烙画艺术风格绘制

基于二维纹理合成、滤波、图像分割等非真实感绘制技术，国内外众多研究者对油画、水彩画、铅笔画、抽象画等西方艺术风格进行了数字化模拟。此外，经过五千多年的发展，中国在文化艺术方面也有自己独特的艺术风格流派，比如中国特有的水墨画、工笔画、书法、剪纸等艺术作品在国际上享有盛誉，因此，国内外的研究者也提出了对中国特有艺术作品的仿真方法，如曹毅[1]对中国水墨画的渲染过程进行研究，分析了宣纸的特点，建立了毛笔笔刷在宣纸上的扩散模型，仿真颜料地扩散和渗透，最终渲染出水墨画的艺术效果；Xu 等[2]对中国书法作品进行研究，分析了中国书法笔划的结构和特点，抽取出不同笔划的特征，通过类比的方法将笔划特征传输到目标图像，对书法作品中的"飞白"等笔划进行模拟，获得了书法作品；Meng 等[3]以人脸作为研究对象，从真实剪纸艺术效果中提取出图案的轮廓等特征，构建数据库，对数据库中的元素进行选择、组合、编辑等操作，将剪纸风格传输到人脸图像，获得人脸图像的剪纸艺术风格。

除了中国工笔画、书法等艺术风格，中国少数民族特有的艺术风格作品也受到了广泛的关注。中国少数民族的艺术表现形式多样，无论在绘画、雕塑作品，还是在建筑、服饰、生活用品中，都反映了不同民族地区的社会生活和风俗习惯，体现出不同民族的美学意趣、内容和形式，为本民族人们喜闻乐见。云南地处中国西南边陲，千百年来形成了二十多个少数民族，很多民族在绘画风格上表现出鲜明的民族特点，物质文化遗产和非物质文化遗产数量居全国前列，如白族的扎染和蜡染画、纳西族的东巴画、在世界享有盛誉的版画、重彩画、刺绣作品等。通过不同的物质载体，也呈现出各具风格的烙画、皮影、蜡染、斑铜等手工艺术作品，它们都是中国少数民族不可或缺的文化瑰宝。

在非真实感绘制少数民族的数字化模拟过程中，Pu 等[4,5]对云南少数民族绘画风格的数字模拟进行研究，完成了云南重彩画数字合成系统，通过交互的方式产生不同的重彩画效果；蔡飞龙等[6]分析了京剧脸谱的结构以及构成脸谱的纹样，构造出矢量化纹理库，在合成阶段根据创作的需要对不同纹样按层进行组合，生成新的、富有变化的京剧脸谱图案；陈圣国等[7]针对刺绣艺术风格进行模拟，采用颜色子集、针迹生成策略，对参数进行控制，模拟了乱针绣艺术效果；周杰等[8]和项建华等[9]采用参数化生成、图像分解等方法，产生了乱针绣艺术风格的结果图像。

不同艺术风格的数字模拟合成是非真实感绘制技术的重要组成部分，探索各种不同艺术风格的模拟和绘制方法是非真实感绘制技术始终追求的目标，人们也越来越注重对不同民族艺术风格作品的宣传、保护和传承，利用非真实感绘制技术对不同民族的艺术作品进行模拟，将有利于民族艺术产业界的发展，弘扬少数民族文化。基于纹理合成、图像融合等方法，本章将对具有民族和地域特色的烙画艺术作品绘制和仿真方法进行介绍。

7.1　烙画艺术风格绘制简述

烙画又称烫画、火笔画，具有独特的民族风格和浓郁的地方色彩，该艺术作品以烙铁为笔，高温为墨，待烙铁烧热后，在竹木、葫芦、扇骨、梳篦、纸、绢等材质上进行艺术创作，注重"意在笔先，落笔成形"。烙画不仅有中国画的勾、勒、点、染、擦、白描等手法，还可以熨烫出丰富的层次与色调，具有较强的立体感，酷似棕色素描和石版画，既能保持中国传统绘画的民族风格，又可达到西洋画严谨的写实效果，具有独特的艺术魅力。

烙画艺术作品主要产自河南、河北、江苏、安徽、云南等地，选题广泛，形象细腻传神，线条流畅舒美，布局工巧。图 7.1 显示了真实的烙画艺术作品，可以看出，作品一般呈焦、黑、褐、黄色，古朴典雅、清晰秀丽，其特有的高低不平的肌理变化具有一定的浮雕效果，自清代问世以来，在国内外久负盛名。除了传统的单色烙画艺术作品，随着"套色烙画"和"填彩烙画"技术的发展，传统烙画艺术锦上添花，呈现出不同色彩的艺术作品，其悠悠古韵和现代人们的审美追求融会贯通、相得益彰，给人以古朴典雅、回味无穷的艺术享受，具有独特的艺术魅力和极高的艺术表现力，被文化界及收藏界誉为"艺术的活化石"。

图 7.1　真实烙画艺术作品

图形工作者也提出了非真实感烙画艺术作品的模拟方法，研究者主要通过笔触模型和图像类比的方法模拟烙画艺术风格作品。王东等[10]提出了一种基于纹理传输的烙画风格仿真方法，利用亮度直方图完成相似性匹配形成艺术风格，最后将传输结果图像与已有材质图像加权融合完成艺术效果模拟。钱文华等[11]提出了一种基于纹理偏离映射的方法，模拟了真实烙画作品抽象写意的风格，在不同材质上实现了烙画艺术风格的绘制。

与水彩画、油画等艺术风格相比，真实烙画艺术作品最显著的特点是线条简洁、自然流畅，烙画作品的色彩一般呈现出焦、黑、褐色等，画面丰富而细腻，写意效果栩栩如生；此外，通过烙笔在材质上的烙印操作，烙画作品往往具有一定的凹凸肌理画面，呈现出浅浮雕效果。因此，烙画艺术作品的仿真需要对这些艺术特质进行模拟。

7.2　烙画艺术风格绘制

烙画艺术是"烙(烙艺性)"与"画(绘画性)"两方面的统一，绘画性表现在最终作品中表现出写意或写实的风格，烙艺性在作品中表现出一定的凹凸肌理，增强了立体感。烙艺性与绘画性的结合是衡量烙画艺术效果水平高低的尺度，因此，在烙画艺术作品数字化仿真过程中，既要注重写意风格绘画性的模拟，也需要对烙画艺术过程进行模拟。

真实的烙画创作时，需要用烙笔在木材、树皮、树叶等不同的材质上进行创作，将输入的材质图像看作背景图像，将输入的另一幅目标图像看作前景图像。分别对背景图像和前景图像进行模拟，再将前景图像融合到背景图像中，实现烙画的数字化仿真过程。

图 7.2 显示了模拟烙画艺术效果的流程图。算法需要输入两幅图像，其中一幅为材质图像，另一幅为目标图像，分别对材质图像和目标图像进行不同的处理，例如，可对材质图像进行纹理合成，对目标图像进行写意风格模拟、细节增强等处理，获得烙画的烙艺性和绘画性的特点，最终将目标图像和材质图像进行融合获得烙画艺术效果图像。

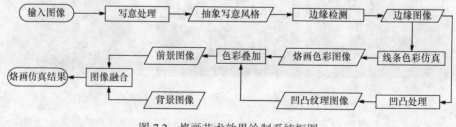

图 7.2　烙画艺术效果绘制系统框图

7.2.1 烙画材质图像合成

当输入的二维材质图像尺寸足够大，能匹配前景图像的大小时，不需要对材质图像做过多的处理，但当图像存在颜色偏差、亮度偏差、有噪声时，可以通过对比度调整、色调调整、噪声去除等预处理，获得背景图像。

当输入的二维材质图像选自自然界纹理图案时，在对该材质图像进行预处理前，需要对纹理样本图像进行合成，扩展图像的大小，匹配前景图像的尺寸。由于背景图像通常选自自然界的纹理样本，它们常常具有自相似性，因此，可以采用第 2 章中介绍的二维纹理合成的方法对材质图像进行合成，获得背景图像。算法的具体实现步骤如下。

(1) 采集真实烙画创作的材质图像，包括木材、纸张、绢、树皮等纹理样本，也可采集真实葫芦等图像(若采用葫芦作为材质图像，则不宜用纹理合成方法合成，可直接输入尺寸大小合适的葫芦材质图像)。

(2) 预处理。输入材质图像纹理样本图，指定最终合成结果图的大小，设定匹配窗大小、误差门限值。

(3) 扩充原材质纹理样本图和最终合成结果图的边界。

(4) 从原材质纹理样本图中随机选取不同形状的种子，按扫描线顺序填充到结果图像中。

(5) 按扫描线顺序搜索合成图中未被填充的像素点，从材质样本图中根据匹配窗搜寻合适的像素点填充到结果图中，并记录下匹配点的位置。

(6) 从上一匹配点位置按照螺旋状的顺序搜寻合适的像素点，并填充到当前待合成像素点。

(7) 重复步骤(4)和步骤(5)，直到合成最终的纹理结果图。

通过纹理合成的方法，获得了烙画创作的材质背景图像，为最终烙画艺术效果的绘制奠定了基础。

图 7.3 显示了采用二维纹理合成优化算法得到的结果图像，所产生的合成结果可作为烙画艺术效果数字化模拟的背景图像。

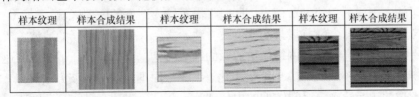

| 样本纹理 | 样本合成结果 | 样本纹理 | 样本合成结果 | 样本纹理 | 样本合成结果 |

图 7.3　纹理样本合成结果图

图 7.4 显示了基于不同的输入材质图像样本，通过纹理合成方法，最终合成的结果图像。

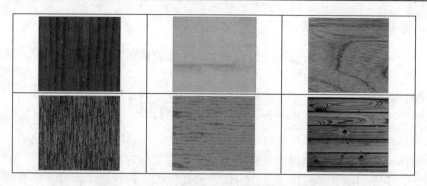

图 7.4　不同材质合成效果图

7.2.2　抽象写意风格模拟

在数字图像处理中，滤波技术常被用来去除噪声、平滑图像。在非真实感图像绘制技术中，滤波量化技术能较好地突出图像中的抽象写意艺术特点。然而，已有的均值滤波、双边滤波等滤波方法不能较好地保持图像中的局部细节和结构信息，而这些细节信息对烙画效果是最重要的。各向异性滤波、双边滤波等滤波技术通过对输入图像进行处理，获得了抽象的艺术效果图像，产生了写意风格，这些滤波方法能保留图像的边缘细节，同时平滑内部区域，在第 5 章对各向异性滤波技术进行了介绍，基于输入图像的张量场，对其进行各向异性滤波计算，具体的实现步骤如下。

(1) 将输入图像从 RGB 色彩空间转换为 LAB 色彩空间，获得亮度通道 L。

(2) 在 L 通道中计算局部结构张量场。

(3) 各向异性滤波计算。

(4) 局部结构曲线方向计算。

(5) 积分卷积计算。

(6) 将处理后的图像从 LAB 色彩空间转换为 RGB 色彩空间。

基于各向异性滤波处理，图 7.5 显示了抽象写意风格的效果图像，滤波结果保留了输入图像的边缘细节信息，同时平滑了输入图像的内部区域。

Xu 等[12]提出了 L_0 梯度最小化滤波方法，之后，他们对不同的滤波方法进行整合，通过深度卷积神经网络保留边缘的细节信息，极大地提高了滤波的速度，同时扩展了应用领域[13]。L_0 梯度最小化滤波算法原理与双边滤波方法类似，能够突出图像的边缘轮廓、平滑图像的内部细节，并且算法具有时间复杂度较低，抽象写意程度可控，较符合真实烙画写意画面的特点，因此，可采用 L_0 梯度最小化滤波算法对输入图像进行滤波处理。

图 7.5　抽象写意风格效果

　　Xu 等[12]提出 L_0 梯度最小化滤波算法，采用 L_0 范数统计图像中像素点的梯度值不为零的个数，通过对图像中像素点非零梯度个数进行调整，降低图像局部区域的灰度变化，以达到平滑图像的目的。算法主要通过平滑非重要的细节信息和边缘增强两个工作实现滤波处理。首先，在非重要区域的平滑阶段，图 7.6(a)为输入图像，将一幅图像看作多个信号的输入，取其中的一个信号，如图 7.6(a)所示小方框中的一个纵向输入信号，对方框内的信号进行展开获得图 7.6(b)所示的波动图，白色的信号为方框内的原始信号，细小的波动在输入图像中表现为细节信息，如花瓣上的脉络；红色的信号表示白色信号的近似，当减少信号的波动时，如在箭头所指的波谷，可以看到，红色信号可以保留白色信号的主要特征，同时，平滑了波谷区域的扰动，去除了图像中的细节信息，产生了平滑的效果。

(a) 输入图像

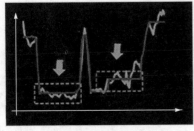

(b) 平滑波谷图像信号

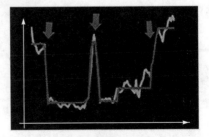

(c) 增强波峰图像信号

图 7.6　输入图像及图像信号[12]

其次，在边缘增强方面，如图 7.6 箭头所指的波峰附近位置，对弱边缘进行了增强，经过细节平滑和边缘增强处理，获得了图 7.7 所示的滤波结果图像。

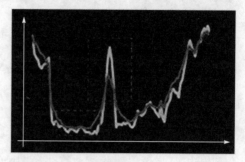

(a) 平滑结果图像　　　　　　　　　　　　(b) 图像信号

图 7.7　平滑结果图像及图像信号[12]

为了产生类似的滤波结果，需要建立 L_0 范数方程，即函数的优化方程[12]：

$$c(f) = \#\left\{p \mid \left| f_p - f_{p+1} \right| \neq 0 \right\} = k \tag{7.1}$$

其中，p 表示图像中的某一像素点；f_p 表示输入图像每个像素点的梯度值；#表示计数符号；$c(f)$ 表示输出的非零个数，即梯度不为零的个数，也可以用参数 k 表示。

为了让输出图像尽量接近输入图像，可求取它们之间差值的最小值，即求取结构约束方程：

$$\min_f \sum_p (f_p - g_p)^2 \tag{7.2}$$

其中，f_p 表示输出图像；g_p 表示输入图像。

根据 L_0 滤波满足的两个条件：一是平滑后的图像应该尽量接近输入图像；二是保留输入图像的边缘信息，同时需要对弱边缘进行增强。利用拉格朗日乘数法将优化方程和约束方程结合起来进行求解，即求取下列方程：

$$\min_f \sum_p (f_p - g_p)^2 + \lambda \cdot c(f) \tag{7.3}$$

其中，参数 λ 可用于控制平滑程度。将 $c(f)$ 在 x 和 y 方向上表示为

$$\min_f \sum_p (f_p - g_p)^2 + \lambda \cdot c(\partial_x f, \partial_y f) \tag{7.4}$$

其中，$c(\partial_x f, \partial_y f)$ 可计算为

$$c(\partial_x f, \partial_y f) = \#\left\{p \mid \left| \partial_x f_p \right| + \left| \partial_y f_p \right| \neq 0 \right\} \tag{7.5}$$

式(7.4)不能直接求解，原因在于 $\min_f \sum (f_p - q_p)^2$ 是基于像素的，可以说是局

部的, 而 $\lambda \cdot c(\partial_x f, \partial_y f)$ 是约束了整个信号的梯度非零, 是全局的。因此, 对式(7.4)进一步变换:

$$\min_f \sum_p (f_p - g_p)^2 + \lambda \cdot c(h,v) + \beta \cdot \sum_p \left[(\partial_x f_p - h_p)^2 + (\partial_y f_p - v_p)^2 \right] \quad (7.6)$$

$$c(h,v) = \#\left\{ p \mid\mid h_p \mid + \mid v_p \mid \neq 0 \right\} \quad (7.7)$$

其中, β 为控制参数, 用于控制变量(h, v)及其对应梯度值之间的相似性。通过引入两个辅助变量 h 和 v, 将 L_0 范数的全局约束变成了局部约束。该问题是找一个全局最优解的过程, 是一个 NP 难问题, 可以通过迭代的方法进行求解, 直到算法收敛, 获得最终的滤波结果图像。

通过对滤波参数的控制, L_0 滤波可获得不同的抽象写意风格的模拟。图 7.8 显示了通过不同参数获得的结果图像, 可以看出, 随着λ值的增大, 抽象程度也逐渐增大, 局部区域趋于一致, 但图像的边缘信息被较好地保留下来。

(a) 输入图像People

(b) L_0滤波(λ=0.01)

(c) L_0滤波(λ=0.02)

(d) L_0滤波(λ=0.03)

图 7.8　L_0滤波结果图像[12]

图 7.9 显示了几种不同的滤波结果的比较, 图 7.9(a)为输入图像, 图 7.9(b)为采用各向异性滤波方法得到的结果图像, 图 7.9(c)为采用双边滤波方法得到的结果图像, 图 7.9(d)为采用 L_0 滤波方法得到的结果图像。

(a) 输入图像Leap

(b) 各向异性滤波结果图像

(c) 双边滤波结果图像

(d) L_0滤波结果图像($\lambda=0.01$)

图 7.9 滤波结果图像

表 7.1 显示了三种滤波方法处理时间的比较，可以看出，各向异性滤波结果图像产生了模糊的边缘，双边滤波耗时较长，L_0 保留了图像中的主要边缘，局部区域的色彩趋于一致，去除了次要边缘等不重要的细节信息。

表 7.1 滤波算法处理时间比较

图像样本	样本大小	时间/s		
		各向异性滤波	双边滤波	L_0 滤波
People	400×475	4.08	16.44	5.33
Leap	668×905	13.22	49.05	23.61

此外，L_0 滤波可应用于图像的边缘提取、细节增强、铅笔画艺术效果模拟、图像去模糊、图像平滑等领域，如 Tan 等[14]基于 L_0 滤波，提出了一种局部色调映射方法，能正确显示出高动态范围(high-dynamic range，HDR)图像的色调，同时保留细节信息。

图 7.10 显示了基于 L_0 滤波，对输入图像进行边缘提取的效果，图 7.10(a)为输入图像，图 7.10(b)为通过梯度求取的边缘图像，再经过量化处理获得图 7.10(c)所示的结果图像。如果对图 7.10(a)进行 L_0 滤波，可获得图 7.10(d)所示的滤波结

果图像，再对图 7.10(d)进行边缘提取，可获得图 7.10(e)所示的边缘结果图像，对比图 7.10(c)和图 7.10(e)，图 7.10(e)中的边缘更连贯，很多重要的边缘信息被保留下来。

(a) 输入图像

(b) 梯度边缘提取

(c) 边缘增强图像

(d) L_0滤波结果

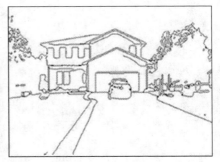

(e) 滤波后提取边缘图像

图 7.10　L_0滤波应用[12]

图 7.11 显示了图像的去模糊效果，图 7.11(a)为输入图像，图 7.11(b)为去模糊的结果图像，由于经过 L_0 滤波处理，局部细节被丢失，局部色彩一致，所以获得了更加清晰的结果图像。

(a) 输入图像   (b) L_0滤波结果图像

图 7.11   去模糊效果[12]

7.2.3 细节增强

真实烙画艺术作品局部细节细腻、立体感较强，图像增强技术提供了模拟该艺术品质的算法思路，He 等[15]提出引导图像滤波的方法，可实现图像增强、雾化去除、数字抠图等效果，算法具有实时处理、细节增强明显等特点，正好可以应用于烙画艺术效果绘制，其具体的图像滤波及细节增强处理算法步骤如下。

1) 局部线性滤波

引导滤波可认为是引导图像 Guide 和输出图像 Output 之间的局部线性处理。因此，假设输出图像 Output 是引导图像 Guide 采用窗口 w_k 以像素 k 为中心进行的线性变换，则滤波处理表示为

$$\text{Output}_i = a_k \text{Guide}_i + b_k, \quad i \in w_k \tag{7.8}$$

其中，a_k、b_k 是与盒式滤波器相关的常量系数。由于只涉及图像细节增强应用，输入图像即为引导图像 Guide=Input。

2) 参数计算

为了保留滤波后的边缘等细节信息，设 δ_k 和 ψ_k^2 表示滤波窗口内的均值和方差，a_k、b_k 可计算为

$$\begin{cases} a_k = \dfrac{\dfrac{1}{|w|} \sum_{i \in w_k} \text{Input}_i \text{Guide}_i - \delta_k \overline{\text{Input}_k}}{\psi_k^2 + e} \\ b_k = \overline{\text{Input}_k} - a_k \delta_k \end{cases} \tag{7.9}$$

其中，参数 e 用来调节参数 a_k 的大小；$|w|$表示窗口 w_k 中的像素个数；$\overline{\text{Input}_k}$ 表示输入图像 Input 在窗口 w_k 中的均值。

3) 滤波器设计

考虑到滤波对细节信息的影响以及实时处理过程，基于引导图像局部的均值和方差，设计了如下线性滤波器：

$$W_{i,j} = \frac{1}{|w|^2} \sum_{k,(i,j) \in w_k} \left[1 + \frac{(\text{Guide}_i - \delta_k)(\text{Guide}_j - \delta_k)}{\psi_k^2 + e} \right] \tag{7.10}$$

4) 平均值滤波

当滤波器随滤波窗口移动时，参数 a_k、b_k 随之改变，导致最终滤波结果的不连续性，因此，实验中采用 $\overline{a_i}$ 和 $\overline{b_i}$ 计算滤波输出结果：

$$\text{Output}_i = \frac{1}{|w|} \sum_{k,i \in w_k} (a_k \text{Guide}_i + b_k) = \overline{a_i}\text{Guide}_i + \overline{b_i} \tag{7.11}$$

其中，$\overline{a_i}$ 和 $\overline{b_i}$ 表示不同窗口内 a_k 和 b_k 的平均值。

5) 细节增强

通过计算输入图像与滤波结果的差值，实现细节、结构信息的增强：

$$\text{Enhanced} = (\text{Input} - \text{Output}) \times \text{count} + \text{Output} \tag{7.12}$$

其中，参数 count 可控制细节增强程度，count 越大，细节增强越明显。

图 7.12 显示了在图 7.5 的结果图基础上，采用图像细节增强方法后得到的结果图像，可以看出，图像的边缘、对比度等细节信息得到了增强。

图 7.12　细节增强结果图

7.2.4　烙画线条色彩模拟

真实烙画艺术效果通常呈现焦黑、黑、褐、黄等颜色，可以对烙画的色彩特征进行模拟，算法首先提取目标图像的边缘，将边缘处理为具有褐、深褐等颜色，最后与细节增强的结果图像进行合并。

　　一幅 RGB 图像就是 $M×N×3$(M 表示宽度，N 表示高度)大小的彩色像素构成的数组，其中，每个彩色像素点都是在特定空间位置由红、绿、蓝 3 个分量组成。分量图像的数据类决定了它们的取值范围，对于数据类是浮点数或定点数的 RGB 图像，取值范围分别是[0, 65535]或[0, 255]。在 RGB 彩色空间中，每个彩色点都可以作为从原点延伸到该彩色点的向量来描述。令 c 代表 RGB 彩色空间中的任意向量，可以表示为

$$c(x,y) = \begin{bmatrix} C_R(x,y) \\ C_G(x,y) \\ C_B(x,y) \end{bmatrix} = \begin{bmatrix} R(x,y) \\ G(x,y) \\ B(x,y) \end{bmatrix} \tag{7.13}$$

其中，C_R、C_G、C_B 分别表示红、绿、蓝三通道的向量，用像素值表示；(x,y)表示像素点的坐标。对于一幅大小为 $M×N$ 的图像，共有 $M×N$ 个 $c(x,y)$向量，其中，$x=0, 1, 2, \cdots, M-1$，$y=0, 1, 2, \cdots, N-1$。

　　在边缘检测算法中，计算梯度是灰度图像中常用的方法之一，对于 RGB 彩色图像，在 RGB 彩色空间中计算梯度和边缘的算法步骤如下[16]。

　　1) 定义梯度向量

　　二维函数 $f(x,y)$的梯度定义为向量：

$$\nabla F = \begin{bmatrix} G_x \\ G_y \end{bmatrix} = \begin{bmatrix} \dfrac{\partial f}{\partial x} \\ \dfrac{\partial f}{\partial y} \end{bmatrix} \tag{7.14}$$

该向量的幅值为

$$\nabla f = \mathrm{mag}(\nabla F) = (G_x^2 + G_y^2)^{1/2} = \left[\left(\frac{\partial f}{\partial x} \right)^2 + \left(\frac{\partial f}{\partial y} \right)^2 \right]^{1/2} \tag{7.15}$$

一般地，幅值可以近似为

$$\nabla f = |G_x| + |G_y| \tag{7.16}$$

该近似计算避免了平方和开方计算，简化了计算过程。在图像处理中，通常将梯度的幅值称为梯度。

　　2) 最大变化率方向

　　梯度向量的基本属性是它指向 f 在坐标(x, y)处的最大变化率方向，最大变化率出现时的角度为

$$\alpha(x,y) = \arctan\left(\frac{G_y}{G_x} \right) \tag{7.17}$$

通常，该导数用一幅图像中的一个小邻域上的像素值近似。图 7.13 显示了邻

域图像及掩模值，图 7.13(a)显示了一个大小为 3×3 的邻域模板，其中 $z_1 \sim z_9$ 代表不同的掩模值，图 7.13(b)显示了水平方向的掩模算子，图 7.13(c)显示了垂直方向的掩模算子。

(a) 邻域　　　　(b) x(水平)方向梯度掩模　　　　(c) y(垂直)方向梯度掩模

图 7.13　邻域及掩模图

在区域中心点的 x(水平)方向上的偏导数近似计算可由式(7.18)给出：

$$G_x = (z_7 + 2z_8 + z_9) - (z_1 + 2z_2 + z_3) \tag{7.18}$$

同样，y(垂直)方向上的偏导数可由式(7.19)求出：

$$G_y = (z_3 + 2z_6 + z_9) - (z_1 + 2z_4 + z_7) \tag{7.19}$$

对图像的每个像素点按照式(7.18)和式(7.19)进行计算，具体而言，可用图 7.13(b)和图 7.13(c)中的两个掩模单独对该图像做卷积。之后，相应梯度图像的近似可以通过两个滤波后的图像的绝对值求和获得。

上述方法计算梯度是在灰度图像中检测边缘最常用的方法之一。当灰度图像扩展到彩色空间中计算梯度时，可以通过计算每个彩色分量图像的梯度，然后合并该结果，获得彩色图像的梯度信息。

3) 定义矢量函数

可以通过下面的方法将梯度的概念扩展到向量函数，标量函数 $f(x, y)$ 的梯度是一个在坐标(x, y)处 f 的最大变化率方向上的向量。

令 r、g、b 是 RGB 彩色空间沿 R、G、B 轴的单位向量，定义如下向量：

$$\begin{cases} u = \dfrac{\partial R}{\partial x} r + \dfrac{\partial G}{\partial x} g + \dfrac{\partial B}{\partial x} b \\[2mm] v = \dfrac{\partial R}{\partial y} r + \dfrac{\partial G}{\partial y} g + \dfrac{\partial B}{\partial y} b \end{cases} \tag{7.20}$$

令 g_{xx}、g_{yy} 和 g_{xy} 是这些向量的点积，如下所示：

$$\begin{cases} g_{xx} = u \cdot u = u^T u = \left| \dfrac{\partial R}{\partial x} \right|^2 + \left| \dfrac{\partial G}{\partial x} \right|^2 + \left| \dfrac{\partial B}{\partial x} \right|^2 \\[3mm] g_{yy} = v \cdot v = v^T v = \left| \dfrac{\partial R}{\partial y} \right|^2 + \left| \dfrac{\partial G}{\partial y} \right|^2 + \left| \dfrac{\partial B}{\partial y} \right|^2 \\[3mm] g_{xy} = u \cdot v = u^T v = \dfrac{\partial R}{\partial x} \dfrac{\partial R}{\partial y} + \dfrac{\partial G}{\partial x} \dfrac{\partial G}{\partial y} + \dfrac{\partial B}{\partial x} \dfrac{\partial B}{\partial y} \end{cases} \tag{7.21}$$

可以看出，R、G、B 以及 g 项是 x 和 y 的函数，可求得函数 $c(x, y)$ 的最大变化率的方向由角度公式计算[17]：

$$\theta(x, y) = \frac{1}{2}\arctan\left(\frac{2g_{xy}}{g_{xx} - g_{yy}}\right) \tag{7.22}$$

变化率的值(如梯度值)可以采用式(7.23)计算：

$$F_{\theta}(x, y) = \left\{\frac{1}{2}\left[(g_{xx} + g_{yy}) + (g_{xx} - g_{yy})\cos 2\theta + 2g_{xy}\sin 2\theta\right]\right\}^{1/2} \tag{7.23}$$

其中，θ 和 $F_{\theta}(x, y)$ 是与输入图像大小相同的图像；θ 的元素是在计算梯度后每个像素点的角度，$F_{\theta}(x, y)$ 是梯度图像。

由于 $\tan(\alpha) = \tan(\alpha \pm \pi)$，若 θ_0 是式(7.22)arctan 方程的一个解，则 $\theta_0 \pm \pi / 2$ 也是该方程的一个解，此外，由于 $F_{\theta}(x, y) = F_{\theta+\pi}(x, y)$，$F$ 可以仅在半开区间 $[0, \pi)$ 上计算 θ 的值。arctan 方程可获得两个相隔 90° 的值，意味着该方程与两个正交方向上的每个点 (x, y) 相关。沿着这两个方向之一，F 最大，而沿着另一个方向，F 最小，因此最终结果是由选择每个点上的最大值产生的。

在图像处理中，二阶导数通常用如下拉普拉斯算子(模板)来计算：

$$\begin{bmatrix} 1 & 1 & 1 \\ 1 & -8 & 1 \\ 1 & 1 & 1 \end{bmatrix}$$

换言之，二维函数 $f(x, y)$ 是拉普拉斯由二阶导数形成的，如式(7.24)所示。

$$\nabla^2 f(x, y) = \frac{\partial^2 f(x, y)}{\partial x^2} + \frac{\partial^2 f(x, y)}{\partial y^2} \tag{7.24}$$

实际使用中，拉普拉斯算子很少被直接用作边缘检测，因为二阶导数对噪声较为敏感，它的幅度会产生双边缘，并且它不能检测边缘的方向。当它与其他边缘检测技术组合使用时，拉普拉斯算子较为有效。总之，基于梯度的边缘检测算法是采用以下两个基本准则之一在图像中找到亮度快速变化的地方。

(1) 找到亮度的一阶导数在幅度上比指定的阈值大的地方。

(2) 找到亮度的二阶导数有零交叉的地方。

获得输入图像的边缘图像后，将图像主轮廓线条色彩模拟成褐色或深褐色，将使得图像线条呈现为烙制效果，即更加逼真地表现烙画色彩特征。在梯度边缘检测算法基础上，在 RGB 色彩空间中，对烙画线条色彩进行仿真。假设 p 表示真实烙画的色彩，例如，$p = (207, 117, 31)$ 为深褐色，色彩模拟可计算为

$$\text{Color}_l(x, y) = 1 - \text{edge}_l(x, y) / 255 \times [255 - p_l(x, y)] \tag{7.25}$$

其中，Color 表示色彩模拟后的结果图像；edge 表示边缘图像；l 表示 R、G、B 三通道；p 表示真实烙画的色彩信息；(x, y)表示像素坐标。

图 7.14 显示了边缘提取及色彩模拟结果图像。图 7.14(a)、图 7.14(d)为输入图像，图 7.14(b)、图 7.14(e)为通过梯度计算获得的边缘图像，图 7.14(c)、图 7.14(f)为针对边缘图像进行色彩模拟后的结果图像。可以看出，图 7.14(b)、图 7.14(e)中图像的边缘线条主要呈现为黑色，图 7.14(c)、图 7.14(f)中图像的边缘线条主要呈现褐色，能够真实地反映烙画的线条色彩，并且较好地解决了烙画艺术效果绘制中线条色彩失真的问题。

(a) 输入图像　　　　　　　(b) 边缘图像　　　　　　　(c) 色彩模拟图像

(d) 输入图像　　　　　　　(e) 边缘图像　　　　　　　(f) 色彩模拟图像

图 7.14　色彩模拟结果图

对边缘图像的色彩进行调整后，获得真实烙画的边缘色彩，将该图像与细节增强的结果图像进行融合，由于色彩模拟中将输出图像进行了归一化处理，可以将细节增强的结果图像也进行归一化处理，使它们采用同样的数据类型进行处理，融合过程可计算为

$$R_l(x, y) = \frac{E_l(x, y) \times \text{Color}_l(x, y)}{\text{Max}[\text{Color}_l(x, y), E_l(x, y)]} \tag{7.26}$$

其中，Color 表示色彩模拟后的结果图像；E 表示细节增强图像；R 表示融合结果图像；l 表示 R、G、B 三通道；(x, y) 表示像素坐标位置。图 7.15 显示了融合

后的结果图像，图 7.15(a)为输入图像，图 7.15(b)为线条色彩模拟的结果图像，图 7.15(c)为图 7.15(a)的局部放大图，图 7.15(d)为图 7.15(b)的局部放大图。可以看出，图 7.15(b)的边缘细节更突出，色彩更加接近真实的烙画线条色彩。

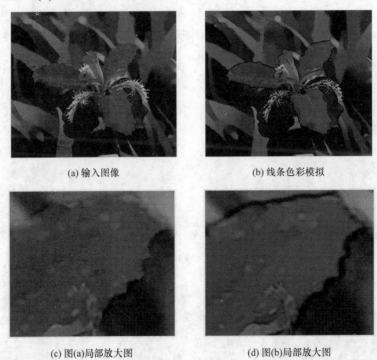

(a) 输入图像　　　　　　　　　　　　　　(b) 线条色彩模拟

(c) 图(a)局部放大图　　　　　　　　　　　(d) 图(b)局部放大图

图 7.15　线条色彩模拟

7.2.5　烙画凹凸表面模拟

在真实烙画的创作过程中，不同型号烙笔的使用和深浅粗细线条的烙制，使烙画表面自然形成凹凸不平的变化，具有丰富的层次感，从而形成其独有的画面特征，具有一定的立体效果。在烙画艺术作品的绘制过程中，可突出"烙"的特征，在线条的色彩模拟基础之上，绘制出具有凹凸效果的表面，增强立体感，通过如下步骤实现。

1) 提取凹凸纹理

假设输入图像为 I，图像中的像素点可以表示为 $I(x, y)$，输出图像为 $F(x, y)$，滤波函数 H 为 $m \times n$ 的滤波模板，图 7.16 为 3 个 3×3 大小的滤波模板，其中 $p > 0$。通过 $H(x, y)$ 和 $I(x, y)$ 的卷积提取纹理特征：

$$H(x,y)*I(x,y) = \sum_{s=-a}^{a}\sum_{s=-b}^{b}H(s,t)I(x-s,y-t) \tag{7.27}$$

其中，$a=(m-1)/2$；$b=(n-1)/2$。式(7.27)对所有的偏移变量 x 和 y 求值，滤波模板 H 的不同取值和形式，将影响卷积的最终结果。

0	0	p
0	0	0
$-p$	0	0

(a)

0	0	$-p$
0	0	0
p	0	0

(b)

p	0	0
0	0	0
0	0	$-p$

(c)

图 7.16　三种滤波模板

接着，将 $H(x, y)$ 和 $I(x, y)$ 计算得到的卷积结果进行改进，进行归一化处理，可产生凹凸效果：

$$F(x,y)=\begin{cases} F_R(x,y)=[H(x,y)*I_R(x,y)+128]/255 \\ F_G(x,y)=[H(x,y)*I_G(x,y)+128]/255 \\ F_B(x,y)=[H(x,y)*I_B(x,y)+128]/255 \end{cases} \tag{7.28}$$

其中，常数 128 为图像亮度的补偿，用来增强图像中黑暗区域的亮度值；$I_R(x, y)$、$I_G(x, y)$ 和 $I_B(x, y)$ 分别为输入图像 I 在 RGB 空间上的 3 个分量；$F_R(x, y)$、$F_G(x, y)$ 和 $F_B(x, y)$ 分别为在 R、G、B 三个分量上进行计算的结果，然后将计算结果进行合并得到输出图像 $F(x, y)$。

2) 调整凹凸强度和方向

令 p 值表示凹凸强度参数且 $p>0$，p 越大，图像凹凸感越强；p 越小，图像凹凸感越弱。可根据烙画材质的不同来确定 p 值的大小，对于宣纸、丝帛等薄材质，p 值选择较小，一般在(0, 2]区间，而对于木板、竹子等硬材质，p 值一般在(2, 6]区间，同时，图 7.16 滤波模板中 p 的不同位置用来确定图像纹理的凹凸方向，即边缘轮廓线条呈现凹方向或凸方向，计算结果如图 7.17 所示。

图 7.17 所示为不同滤波模板和 p 值对应生成的凹凸纹理效果图。其中，图 7.17(b)、图 7.17(c)和图 7.17(d)为图 7.16 中图(a)、图(b)和图(c)对应的滤波模板，当 $p=1$ 时，通过计算得到的凹凸纹理图。根据烙画凹凸特征分析的结果，可选择图 7.16(b)所示的滤波模板进行凹凸纹理的计算。图 7.17(e)、图 7.17(f)和图 7.17(g)为图 7.16(b)所示滤波模板下，不同 p 值对应的凹凸纹理图。由实验结果可知，p 值越大，图像凹凸感越明显，实际计算中，凹凸纹理的强度选择，即 p 值的确定应根据自然材质的薄、软或硬的特征来确定。

传统的烙画色调一般呈深褐色、浅褐色乃至黑色，具有古朴典雅、清新美观、永不褪色的特点。根据创作主题的不同，烙画作品创作时，在单一烙画色彩的基础上，经过渲染、着色后，较之传统烙画，填彩烙画(即在传统烙画上填充色彩)能够产生更加强烈的艺术感染力，丰富和创新烙画作品，基于此，考虑实现具有彩色凹凸纹理效果的烙画作品，具体实现步骤如下。

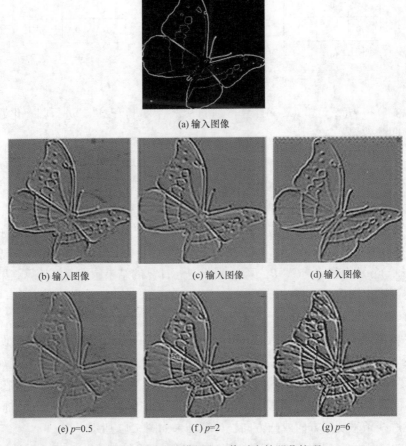

(a) 输入图像

(b) 输入图像   (c) 输入图像   (d) 输入图像

(e) p=0.5   (f) p=2   (g) p=6

图 7.17　不同滤波模板和 p 值对应的凹凸纹理

(1) 将仿真后的图像线条色彩叠加到凹凸纹理图像。令线条色彩仿真后的图像为 I，凹凸纹理图像为 N，输出结果图像为 F，且图像 I 和 N 尺寸大小相同，输出图像 F 计算为

$$F_R(x,y) = \begin{cases} 2 \times I_R(x,y) \times N_R / 255, & N_R(x,y) < 128 \\ \{255 - 2 \times [255 - I_R(x,y)] \times [255 - N_R(x,y)]\} / 255, & N_R(x,y) < 128 \end{cases}$$

$$F_G(x,y) = \begin{cases} 2 \times I_G(x,y) \times N_G / 255, & N_G(x,y) < 128 \\ \{255 - 2 \times [255 - I_G(x,y)] \times [255 - N_G(x,y)]\} / 255, & N_G(x,y) < 128 \end{cases}$$

$$F_B(x,y) = \begin{cases} 2 \times I_B(x,y) \times N_B / 255, & N_B(x,y) < 128 \\ \{255 - 2 \times [255 - I_B(x,y)] \times [255 - N_B(x,y)]\} / 255, & N_B(x,y) < 128 \end{cases}$$

$$(7.29)$$

其中，$I_R(x,y)$、$I_G(x,y)$和$I_B(x,y)$分别为图像 I 在 R、G、B 上的 3 个分量；$N_R(x,y)$、$N_G(x,y)$和$N_B(x,y)$为图像 N 在 R、G、B 上的 3 个分量；$F_R(x,y)$、$F_G(x,y)$和$F_B(x,y)$则为图像 F 在 R、G、B 三个分量上的计算结果。合并这 3 个计算结果则为输出图像 $F(x,y)$。

(2) 将抽象写意风格图像的色彩填充到步骤(1)的结果图像。假设步骤(1)的结果图像为 S，抽象写意图像为 S，图像 F 与 S 的尺寸大小相同，输出目标图像 C 为

$$C(x,y) = \begin{cases} C_R(x,y) = F_R(x,y) \times S_R(x,y) / 255 \\ C_G(x,y) = F_G(x,y) \times S_G(x,y) / 255 \\ C_B(x,y) = F_B(x,y) \times S_B(x,y) / 255 \end{cases} \qquad (7.30)$$

其中，$F_R(x,y)$、$F_G(x,y)$和$F_B(x,y)$分别为图像 F 在 R、G、B 上的 3 个分量；$S_R(x,y)$、$S_G(x,y)$和$S_B(x,y)$为图像 S 在 R、G、B 上的 3 个分量；$C_R(x,y)$、$C_G(x,y)$和$C_B(x,y)$则为图像 C 在 R、G、B 三个分量上的计算结果。合并这 3 个计算结果则为输出图像 $C(x,y)$，实验结果如图 7.18 和图 7.19 所示。

图 7.18 显示了凹凸纹理效果图，其中图 7.18(a)为输入图像，图 7.18(b)为灰度凹凸纹理图像，图 7.18(c)为经过色彩模拟之后的图像，图 7.18(d)为边缘纹理融合到抽象结果之后获得的结果图像。由实验结果可知，经过色彩模拟、凹凸纹理求取和图像融合之后，较好地实现了将图像色彩填充到灰度凹凸纹理上，得到了具有彩色凹凸纹理效果的烙画目标图像。图 7.19 为细节对比图，图 7.19(a)为输入图像，图 7.19(b)为图 7.18 中两幅图像的细节效果图。从图像细节特点可以看出，

(a) 输入图像　　　　(b) 灰度凹凸纹理　　　(c) 烙画色彩模拟　　　(d) 边缘叠加效果

图 7.18　凹凸纹理图像

(a) 输入图像　　　　　　　　　　(b) 细节效果

图 7.19　细节对比图

城墙和山水结构清晰，具有明显的层次感，老虎的眼睛和胡须凹凸立体感强烈，更为生动形象，图像彩色凹凸纹理效果明显，结构层次清晰、线条凸显，增强了立体感，能够较好地符合烙画的风格特征。

7.3　图像变形

艺术家常用烙笔在葫芦上进行艺术创作，寓意深刻、特色鲜明、创作题材多样使得葫芦烙画受到人们的喜爱。为了模拟该类艺术作品，对烙画前景图像进行变形处理，产生与葫芦相似的曲面效果，映射到葫芦背景图像上获得葫芦烙画艺术效果。为了在图像变形过程中保存纹理信息的变化，采用等边三角形网格化技术对前景图像进行网格划分，并通过交互的方式对图像进行变形处理。

7.3.1　等边三角形网格划分

Igarashi 等[18]基于三角形网格化技术提出交互式的实时二维图像变形算法，通过边界追踪、边界点连接、三角网格优化等过程对图像进行移动、旋转、缩放和变形等操作。在 Igarashi 算法基础上，采用等边三角形网格化的构建方法，并借助等边三角形优化变形算法中的代价函数，通过对控制点的交互操作实现对二维图像的变形。

由于二维输入图像主体轮廓存在不规则性，等边三角形网格的建立将通过内网格和外网格两部分来实现。图 7.20 显示了网格点构建过程，7.20(a)表示输入图像，算法首先获取图像的轮廓信息(如图 7.20(b))，求出多边形的外接矩形(如

图 7.20(c))，并按指定的步长插入等边三角形网格点(如图 7.20(d))，根据图像的轮廓构建内网格(如图 7.20(e))，然后以轮廓边界处的内网格点作为输入计算外网格点，构建外网格(如图 7.20(f))，实现网格离散化[18]。

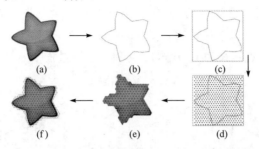

图 7.20　网格点构建

1. 内网格点构建

构建内网格时，最终输出内网格的顶点坐标、三角形边和面之间的相互关系，获得不包含图像主体轮廓的中间结果图像。算法首先获得图像主体的边界点集 B，点集 B 中的点记为 b_m，边界多边形的外接矩形记为 R，在 R 中构建指定步长为 S 的初始三角网格点集 A，点集 A 中的点记为 $a_n\{a_{nx}, a_{ny}\}$，设 $b_m\{\overline{b_m b_{m+1}}\}$ 表示边界多边形的边向量，假设 a_{n_0} 是与 a_n 在同一条水平线上的点，记 a_{n_0} 的坐标值为 $\{0, a_{n_y}\}$，初始三角形网格点集的判断向量 a_n 定义为 $\{\overline{a_{n_0} a_n}\}$，向量 a 和向量 b 是否相交的判断方程组定义为[18]：

$$\begin{cases} k_1 = \left| b_m \times \overline{b_m a_n} \right| \left| b_m \times \overline{b_m a_{n_0}} \right| \\ k_2 = \left| a_n \times \overline{a_{n_0} b_m} \right| \left| a_n \times \overline{a_{n_0} b_{m+1}} \right| \end{cases} \tag{7.31}$$

由于两向量相交是点 a_n 在图像主体边界内部的必要条件，因此需要考虑图像的所有边界边来判断点 a_n 是否在其内部：

$$F_{a_n} = \sum_{m=0}^{B-1} (k_1 + k_2) \tag{7.32}$$

若 F_{a_n} 小于 0，可判定 a_n 在图像边界多边形的内部，对初始点集 A 的所有顶点进行判断，求出所有的内部顶点集 I，即变为对顶点集 I 的三角形网格化过程，算法可加入对步长 S 的控制处理。

2. 外网格点构建

内网格构建忽略了对边界轮廓的纹理信息，导致图像边缘信息的丢失，可通过在边界处增加宽度为一个等边三角形的外网格来保留边界的纹理信息。算法对三角形边界信息进行扫描，得到内网格边界边向量集 E_B，再对每条边向量的末顶点进行拓扑结构分析，并扩充三角形来获得外网格。根据统计，每个内网格边向量的末端点位置与图 7.21 中拓扑结构的一种相对应(设不同的拓扑系数为 μ，$\mu \in [1,5]$)。假设内网格边界边向量 $E_{B_i}\ (i \geqslant 0)$ 的初始点为 $v_i\{v_{ix},v_{iy}\}$，末顶点为 $v_{i+1}\{v_{(i+1)x},\ v_{(i+1)y}\}$，与该边界边所在同一个三角形中的另一个顶点定义为 $v_a\{v_{ax},v_{ay}\}$，目标顶点定义为 $v_t\{v_{tx},v_{ty}\}$，v_t 顶点求解过程[18]：

$$v_t = v_i + v_{(i+1)} - v_a \tag{7.33}$$

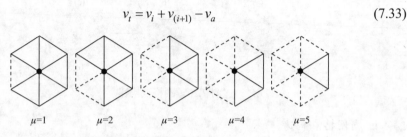

$$\mu=1 \qquad \mu=2 \qquad \mu=3 \qquad \mu=4 \qquad \mu=5$$

图 7.21　内网格边界边末顶点对应的拓扑结构

不同的三角形网格边界边中 v_{i+1} 所属的拓扑结构不同，设与 v_{i+1} 相关的目标顶点集为 $V_\mu^{i+1}\{v_1...v_\mu\}$，求解 V_μ^{i+1} 的方程如下：

$$V_\mu^{i+1} = \bigcup_2^{\mu+1}(v_{\mu-1} + v_{i+1} - v_{\mu-2}) \tag{7.34}$$

其中，$v_0 = V_a$，式(7.34)可求出某一顶点周围缺失的等边三角形顶点集合。边界边集 E_B 中所有被顶点所包含的缺失顶点集 V_B 可计算为：

$$V_B = \bigcup_{i+1}^{E_B} v_\mu^{i+1} \tag{7.35}$$

将 V_B 中所有顶点构建等边三角形之后即可完成外网格的建立，所得到的结果可以完整的覆盖图像主体的轮廓。

通过内网格和外网格构建可完成对输入图像的完全等边三角形网格化，如图 7.22 所示，在图像主体轮廓外的三角形网格不包含任何像素信息，不会对变形过程产生影响，因此等边三角形网格化之后，可通过交互变形的方式对图像进行变形。

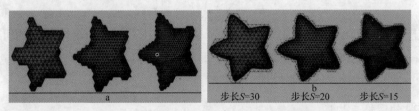

步长$S=30$　　　步长$S=20$　　　步长$S=15$

a　　　　　　　　　　　　　　b

图 7.22　不同步长产生的等边三角形内外网格

7.3.2　交互变形

Igarashi 算法对二维图像的变形操作分为自由变形和缩放控制两个步骤，基于 Igarashi 等的算法思想，假设变形之前的三角形顶点 $\{v_0, v_1, v_2\}$，变形后对应 $\{v_0', v_1', v_2'\}$，根据等边三角形的几何特性，v_2 的坐标计算为[18]：

$$v_2 = v_0 + R_{60}\overline{v_0 v_1} \tag{7.36}$$

其中，R_{60} 表示逆时针旋转 60°。类似的，v_2' 的理想位置计算为：

$$v_2^{\text{desired}} = v_0' + R_{60}\overline{v_0' v_1'} \tag{7.37}$$

可通过最小化 v_2^{desired} 和 v_2' 之间的差异来求取 v_2' 的坐标位置，并求出图像变形之后网格中所有自由点的坐标位置。经过控制点的选取，拖动控制点自由变形产生的图像变形效果如图 7.23 所示。

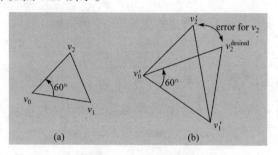

图 7.23　v_2 的求解过程

与 Igarashi 算法类似，变形过程需要对图像进行缩放控制，即在中间结果网格三角形中寻找原网格中与其对应的大小相等的三角形，可称为"拟合三角形"，并建立误差方程求解得到目标三角形。图 7.24 显示了拟合三角形求解过程，初始网格三角形 $\{v_0, v_1, v_2\}$ 变形之后的结果为 $\{v_0', v_1', v_2'\}$，三角形 $\{v_0^{\text{fitted}}, v_1^{\text{fitted}}, v_2^{\text{fitted}}\}$ 是与初始三角形 $\{v_0, v_1, v_2\}$ 全等的拟合三角形。

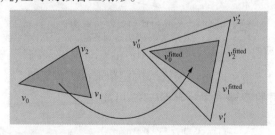

图 7.24　拟合三角形求解过程

拟合三角形与初始三角形之间的误差可以表示为：

$$E_{f\{v_0^{\text{fitted}}, v_1^{\text{fitted}}, v_2^{\text{fitted}}\}} = \sum_{i=0,1,2} \left\| v_i^{\text{fitted}} - v_i' \right\|^2 \tag{7.38}$$

其中，v_2^{fitted} 可定义为：

$$v_2^{\text{fitted}} = v_0^{\text{fitted}} + x_{01}\overline{v_0^{\text{fitted}}v_1^{\text{fitted}}} + y_{01}R_{90}\overline{v_0^{\text{fitted}}v_1^{\text{fitted}}} \qquad (7.39)$$

式(7.34)可简化为包含四个自由变量 $W = \left(v_{0x}^{\text{fitted}}, v_{0y}^{\text{fitted}}, v_{1x}^{\text{fitted}}, v_{1y}^{\text{fitted}}\right)^{\text{T}}$ 的二次方程，通过式(7.36)最小化 $\boldsymbol{E_f}$，求出三角形 $\{v_0^{\text{fitted}}, v_1^{\text{fitted}}, v_2^{\text{fitted}}\}$ 的顶点坐标值。

$$\frac{\partial E_f}{\partial W} = 0 \qquad (7.40)$$

求出网格所有的拟合三角形后，建立拟合三角形和目标三角形边的误差方程，求取目标三角形 $\{v_0'', v_1'', v_2''\}$ 的坐标[18]：

$$E_2\{v_0'', v_1'', v_2''\} = \sum_{(i,j)\in\{(0,1),(1,2),(2,0)\}} \left\| \overline{v_i''v_j''} - \overline{v_i^{\text{fitted}}v_j^{\text{fitted}}} \right\|^2 \qquad (7.41)$$

假设 U'' 表示变形之后自由顶点的坐标，U'' 的坐标计算为：

$$\frac{\partial E_2}{\partial U''} = 0 \qquad (7.42)$$

初始三角形 $\{v_0, v_1, v_2\}$ 变形后的坐标为 $\{v_0', v_1', v_2'\}$，设拟合三角形为 $\{v_0^{\text{fitted}}, v_1^{\text{fitted}}, v_2^{\text{fitted}}\}$，如图 7.25 所示，三个顶点之间的关系为：

$$v_2^{\text{desired}} = v_0^{\text{fitted}} + R_{60}\overline{v_0^{\text{fitted}}v_1^{\text{fitted}}} \qquad (7.43)$$

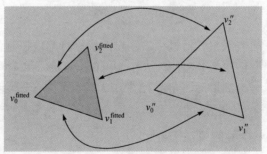

图 7.25　拟合三角形和其相似三角形边之间的差异

获得 $\{v_0^{\text{fitted}}, v_1^{\text{fitted}}, v_2^{\text{fitted}}\}$ 后，可求出 $\{v_0, v_1, v_2\}$ 与 $\{v_0^{\text{fitted}}, v_1^{\text{fitted}}, v_2^{\text{fitted}}\}$ 之间边的最小差异求取最终的三角形网格。根据等边三角形的几何特性，一条边的差异获得后即可得到其他边的差异。误差方程(7.37)可简化为[18]：

$$E_2\{v_0'', v_1'', v_2''\} = 3 \times \left\| \overline{v_0''v_1''} - \overline{v_0^{\text{fitted}}v_1^{\text{fitted}}} \right\|^2 \qquad (7.44)$$

通过对烙画前景图像的变形处理，有利于拟合葫芦背景形状，通过图像融合等方法将前景映射到背景图像，产生葫芦烙画效果图像。

7.4　烙画艺术效果融合

　　烙画绘制时，一般采用在竹木、葫芦、扇骨、梳篦、宣纸、丝绢等材质上进行创作，尤其以木板为常用材质。文献[2]中的烙画模拟方法在真实烙画材质及自然纹理样本的基础上，采用了纹理合成技术生成烙画背景纹理图像。图 7.26 所示为实验中用到的木纹、葫芦等不同材质的图像。

(a) 木板　　　　(b) 宣纸　　　　(c) 竹子　　　　(d) 葫芦

图 7.26　木纹葫芦材质图像

　　在获得了烙画目标图像和自然材质图像之后，如何快速地将烙画目标图像与自然材质图像进行图像融合是实现烙画艺术风格的最后步骤。王东等[10]的方法是在 YCbCr 颜色空间对图像进行融合处理，钱文华等[11]则采用基于 Phong 光照模型的偏离映射方法，获得如图 7.27 所示的结果图像。

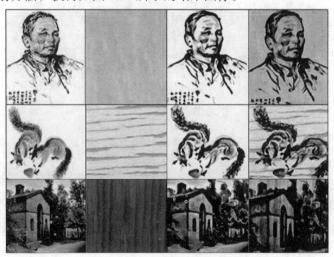

图 7.27　烙画模拟结果图像

　　令烙画目标图像为 T，自然材质图像为 B，图像 T 与图像 B 具有相同大小尺寸，P 为输出图像，图像融合采用下式计算：

$$P(x,y) = \begin{cases} P_R(x,y) = T_R(x,y) \times B_R(x,y) / 255 \\ P_G(x,y) = T_G(x,y) \times B_G(x,y) / 255 \\ P_B(x,y) = T_B(x,y) \times B_B(x,y) / 255 \end{cases} \qquad (7.45)$$

其中，$T_R(x, y)$、$T_G(x, y)$和$T_B(x, y)$分别为图像T在R、G、B上的3个分量；$B_R(x, y)$、$B_G(x, y)$和$B_B(x, y)$为图像B在R、G、B上的3个分量；$P_R(x, y)$、$P_G(x, y)$和$P_B(x, y)$则为图像P在R、G、B三个分量上的计算结果。合并这3个计算结果则为输出图像$P(x, y)$。

　　图7.28为凹凸肌理效果图，图7.29为凹凸肌理细节对比图。由实验结果可知，图7.28(a)为输入图像，图7.28(b)显示了灰度的凹凸效果图，图7.28(c)显示了最终获得的彩色凹凸效果图像。图7.29为输入图像与结果图像的局部对比，可以看出，局部凹凸效果图像呈现出清晰的凹凸肌理和明显的层次结构，突出了图像的凹凸立体感。由此可知，所阐述的方法能够较好地模拟出画面的凹凸肌理，实现图像的彩色凹凸肌理效果。

(a) 输入图像　　　　　(b) 灰度图凹凸效果　　　　　(c) 彩色凹凸效果

图7.28　凹凸肌理效果图

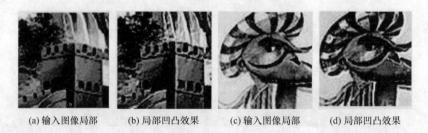

(a) 输入图像局部　　(b) 局部凹凸效果　　(c) 输入图像局部　　(d) 局部凹凸效果

图7.29　凹凸肌理细节对比图

7.5　烙画艺术风格绘制结果

　　为了论证烙画艺术效果模拟算法的可行性和有效性，基于上述算法，对不同输入图像进行处理，实现了具有凹凸肌理的烙画艺术风格效果。

　　图 7.30 显示了烙画模拟实验结果对比图像，其中，图 7.30(a)为输入图像，采用 L_0 滤波算法、梯度彩色边缘检测、凹凸肌理模拟等对输入图像处理后得到烙画前景图像图 7.30(b)，图 7.30(c)为文献[11]采用偏离映射的方法得到的烙画效果，通过图 7.30(b)与图 7.30(c)的背景进行正片叠底得到的实验结果图 7.30(d)，图 7.30(e)为细节信息图像，显然，图 7.30(e)能够清晰地看到图像的凹凸肌理。从结果图可以看出，文献[11]和凹凸肌理画面的方法都得到了烙画的模拟图像，然而，通过凹凸肌理画面的模拟，获得的烙画结果图像的边缘线条色彩更加逼真清晰，绘制速度更快，更接近真实烙画的艺术特征。

　(a) 输入图像　　　(b) 烙画前景　　　(c) 烙画结果　　　(d) 凹凸表面结果　　　(e) 细节图像

图 7.30　烙画实验结果对比

　　图 7.31 显示了上述算法实验的其他结果。图 7.31(a)和图 7.31(b)为原始输入图像，经过一系列烙画前景模拟步骤之后，最后与背景模板进行融合得到烙画最终实验结果。其中，图 7.31(c)和图 7.31(d)为背景图像，图 7.31(g)和图 7.31(h)为最终模拟的烙画艺术图像，图 7.31(i)和图 7.31(j)为烙画模拟结果的细节图像。对比图 7.31(g)和图 7.31(i)，图 7.31(h)和图 7.31(j)可知，文献[11]的方法画面较为抽象模糊，没有明显的凹凸立体感，而采用凹凸肌理映射得到的结果图像色彩协调,融合自然。由图 7.31(i)和图 7.31(j)所示的细节图像可以看出，图像轮廓线条色彩清晰逼真，画面具有明显的凹凸立体感和结构层次，较好地实现凹凸肌理的烙画效果。此外，通过将烙画前景与多种自然背景的融合，减少了纹理合成的时间开销，丰富了烙画作品题材。

　　　　　　(a) 输入图像　　　　　　　　　　　　　　　　(b) 输入图像

(c) 材质图像　　　　　　　　　　(d) 材质图像

(e) 前景图像　　　　　　　　　　(f) 前景图像

(g) 烙画图像　　　　　　　　　　(h) 烙画图像

(i) 局部放大图像　　　　　　　　(j) 局部放大图像

图 7.31　烙画模拟实验结果

图 7.32 显示了获得的葫芦烙画实验结果，其中图 7.32(a)为输入图像，图 7.32(b)
为经过各向异性滤波和细节增强获得的前景图像，图 7.32(c)为等边三角形网格划分
后，交互设置控制点后的结果图像，图 7.32(d)为拖动控制点，对图像进行变形之后
获得的结果图像，图 7.32 (e)显示了图像融合后得到的葫芦烙画结果图像。可以看出，
实验结果模拟了烙画风格中的抽象写意效果，局部细节细腻，线条和色彩简洁、自
然、流畅。

(a) 输入图像   (b) 前景图像

(c) 网格划分   (d) 变形结果   (e) 葫芦烙画结果

图 7.32 葫芦烙画模拟结果

图 7.33 显示了另一个葫芦烙画实验结果，图 7.33(a)为输入图像，图 7.33(b)
为写意画面模拟后的前景图像，通过等边三角形网格划分及控制点交互，得到
图 7.33(c)的结果，与葫芦背景图像相融合，产生图 7.33(d)的葫芦烙画结果图
像。可以看出，结果图像突出了边缘、对比度等细节信息，与葫芦背景图像进
行融合，数字化仿真结果接近真实的葫芦烙画艺术风格。

(a) 输入图像　　　(b) 前景图像　　　(c) 变形结果　　　(d) 葫芦烙画结果

图 7.33　葫芦烙画模拟结果

7.6　本 章 小 结

　　本章对具有民族特色的云南烙画艺术效果数字化仿真方法进行介绍，通过滤波、细节增强、图像合成、图像变形等方法模拟了烙画艺术风格。

　　烙画艺术效果模拟算法中，首先考虑到背景纹理合成的复杂的难点和背景单一、题材匮乏的不足，直接选取丰富的自然样本作为烙画背景材质，解决了纹理合成耗时、复杂的问题；其次，采用 L_0 最小梯度滤波算法模拟图像抽象写意风格的艺术效果，通过梯度彩色边缘以及归一化正片叠底算法仿真烙画线条色彩并进行边缘细节增强，然后调整凹凸感、强度和方向，利用浅浮雕技术提取并绘制彩色凹凸感的烙画前景，此外，采用等边三角形图像变形方法，对烙画前景图像进行变形处理；最后，将前景图像与竹木、纸、烙画等材质图像进行图像融合，实现了最终的烙画艺术效果。

非真实感烙画艺术风格绘制算法能够较好地实现图像抽象写意风格，图像线条色彩清晰逼真，重点突出了画面的色彩、凹凸立体感以及层次结构，强化了"烙"特征力度，较好地实现了"烙艺性"与"绘画性"的融合统一，增强了烙画的艺术表现力。此外，将变形之后的前景图像映射到葫芦背景图像中，获得了葫芦烙画艺术效果图像。所提算法在数字文化遗产保护、漫游系统、影视作品、游戏动画、宣传娱乐等方面具有广泛的应用前景。

烙画艺术效果的数字化仿真过程可考虑将算法扩展到三维或视频领域，同时仿真结果的展示有利于辅助用户创作出真实的烙画艺术作品，对少数民族文化的宣传、保护和推广具有积极作用。

参 考 文 献

[1] 曹毅. 基于图像的中国水墨画绘制方法的研究[博士学位论文]. 长春: 吉林大学, 2012.

[2] Xu S H, Lau F, Cheung W K, et al. Automatic generation of artistic Chinese calligraphy. Intelligent Systems IEEE, 2005, 20(3): 32-39.

[3] Meng M, Zhao M, Zhu S C. Artistic paper-cut of human portraits//Proceedings of ACM Multimedia International Conference, 2010: 931-934.

[4] Pu Y Y, Wei X M, Su Y. Implementation and research of multi-method color transfer algorithms in different color spaces//Proceedings of the 2010 International Conference on Machine Vision and Human-Machine Interface, 2010: 713-717.

[5] Pu Y Y, Li W, Zhao Y, et al. Local color transfer algorithm based on CTWC and the application in styled rendering of Yunnan heavy color painting. Advances in Information Sciences & Service Science, 2013, 5(6): 183-190.

[6] 蔡飞龙, 彭韧, 于金辉. 京剧脸谱分析与合成. 计算机辅助设计与图形学学报, 2009, 21(8): 1092-1097.

[7] 陈圣国, 孙正兴, 项建华, 等. 计算机辅助乱针绣制作技术研究. 计算机学报, 2011, 34(3): 526-532.

[8] 周杰, 孙正兴, 杨克微, 等. 乱针绣模拟的参数化生成方法. 计算机辅助设计与图形学学报, 2014, 26(3): 436-444.

[9] 项建华, 杨克微, 周杰, 等. 一种基于图像分解的乱针绣模拟生成方法. 图学学报, 2013, 34(4): 16-24.

[10] 王东, 周世生, 桑贤生. 基于纹理传输的烙画风格图像仿真. 系统仿真学报, 2010, 22(12): 2929-2933.

[11] 钱文华, 徐丹, 岳昆, 等. 偏离映射的烙画风格绘制. 中国图象图形学报, 2013, 18(7): 836-843.

[12] Xu L, Lu C W, Jia J Y. Image smoothing via L_0 gradient minimization. ACM Transactions on Graphics, 2011, 30(6): 174-180.

[13] Xu L, Ren J S, Yan Q, et al. Deep edge-aware filters//Proceedings of the 32nd International Conference on Machine Learning, 2015: 1669-1678.

[14] Tan L, Liu X L, Xue K C. A Retinex-based local tone mapping algorithm using L_0 smoothing filter. Communications in Computer & Information Science, 2014, 437: 40-47.

[15] He K M, Sun J, Tang X O. Guided image filtering. IEEE Transactions on Pattern Analysis and Machine Intelligence, 2013, 35(6): 1397-1409.

[16] 冈萨雷斯. 数字图像处理. 3 版. 北京: 电子工业出版社, 2011.

[17] Zenzo S D. A note on the gradient of a multi-image. Computer Vision Graphics & Image Processing, 1986, 33(1): 116-125.

[18] Igarashi T, Moscovich T，John F H. As-rigid-as-possible shape manipulation. Transactions on Graphics, 2005, 24(3):1134-1141.

第 8 章　非真实感东巴画艺术风格绘制

　　云南省少数民族东巴画是纳西族东巴文化艺术的重要代表，是丽江东巴地区发源起来的一种民族风味独特的绘画形式，其作品多以木片、东巴纸及麻布等为材料，内容涉及佛神、人物、动物、植物以及妖魔鬼怪的形象，创作过程中，采用自制的竹笔蘸松烟墨勾画轮廓，然后敷以各种自然颜料而成色[1]。东巴画融合了宗教艺术特色和各类动、植物人物形象造型，绘法以线条为主，不注重绘画对象外部的形体比例，同时采用蓝、黄、褐等原色色彩，色彩丰富、朴实生动、野趣横生，表现了人与自然的和谐关系。

　　东巴画独特的艺术特质主要表现在以下方面：①独特的绘画内容。东巴画多以纳西族民间信奉的神灵、传说中的祖先以及动植物等为主题，画面具有强烈的原始意味，作品中奇异诡谲，野趣横生。②特殊的绘画技法。东巴画作画时以线条为主，构图以文字和绘画相结合，并不注重事物外部的形体比例，许多画面亦字亦画，具有浓郁的象形文字风味。③鲜明的绘画色彩。东巴画绘画多用自然颜料，色彩明亮，鲜艳夺目，能历经数百年而不褪色。图 8.1 显示了真实的东巴画艺术风格，可以看出其绘画古朴天然，具有浓郁的象形文字书写特征，被誉为研究人类原始绘画艺术的"活化石"[2]。

图 8.1　东巴画艺术风格

　　东巴画以其古朴神秘的气息、浓郁的民族特色吸引了国内外学者的关注。目前，针对纳西族东巴画创作材质、创作主题，以及绘画风格的数字模拟研究并不多见，缺乏对东巴绘画色彩、构图的数字模拟和研究。本章以东巴画为研究对象，对东巴画艺术作品进行数字模拟合成，研究的成果可用于广告制作、图书设计、建筑装修、影视娱乐、数字媒体、信息科技等行业，这既是对中国特色艺术风格研究的有益补充，同时也是弘扬民族文化，促进非真实感绘制技术在西南地区发展和应用的重要举措。

图 8.2 显示了东巴画艺术风格数字模拟合成的流程图，算法局部结果也在流程图上显示。算法通过对东巴画前景图和背景图分别模拟，再通过融合的方式实现东巴画的数字模拟。在前景图像模拟时，首先建立东巴画白描图绘制系统，通过交互式方法选择图案元素，获得东巴画白描图；其次，通过对东巴画白描图着色，生成东巴画的前景图像；再次，对东巴画背景图像背景图像融合，并采用局部色彩传输算法，获得最终的东巴画数字模拟结果图像。

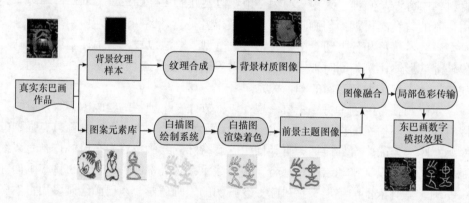

图 8.2　东巴画数字模拟实现框图

8.1　东巴画白描图绘制

真实东巴画艺术作品中主题对象丰富，以人物、动物、神兽为主，为了可以自由编辑东巴画中特有的象形文字和动植物造型，合理布局和构图，首先设计并开发了一个基于东巴画图案元素的白描图数字合成系统，该系统采用交互式方法，从真实东巴画中提取图形元素，构建图案元素数据库。东巴画数字模拟过程中，首先从数据库中选择图形元素，通过编辑、组合获得东巴画白描图，图 8.3 显示了东巴画白描图绘制流程图。

8.1.1　东巴画图案元素提取

东巴画图案元素提取时，针对真实东巴画艺术作品图像，采用交互式方式，沿图案元素的轮廓线添加控制点，每添加一个新的控制点系统会自动进行曲线拟合得到轮廓线，当所有控制点标记完成后，图案的轮廓线被提取出来，然后将提取结果存储到图形元素库中。图 8.4(a)显示了东巴画图案元素提取的软件界面，通过鼠标左键点击，在图案元素中添加控制点，并调节控制点来改变轮廓的形状，软件中可以实现添加删除曲线、放大、添加删除控制点、调整亮度、存储等操作。图 8.4(b)显示了东巴画图案元素的提取结果。从提取结果可以看出，图案元素轮廓清晰，保留了边缘轮廓的细节信息，较完整地表达了目标图中的主体。此外，线条由控制点调整，方便编辑和组合，易于操作。

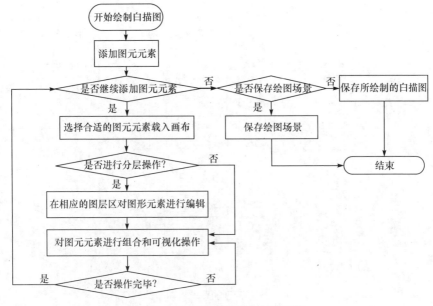

图 8.3　东巴画白描图绘制流程图

(a) 软件界面　　　　　　　　　　　　　　(b) 提取结果

图 8.4　东巴画白描图提取

通过收集真实东巴画艺术作品，对东巴画中最具代表的图案元素(例如象形文字、动植物躯干、特征符号等)进行提取，按照类别进行保存，建立了东巴画图案元素库。元素库收集了真实的丽江东巴画艺术作品图案，分为人物、动物、其他三个管理模块，其中人物类大约有八十多种象形人物元素，动物类包括三十多种动物元素，其他类包括六十多种特殊符号，构成了丰富的素材资源库，为东巴画艺术风格模拟奠定了基础。

图 8.5 显示了图案元素库中存储的部分图案元素，主要包括以下三类。

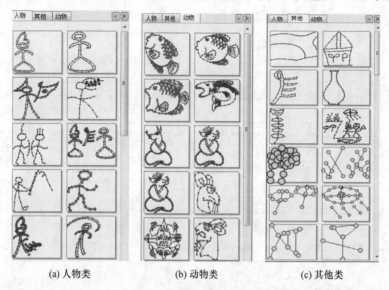

(a) 人物类　　　　　　(b) 动物类　　　　　　(c) 其他类

图 8.5　东巴画图案元素库

(1) 人物模块：人物类主要是东巴画中象形文字的人物造型，是东巴绘画作品中最有特色的部分，是进行东巴画白描图合成的重要内容。

(2) 动物模块：动物类是东巴画中常出现于旅游、劳作等工艺品中的招财鱼、蛙和其他动物造型。

(3) 其他模块：其他类是东巴画构图中常用的符号或标志，是图案元素不可或缺的部分，表达某种特殊的意义。

从结果图可以看出，东巴画元素库具备丰富的图案元素，它们是数字合成东巴画艺术效果的基础。绘画时，可以从元素库中选择合适的图形元素，拖动到画布上进行组合和编辑，通过放大、缩小、旋转等操作，完成白描图的绘制工作。

8.1.2　东巴画白描图编辑

通过交互式编辑、组合的方法，可在软件画布上实现东巴画白描图的绘制，图 8.3 显示了东巴画白描图绘制的流程图。在绘制时，采用交互式方式，从东巴画图案元素库中选择元素，拖动到画布上进行放大、缩小、旋转等编辑操作，同时可通过图层的分层操作对元素进行组合，白描图绘制完成后可保存绘图的场景信息，操作简单方便。

　　图 8.6 显示了东巴画白描图的绘制软件，软件中间区域为画布区，可以实现类似画板的效果，右边是图案元素库显示区域，可从中选取需要的图案元素，编辑、组合成为最终的东巴画白描图。与真实东巴画艺术作品的构图进行对比，实现整体上的和谐统一，产生较满意的白描图绘制结果。图 8.7 显示了东巴画白描图绘制的结果图像，其中，图 8.7(a)显示了选择的图案元素，图 8.7(b)显示了图案元素添加编辑过程，图 8.7(c)显示了最终获得的白描图结果图像。

(a) 绘制白描图

(b) 添加元素模型

图 8.6　白描图绘制软件界面

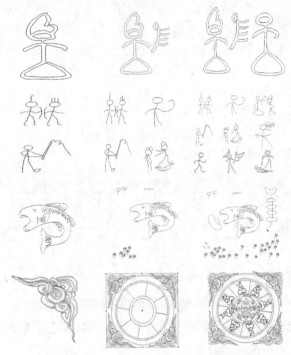
(a) 元素选择　　(b) 添加图形元素　　(c) 白描图的绘制效果

图 8.7　东巴画白描图绘制过程

图 8.8 显示了其他白描图绘制效果。东巴画白描图绘制系统是进行东巴画创作和模拟的平台，通过交互编辑操作，用户可以快速高效地合成东巴画图案元素，产生白描图，不仅可以模仿已有的东巴画图案，也可以自由组合图案元素，获得不同主题图案。

图 8.8　其他东巴画白描图绘制结果

8.2　东巴画白描图着色

东巴画通常在墙壁、石块、木片、东巴纸及麻布等材料上创作，结果图像中呈现出点块状笔刷纹理，纹理图案中通常由两到三种原色色彩进行涂抹。实际创作中常以其中的一种颜色作为底色，其他颜色在底色的基础上进行混色，产生彩色效果[1]。为了模拟东巴画艺术纹理和色彩特征，采用多频率噪声线卷积分算法，通过调节产生不同的噪声频率，合成粒度不同的噪声场，呈现不同类型的点、块状纹理结构。此外，为了突出点块状纹理的混色效果，通过色彩空间变换，减少色彩通道之间的相关性，在 HSV 色彩空间进行色彩模拟，对不同的颜色通道进行扰动，模拟东巴画的色彩。

图 8.9 显示了 HSV 色彩空间东巴画纹理着色过程，可以较好地模拟出真实东巴画噪声状纹理的效果。具体算法步骤如下：

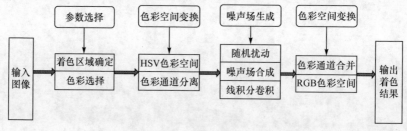

图 8.9　HSV 颜色空间噪声状纹理着色流程图

(1) 选取填充区域和填充颜色。在白描图中确定要色彩填充的区域，从真实东巴画作品中提取所需的颜色值。

(2) 色彩空间转换。将目标图像从 RGB 色彩空间转换到 HSV 色彩空间。

(3) 生成多频率噪声场。在 HSV 色彩空间，针对不同色彩通道，通过对不同色彩通道扰动获得填充区域噪声值，产生高频率噪声场，对初始噪声场生成多频率噪声图，生成矢量场。

(4) 混色卷积。在色彩通道，设置积分步长和积分长度，基于矢量场方向，将色彩通道值与噪声场进行线积分卷积计算[3]，合并各色彩通道值，并将 HSV 空间转回到 RGB 空间，获得东巴画混色效果。

图 8.10 显示了采用多频率绘制填充算法实现的白描图着色效果。图 8.10(a) 为输入图像，图 8.10(b)为单频率噪声混色结果图像，图 8.10(c)为多频率噪声混色结果图像，可以看出，通过设置噪声场，对不同色彩空间扰动，可获得白描图的渲染着色效果。此外，与单频率噪声着色结果相比，多频率噪声能产生细节更加丰富的纹理和色彩。通过噪声场浓度、噪声频率、矢量场方向等参数调整，可产生不同色彩和纹理的结果图像，能模拟真实东巴画艺术作品中点块状纹理的混色效果。

(a) 目标图　　　　　　　(b) 单频率着色　　　　　　(c) 多频率着色

图 8.10　HSV 彩色空间点状块纹理的混色填充

图 8.11 显示了其他白描图着色效果。图 8.10(a)为输入白描图图像，图 8.10(b)为着色结果图像。可以看出，多频率噪声绘制方法可以有效地对东巴画白描图着色，可根据实际需要选择着色色彩，着色结果整体色调流畅、和谐统一，模拟了东巴画色彩信息，实现了东巴画前景图像的模拟。

(a) 白描图

(b) 着色图

图 8.11　东巴画白描图着色效果

8.3　东巴画图像融合

　　真实东巴画艺术作品创作时可在不同材质上创作，可对东巴画背景图像进行数字化模拟，并将东巴画前景图像映射到背景图像中，产生最终的东巴画艺术风格模拟图像。通常材质图像呈现出规则的纹理特征，因此，算法提取真实东巴画背景纹理样本，通过纹理合成的方法扩展背景纹理图像，丰富东巴画背景图像。

　　纹理合成过程中，基于 Image Quilting 纹理合成方法[4]，采用纹理块及像素点混合合成的思想合成背景图像，算法选取符合条件的纹理像素点及纹理块进行填充，纹理块之间通过在样本中查找像素匹配点的方法进行填充。具体实现过程包括[5]：①纹理样本提取，设置误差值、尺寸等参数；②边界预处理，扩充合成背景图像和纹理样本的边界；③从纹理样本中选取种子点填充到结果图像中；④从上一匹配点选取合适的像素点填充到当前待合成区域；匹配点搜索时，设 n_1、n_2 表示纹理样本和合成结果图中的不同像素点，式(8.1)描述了采用 L2 距离计算匹配点的过程；⑤优化纹理块之间的区域，消除纹理块之间的缝合线。通过迭代上述过程，获得最终合成效果。

$$D(n_1, n_2) = \sum_{i,j \in w} \{(T(i) - T(j))^2\} \tag{8.1}$$

其中，D 表示计算的匹配距离；W 表示匹配窗大小($10 < W < 30$)；T 表示 R、G、B 三通道值；i 和 j 表示纹理样本和合成结果匹配窗中的像素点。

　　为了更好地对东巴画背景纹理进行合成，开发了一个集成纹理合成功能的软件，可设置纹理合成时参数，例如目标图大小、纹理块大小、重叠区大小等，方便调整和观看合成效果，同时有利于不同纹理样本的合成，纹理合成软件界面如图 8.12 所示。

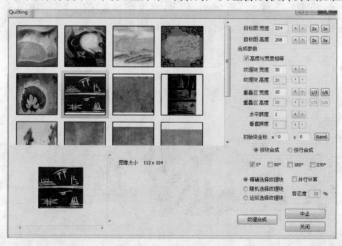

图 8.12　纹理合成软件

图 8.13 显示了纹理合成样本及合成结果，图 8.13(a)为输入纹理样本，图 8.13(b)为纹理合成结果图像，可作为东巴画艺术风格的背景图像。通过纹理合成，有效对东巴画背景图像数字化合成，扩展了东巴画艺术效果的背景题材。此外，采用交互式编辑方式，可提出取真实东巴画艺术效果背景纹理，图 8.14 显示了交互式编辑获得的背景图像，结果图像中主题多样，扩充了背景图像。

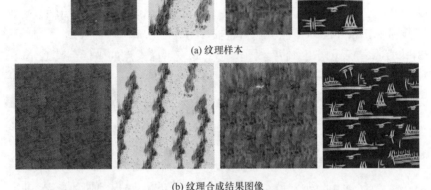

(a) 纹理样本

(b) 纹理合成结果图像

图 8.13　纹理合成背景图像

图 8.14　交互式编辑背景图像

获得东巴画艺术效果的背景图像之后，通过东巴画前景图像与背景图像融合获得最终的东巴画艺术效果,可直接通过色彩图层的加权映射获得图像融合效果,也可采用基于光照明模型的映射[6]等方法。由于图层映射方法具有快速、高效的特点,通过对前景和背景图像的图层叠加产生融合效果,既保留了前景的艺术特征,又可显示背景的材质信息。此外,LAB 色彩空间中,各通道之间的相关性最小[7],图层映射可在 LAB 色彩空间进行:

(1) 将东巴画前景图像和背景图像从 RGB 色彩空间转换到 LAB 色彩空间,其中 L 表示亮度通道,A 和 B 表示色彩通道;

(2) 设 $F(x, y)$ 表示东巴画前景图像,(x, y) 表示像素点的坐标,其 L, A, B 3 个通道值分别用 $F_L(x, y)$, $F_A(x, y)$, $F_B(x, y)$ 表示;

(3) 设 $B(x, y)$ 表示东巴画背景图像,(x, y) 表示像素点的坐标,其 L, A, B 3 个通道值分别用 $B_L(x, y)$, $B_A(x, y)$, $B_B(x, y)$ 表示;

(4) 对东巴画前景图像和背景图像不同通道层进行融合,即:

$$\begin{cases} G_L(x, y) = F_L(x, y) \times \alpha_1 + B_L(x, y) \times \beta_1 \\ G_A(x, y) = F_A(x, y) \times \alpha_2 + B_A(x, y) \times \beta_2 \\ G_B(x, y) = F_B(x, y) \times \alpha_3 + B_B(x, y) \times \beta_3 \end{cases} \quad (8.2)$$

其中,$G_L(x, y)$, $G_A(x, y)$, $G_B(x, y)$ 分别表示融合图像的 L, A, B 通道值,α 和 β 分别表示图层映射时的权重值,实验中,$0 \leqslant \alpha_i + \beta_i \leqslant 1$, $i = 1, 2, 3$。

(5) 将融合结果图像 G 从 LAB 色彩空间转换到 RGB 色彩空间。

图 8.15 显示了东巴画图像融合结果,图 8.16(a)为输入前景图像,图 8.16(b)为输入背景图像,图 8.16(c)显示了图像融合的结果图像。

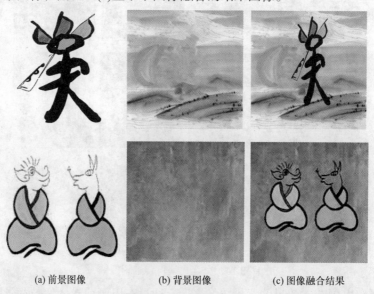

(a) 前景图像   (b) 背景图像   (c) 图像融合结果

图 8.15 图像融合结果

8.4　东巴画局部色彩传输

色彩传输指利用参考图像的色彩对目标图像的色彩进行调整，最终使目标图像的颜色与参考图像的颜色分布相似。为了使东巴画着色后尽可能多地呈现参考图像的色调，更加接近真实的东巴画艺术风格，采用色彩传输方法对图像融合结果进行色彩模拟。Reinhand 等提出了全局色彩传输算法[7]，使用图像的统计信息均值和标准差来衡量图像的数据分布，对图像的一阶和二阶统计特征进行线性变换，使目标图像具有与参考图像相似的色彩统计特征，从而在视觉上达到色彩相似的效果。

图 8.16 显示了采用 Reinhard 等的全局颜色传输算法获得的实验结果，其中图 8.16(a)为参考图像，图 8.16(b)为目标图像，图 8.16(c)为色彩传输的结果图像。可以看出，图 8.16(c)获得了与图 8.16(b)相似的色彩分布和色彩信息。然而，由于 Reinhard 方法为全局传输算法，改变了目标图的整体色调，局部色彩信息丢失，同时当目标图像和参考图像的色彩和构图差异较大时，造成色彩失真。因此，通过对全局色彩传输算法进行改进，采用局部色彩传输算法保留目标图像的局部色彩和纹理信息，减少色彩失真。

(a) 参考图像　　　　　　(b) 目标图像　　　　　　(c) 结果图像

图 8.16　全局彩色传输算法结果

局部色彩传输算法实现时，在参考图像和目标图像中选择对应的区域，并设置参考图像的色彩传输权重，控制局部色彩传输程度，最终实现局部色彩传输。图 8.17 显示了基于局部色彩传输算法流程图。

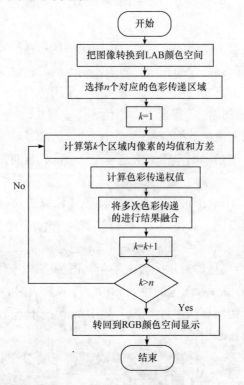

图 8.17　全局彩色传输算法结果

具体算法步骤如下：

(1) LAB 色彩空间转换。将目标图像和参考图像 RGB 色彩空间转到 LAB 色彩空间[7]；

(2) 选择 $n(n \geq 1)$ 个需要色彩传递的局部区域。在目标图像和参考图像中选择需要色彩传输的局部区域，设 P_r^k 和 P_t^k 分别为参考图像和目标图像中的对应区域，$C_s(i,j)$ 为参考图像中像素 (i,j) 某一个颜色通道值；

(3) 计算对应区域的 A、B 通道颜色分布统计信息。分别计算图像中不同颜色通道的平均值和标准方差：

$$\begin{cases} \mu_s^k = \dfrac{1}{N_s^k} \sum_{i=i_1}^{i_2} \sum_{j=j_1}^{j_2} C_s(i,j) \\ \sigma_s^k = \sqrt{\dfrac{1}{N_s^k - 1} \sum_{i=i_1}^{i_2} \sum_{j=j_1}^{j_2} (C_s(i,j) - \mu_s^k)^2} \end{cases} \tag{8.3}$$

其中，$N_s^k = (i_2 - i_1 + 1) \times (j_2 - j_1 + 1)$，$\mu_s^k$、$\sigma_s^k$ 为参考图像在第 $k(k \in n)$ 个对应区域的均值和标准差，同理可得目标图像的均值 μ_t^k 和标准差 σ_t^k。

(4) 计算 AB 色彩传输权值。色彩传递权值表示像素点被色彩传输的影响程度，该值越大，色彩传输效果越强，可通过计算像素点与所选区域的欧几里得距离计算色彩传递权值。设 x_{ij}^k 表示第 k 个区域的欧几里得距离，权值函数 q 计算为[7]：

$$q(x_{ij}^k) = e^{\frac{-\gamma x_{ij}^k}{100}} \quad (i = 1, 2, \cdots, w_s, \quad j = 1, 2, \cdots, h_s) \tag{8.4}$$

其中，w_s，h_s 表示参考图像的宽和高，γ 表示衰减因子。

(5) 局部色彩传输。计算局部色彩传输结果[7]：

$$C_x(i,j) = C_s(i,j) + q\left(x_{ij}^k\right) \cdot (\mu_t + \frac{\sigma_t}{\sigma_s}(C_s(i,j) - \mu_s) - C_s(i,j)) \tag{8.5}$$

其中，$C_s(i,j)$ 表示参考图像中像素(i,j)颜色通道的值，$q\left(x_{ij}^k\right)$ 为像素点(i,j)的色彩传递权值，μ_s，σ_s和μ_t，σ_t 分别是源图像和目标图像对应区域的均值和方差。

(6) 色彩效果叠加。对多次颜色传递后的效果进行叠加，采用式(8.6)计算，并将色彩空间转换到 RGB 空间，完成局部色彩传输。

$$C_x(i,j) = C_s^{k-1}(i,j) + q\left(x_{ij}^k\right) \cdot (\mu_t^k + \frac{\sigma_t^k}{\sigma_s^k}\left(C_s^{k-1}(i,j) - \mu_s^k\right) - C_s^{k-1}(i,j)) \tag{8.6}$$

其中，$q\left(x_{ij}^k\right)$ 为像素点(i,j)在第 k 个对应区域的色彩传递权值，$k=1,2,3,\cdots,M$，μ_s^k、μ_t^k 分别为参考图像和目标图像第 k 个对应区域的均值，σ_s^k、σ_t^k 为标准方差，C_s^{k-1} 为第 k–1 个对应区域色彩传输获得的结果图像。局部色彩传输时，可通过对衰减因子 γ 进行设置，获得不同的色彩传输结果。选择两组不同的图像进行实验，其中一组前景颜色和背景颜色差异较大，另一组前景颜色和背景颜色差异较小。

图 8.18 和图 8.19 显示了不同衰减因子对色彩传输的影响，图 8.19(a)和图 8.20(a) 为色彩参考图像，图 8.18(b)和图 8.19(b)为目标图像，设置不同衰减因子获得不同的局部色彩传输效果。从图 8.18 可以看出，目标图像中的前景色彩发生了改变，获得了与参考图像前景相似的色彩，然而背景色彩没有改变，保持了目标图像原有的色彩信息，减少了背景色彩的失真。此外，当 γ 较小时，图 8.18(a)和图 8.19(a)中的色彩传输效果不明显；当 γ 较大时，图 8.18(d)色彩传输效果较为明显，图 8.19(d)中背景的色彩也发生了改变，因此，实验中，衰减因子设置为 $4 \leqslant \gamma \leqslant 10$。

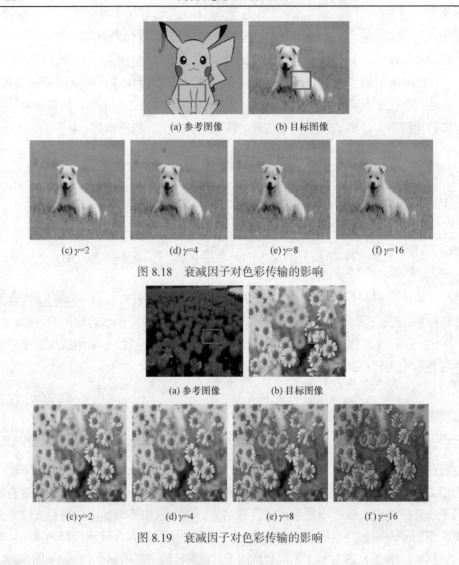

(a) 参考图像　　　　　(b) 目标图像

(c) γ=2　　　(d) γ=4　　　(e) γ=8　　　(f) γ=16

图 8.18　衰减因子对色彩传输的影响

(a) 参考图像　　　　　(b) 目标图像

(c) γ=2　　　(d) γ=4　　　(e) γ=8　　　(f) γ=16

图 8.19　衰减因子对色彩传输的影响

8.5　东巴画艺术风格绘制结果

　　采用东巴画图形元素提取、白描图绘制、图像融合、局部色彩传输等算法流程，模拟了具有东巴画艺术风格的结果图像。实验在 Windows 10 操作系统中进行，系统配置为 3.2 GHz Intel CPU，8GB 内存，采用 MATLAB2016a 编程实验，具体的实验结果如下。

　　图 8.20 显示了东巴画艺术风格模拟实验结果，其中图 8.20(a)为经过图案元素选取编辑后的白描图图像，图 8.20(b)显示了色彩模拟之后的东巴画前景图像，图 8.20(c)为输入的东巴画背景图像。经过前景图像与背景图像的融合，获

得图 8.20(d)所示的东巴画结果图像。可以看出，结果图像中前景和背景图像较好的融合，突出了东巴画的主题和色彩，模拟了真实东巴画作品的朴实生动、野趣横生的艺术风格。

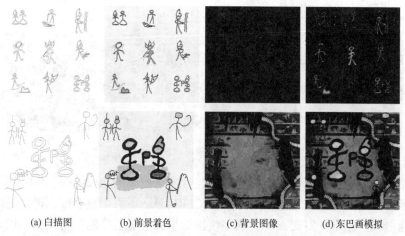

(a) 白描图　　　　(b) 前景着色　　　　(c) 背景图像　　　　(d) 东巴画模拟

图 8.20　东巴画艺术风格模拟效果

　　图 8.21 显示了经过局部色彩传输之后的东巴画艺术风格模拟实验结果，其中图 8.21(a)、(e)为白描图，图 8.21(b)、(f)为前景与背景图像融合之后的结果图像，图 8.21(c)、(g)为真实的东巴画艺术风格作品，将该图像作为局部色彩传输的参考图像，色彩分别传输到图 8.21(b)、(f)后，获得了图 8.21(d)、(h)的结果图像。可以看出，图 8.21(d)结果图像中改变了前景颜色信息，图 8.21(h)结果图像中改变了背景颜色信息。采用局部色彩传输方法，能有效改变结果图像中的局部色彩信息，同时保持了其他区域的色彩，突出了东巴画艺术风格的色彩特征。

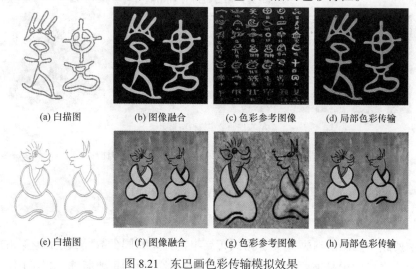

(a) 白描图　　　　(b) 图像融合　　　　(c) 色彩参考图像　　　　(d) 局部色彩传输

(e) 白描图　　　　(f) 图像融合　　　　(g) 色彩参考图像　　　　(h) 局部色彩传输

图 8.21　东巴画色彩传输模拟效果

图 8.22 显示了东巴画艺术风格模拟的其他实验结果，结果中体现了东巴画图案元素、色彩、背景纹理等细节信息，通过建立图案元素数据库、背景纹理合成、图像融合等方法丰富了东巴画艺术作品题材，通过局部色彩传输方法改变了局部色彩信息，更加符合真实的东巴画艺术风格特征。

图 8.22　东巴画艺术风格数字模拟结果

图 8.23 显示了东巴画数字模拟结果与真实东巴画的比较结果。其中，图 8.23(a) 显示了真实的东巴画艺术风格图像，图 8.23(b) 显示了采用数字模拟得到的结果图像。通过实验结果图对比发现，数字模拟结果图像能较好地体现真实东巴画的主题、色彩，具有色彩鲜明、线条流畅、主题丰富的特点，能模拟东巴画艺术风格特征。

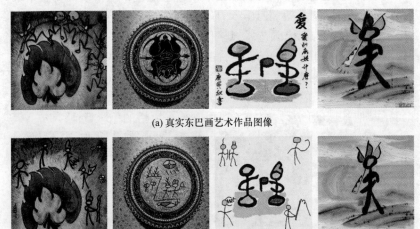

(a) 真实东巴画艺术作品图像

(b) 东巴画数字模拟结果图像

图 8.23　东巴画艺术风格数字模拟结果对比

8.6　本章小结

纳西族东巴画的造型优美、构图布局丰富，是我国少数民族绘画艺术的独特表现形式之一，也是纳西族民族历史文化和宗教文化的重要载体。目前国内外研究者对东巴画艺术风格的数字模拟研究并不多见，本章提出了一种基于交互式白描图的东巴画数字模拟合成方法，对东巴画前景图像与背景图像分别处理，再以融合的方式进行数字模拟。首先建立东巴画白描图绘制系统，通过交互式方式选取图案元素生成东巴画白描图，对白描图进行着色，获得东巴画前景图像；之后通过纹理合成等方法生成东巴画背景图像，采用图像融合方法融合前景图像和背景图像，产生东巴画的数字模拟合成结果。总体而言，绘制算法突出了东巴画主题、色彩、线条特征，丰富了东巴画和非真实感绘制的艺术表现形式，可运用于文化计算、民族文化数字化保护和传承等领域。

(1) 东巴画白描图绘制系统。采用基数样条曲线拟合方法，从真实东巴画艺术效果图中选取图案元素，建立图案元素数据库；通过交互式方式选取东巴画图案元素，在系统画布上编辑、组合，实现不同主题的东巴画白描图。

(2) 东巴画白描图着色。通过色彩空间变换，在 HSV 颜色空间中，基于多频率噪声场 LIC 算法，实现了东巴画图像点块状混色效果，参考真实东巴画绘画作品中的颜色值，对白描图着色区域进行颜色赋值，获得具有混色效果的着色图。

(3) 东巴画前景与背景图像融合。获得东巴画艺术效果的背景图像之后，通过对前景和背景图像的图层叠加产生融合效果，保留了东巴画前景的艺术特征，又可显示背景的材质信息，融合算法简单、快速。

(4) 东巴画色彩传输。为了使东巴画模拟合成结果具有真实作品中的颜色特征，利用局部色彩传输算法对合成图像进行处理，通过对局部色彩传输算法中衰减因子的设置，对结果图像的局部区域进行色彩传输，获得最终的东巴画数字模拟结果图像。

今后将进一步扩充东巴画图案数据库，实现东巴画艺术效果的自动生成；东巴画亦画亦字，也将对东巴画象形文字进行搜集，建立东巴画象形文字数据库；此外，东巴画艺术作品中色彩交织，将提出色彩渐变和色彩融合的算法，同时提高算法处理的速度和效率。

参 考 文 献

[1] 黄诚. 滇西北地区纳西族东巴教绘画研究. 重庆科技学院学报(社会科学版), 2016,6(9):88-90.

[2] 黄亚平. 广义文字视阈下东巴画与东巴文字的关系研究[硕士学位论文]. 山东青岛: 中国海洋大学, 2013.

[3] Cabral B, Leedom C. Imaging vector field using line integral convolution//Proceedings of the ACM SIGGRAPH, New York, ACM Press, 1993: 263-270.

[4] Efros A A, Freeman W T. Image quilting for texture synthesis and transfer//Proceedings of the SIGGRAPH, Los Angeles, California: ACM Press, 2001:341-346.

[5] 钱文华, 徐丹, 岳昆, 等. 偏离映射的烙画风格绘制. 中国图象图形学报, 2013, 18(7): 836 -843.

[6] Liu W Y, Xin T, Xu Y Q, et al. Artistic image generation by deviation mapping. International Journal of Image and Graphics, 2001, 1(4): 565-574.

[7] Reinhard E, Ashikmin M, Gooch B. Color transfer between images. IEEE Computer Graphics and Applications, 2001: 34-40.

第 9 章　非真实感刺绣艺术风格绘制

刺绣作为中国最古老的传统文化与手工艺术之一，距今已有 4000 多年的历史，随着历史的进程，不同的流域形成了以苏绣、湘绣、蜀绣、粤绣为代表的四大名绣，并创造了极多以虫鱼鸟兽、花草、神木、神鸟、上古神话为主题的作品，以浓厚的民族特色、古老的神话传说、丰富的主题内容、独特的针刺手法闻名于世，图 9.1 显示了刺绣艺术作品。刺绣以针引线，按照设计图案在布匹织物上进行穿刺编织，组织成丰富的图案与色彩，是中华文明史上的一颗耀眼明珠。

图 9.1　刺绣艺术作品

除了四大名秀以外，还有京绣、鲁绣、汴绣、瓯绣、杭绣、汉绣、闽绣等地方名绣，我国的少数民族如苗、维吾尔、彝、傣、布依、哈萨克、瑶、土家、景颇、侗、白、壮、蒙古、藏等也都有自己特色的民族刺绣。例如，在中国西南地区的贵州省和云南省生活着苗族同胞，他们每逢盛大节日便身着精美绝伦的苗绣服饰，让人赞叹不已。苗绣起源于古代濮人的雕题文身，随着朱砂"描"绘和铁针挑花的发展，逐渐发展成为具有多种技法和针法的刺绣技艺。苗绣是苗族特有的刺绣艺术，是苗族文化艺术的特殊载体，苗绣经国务院批准列入我国第一批国家级非物质文化遗产名录，图 9.2 显示了真实的苗族刺绣艺术作品。

图 9.2　苗族刺绣艺术作品

无论是苏绣、湘绣、蜀绣、粤绣四大名绣，还是民族刺绣，都体现出丰富的色彩、多样的图案。民族刺绣图案往往代表着一个传说，深含民族文化，是民族情感的表达，龙兽、凤凰、麒麟、蝴蝶、花、鱼等都是各类刺绣的图案类型，通过大胆而夸张的艺术表现手法将图案纹样创造的生动而富有感染力。此外，刺绣手法多样，包括平绣、贴花刺绣、辫绣、绳绣、栈堆绣、杨桃刺绣等多种技法，形成不同色彩和刺绣图案，作品格调高雅、色彩鲜艳明快，成为中国服饰、装饰等艺术领域的一朵奇葩。

9.1　刺绣数字化模拟研究现状

图形工作者对刺绣数字化模拟进行了研究，已通过遗传算法、混色原理、图像解析等方法建立刺绣针法模型，模拟了刺绣艺术风格作品[1-6]。

(1) 从真实刺绣艺术作品的线条立体感与纹理角度出发，宋晓丹等采用局部建模的方法，分别对刺绣作品的立体感与纹理特性进行建模，通过横向与纵向颜色以及亮度的变化表现刺绣的立体感，通过图案的走针花样实现其纹理特性，生成了具有刺绣艺术风格的结果图像，解决了仿真效果与计算代价的问题，图 9.3 显示了刺绣立体感建模与纹理建模过程[1]。

(a) 立体感建模　　　　　　(b) 纹理建模

图 9.3　刺绣立体感建模与纹理建模

(2) 田启明等提出螺旋形针迹算法，从任意形状平面区域的中心开始，以等距离螺旋方向向外走针，直至填满整个区域[2]。算法运行时通过生成螺旋形走针路线算法对刺绣的针法路径进行模拟，图 9.4 为算法走针示意图。螺旋形针迹算法主要为通过关键偏置线的计算、环域划分与内部路径生成、环域与路径连接等过程，以一条等距离的均匀螺旋线由内而外对图案进行填充，目前该方法已成功地应用于商业刺绣模拟软件中。

(a) Spiral算法路径示意图　　　　　　　　　　(b) Spiral算法结果图像

图 9.4　Spiral 算法路径及结果图像[2]

(3) 陈圣国等提出了苏州乱针绣的模拟技法，将乱针绣制作模拟看作刺绣颜色子集选择和交叉参数计算问题，提出了基于遗传算法求解刺绣颜色子集优化选择的方法[3]。算法通过混色原理模拟了乱针绣交叉针迹参数的计算过程，实现了乱针绣的数字化模拟，图 9.5(a)为该算法针迹模拟显示局部图，图 9.5(b)为针迹模拟效果下的绣制荷花成品图。

(a) 针迹模拟显示局部图　　　　　　　　(b) 绣制荷花成品图像

图 9.5　遗传算法结果图像[3]

(4) 周杰等提出了乱针绣参数化生成方法及基于图像分解的乱针绣模拟生成方法[4,5]。模拟算法首先定义了乱针绣的参数化模型，以线条长度、方向、粗细、疏密等作为参数来构建模拟模型，并在此基础上建立了乱针绣的针法库；其次，将目标图像分解为不同区域，采用交互式区域矢量场计算，提取图像的细节信息；最后，通过多层绘制技术，将不同的针法效果分别传输到不同的区域中，并通过叠加整合以产生最后结果。图 9.6 显示了算法的实验结果，其中图 9.6(a)为真实乱针绣，图 9.6(b)为基于图像分解等过程模拟的乱针绣结果。

　　　　(a) 真实乱针绣　　　　　　　　　　(b) 模拟乱针绣

图 9.6　乱针绣参数化生成算法结果对比图[4]

　　(5) 杨克微等提出一种以物像空间依赖的技术模拟乱针绣针法和艺术风格[6]。该算法从苏州乱针绣中最基本的针迹单元着手建模，对每一组针法采用稀疏编码形成对应的子词典，合成针法库；之后，通过图像解析将图像分解为不同区域，采用针法库中已有针法在不同区域进行排列合成新的针法，获得乱针绣数字模拟图像，图 9.7 显示了算法流程图。

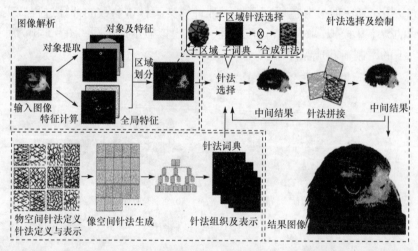

图 9.7　物像空间依赖的乱针绣模拟算法流程图[6]

　　此外，Qian 等[7]提出了一种刺绣数字模拟算法，采用改进的线积分卷积对噪声图像进行卷积，产生不同角度的刺绣纹理，将刺绣纹理图像与彩色源图像进行融合，产生刺绣艺术风格图像；安晶[8]建立了绣线差值模型，基于阈值在目标图像中产生横向或者纵向的刺绣针迹，产生最终的刺绣纹理效果；刘坤等[9]提出随机针码生成算法，针码间隔距离均匀和针码之间能够避免交叉，同时通过针码的疏密程度来体现图像的灰度级，能模拟真实的刺绣艺术效果。

本章以刺绣作为研究对象，针对刺绣作品中色彩对比强烈、图案圆润自然、层次分明的特点，以及刺绣作品中凹凸感和刺绣线条立体感等特点，采用针迹纹理合成、基于卷积神经网络(convolutional neural network，CNN)两种方法对刺绣艺术风格进行数字化模拟，研究成果可为刺绣艺术作品创作提供参考，既是对中国传统文化艺术作品研究的有益补充，同时有利于保护和传承中华民族传统文化，促使人们对中华民族传统文化、传统思想价值体系有更强烈的认同感。

9.2 刺绣针迹纹理合成算法

9.2.1 系统实现框图

根据灰度图像图案区域灰度级的不同，基于图像矩阵空间变换和纵向纹理的针迹生成算法，能较好地模拟刺绣针迹纹理，产生刺绣艺术风格效果图像。算法主要特点：①针对目标图案区域不同灰度值，采用多阈值分割灰度图像的方法，对刺绣图案进行分割；②基于图像矩阵空间变换，添加和生成纵向纹理的针迹，获得不同角度的刺绣针迹纹理；③采用图像叠加的方法将目标图像和纹理图相叠加，产生的结果图像具有目标图像颜色特征和多角度针迹的纹理特征。

图 9.8 显示了刺绣数字模拟算法流程图。首先，输入目标图像并生成灰度图像，采用多阈值分割图像的方法对灰度图像进行分割，产生二值图像；其次，对二值图像预处理，通过形态学处理消除噪声点，获得平滑的边缘轮廓；再次，基于图像矩阵空间变换对二值化图像添加纵向针迹纹理；最后，将生成的针迹纹理图像和目标图像叠加，产生具有刺绣艺术风格的结果图像。

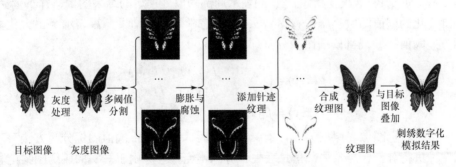

图 9.8 刺绣数字模拟流程图

9.2.2 多阈值分割图像

真实刺绣艺术作品色彩对比强烈，刺绣图案构图夸张、层次分明，此外，刺绣针迹纹理往往呈现一定的规律，即刺绣图案中相同颜色绣线的排列角度趋于一致，不同颜色的绣线构成了不同局部图案区域。因此，对刺绣艺术风格作品的数字模拟过程中，首先对图像进行分割，对相同颜色的区域添加针迹纹理，产生具有刺绣艺术风格的结果图像。

图像阈值处理是最基本和最广泛使用的图像分割技术，根据灰度作为图像识别和分割特征，广泛应用于图像分析、特征提取与模式识别。分割时每一个划分好的像素点子集在输入目标图像上都有相对应的区域，其他局部区域灰度值或大于 1、或小于 T。根据 T 的相关性进行分割可以将阈值分为全局阈值、局部阈值两种，如果 T 只与当前点的像素值相关，则为全局阈值；如果 T 与当前点的像素值和该点的邻域局部特征相关，则是局部阈值[10]。

假设 $f(x,y)$ 表示灰度图像，由相对较亮的前景和相对较暗的背景组成，即 $f(x,y)$ 有两种主要的灰度级。假设 $g(x,y)$ 表示分割结果图像，阈值为 T，全局阈值图像分割计算如下：

$$g(x,y)=\begin{cases}1, & \text{if } f(x,y)\geqslant T\\0, & \text{if } f(x,y)<T\end{cases} \tag{9.1}$$

其中，$g(x,y)=1$ 的像素表示前景图案，$g(x,y)=0$ 的像素表示背景，阈值 T 为常数。当图像前景与背景灰度级差别较大时，全局阈值方法可以获得期望的结果，全局阈值法包括直方图法[11]、类间方差法[12]、显著性检测[13]等。

基于全局阈值法的思想，局部阈值法对阈值动态化处理。算法构造动态阈值函数，与分割出的多个子图像相匹配，对每个子图像分别求取最优分割阈值，获得子图像的局部阈值。具有较高亮度图像区域的局部阈值较高，反之，较低亮度图像区域的局部阈值也较小[10]。

假设 $f(x,y)$ 表示灰度图像，$g(x,y)$ 表示局部阈值处理后的结果图像，$T(x,y)$ 表示局部变化的阈值函数，$f_0(x,y)$ 表示 $f(x,y)$ 的形态学开运算结果，T_0 表示 f_0 最大化类间方差阈值[10]，局部阈值图像分割计算如下：

$$\begin{cases}g(x,y)=\begin{cases}1, & \text{if } f(x,y)\geqslant T(x,y)\\0, & \text{if } f(x,y)<T(x,y)\end{cases}\\T(x,y)=f_0(x,y)+T_0\end{cases} \tag{9.2}$$

由于目标图像光照均匀、背景单一等原因，采用局部阈值图像分割方法对刺绣图像进行分割，导致局部信息丢失、分割不完整等。由于真实的刺绣图案色彩丰富，不同颜色的绣线刺绣时方向不同，构成局部图案。为了模拟多个不同方向的针迹纹理，采用多阈值分割方法对灰度图像进行分割[14]，假设图像 $m(x,y)$ 由背景和背景上具有不同颜色的图案所组成，通过分析灰度直方图设定阈值为 T_0，T_1，$T_2,\cdots,T_j$（$T_0<T_1<T_2<\cdots<T_j$），$n_j(x,y)$ 表示分割出的第 j 幅二值图像。多阈值分割采用下式计算：

$$
\begin{cases}
n_0(x,y) = \begin{cases} 0, & \text{if} \quad m(x,y) \geqslant 0 \\ 1, & \text{if} \quad m(x,y) < T_0 \end{cases} \\[2mm]
n_1(x,y) = \begin{cases} 0, & \text{if} \quad m(x,y) \geqslant T_0 \\ 1, & \text{if} \quad m(x,y) < T_1 \end{cases} \\[2mm]
n_2(x,y) = \begin{cases} 0, & \text{if} \quad m(x,y) \geqslant T_1 \\ 1, & \text{if} \quad m(x,y) < T_2 \end{cases} \\[2mm]
\qquad\qquad \cdots \\[2mm]
n_j(x,y) = \begin{cases} 0, & \text{if} \quad m(x,y) \geqslant T_{j-1} \\ 1, & \text{if} \quad m(x,y) < T_j \end{cases}
\end{cases}
\tag{9.3}
$$

图 9.9 显示了多阈值分割图像后的实验结果。图 9.9(a)为输入图像，图案区域共有 5 种颜色，分别为藏青色、靛蓝色、嫩绿色、紫色、浅绿色；图 9.9(b)为输入图像的灰度图；图 9.9(c)为输入图像的灰度图像直方图，直方图中共有 6 个波峰；实验中，在相邻波峰之间共设置了 5 个阈值来分割图像。图 9.9(d)为 T_0=40 时分割出的图像，白色区域为输入图像的藏青色图案区域；图 9.9(e)显示了 T_1=75 时分割出的结果，白色区域对应着输入图像的靛蓝色图案区域；图 9.9(f) 显示了 T_2=105 时分割出的结果图像，白色区域对应着输入图像的嫩绿色图案区域；图 9.9(g) 显示了 T_3=125 时分割出的结果图像，白色区域对应着输入图像的紫色图案区域；图 9.9(h) 显示了 T_4=155

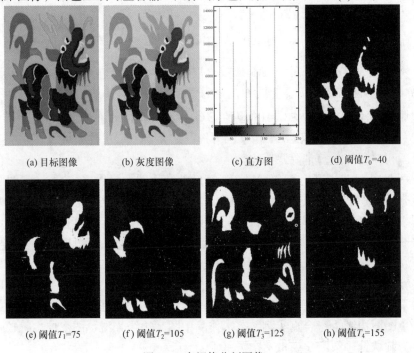

(a) 目标图像　　　(b) 灰度图像　　　(c) 直方图　　　(d) 阈值 T_0=40

(e) 阈值 T_1=75　　　(f) 阈值 T_2=105　　　(g) 阈值 T_3=125　　　(h) 阈值 T_4=155

图 9.9　多阈值分割图像

时分割出的结果图像，白色区域对应着输入图像的浅绿色图案区域。实验结果表明，多阈值分割方法将输入图像 5 种颜色的图案区域分割出 5 幅二值图像，每一幅二值图像中的白色区域代表一种颜色，相同颜色的图案区域能较好地分割出来。

9.2.3　消除噪声点

真实刺绣艺术作品中，图案边缘较光滑，在不同颜色的刺绣图案之间具有较强的层次感。在多阈值分割过程中，图 9.9(e)、图 9.9(f)、图 9.9(g)和图 9.9(h)中图案边缘产生白色噪声点，将对刺绣针迹的添加造成干扰，产生不连续的边缘。因此，对分割的二值图像进行预处理，通过形态学方法消除噪声点，获得具有光滑边缘的结果图像。

通过膨胀、腐蚀、开运算、闭运算形态学操作消除噪声点。数学上，膨胀定义为集合运算：$A \oplus B$，表示 A 被 B 膨胀，A 为输入图像，B 为结构元素。A 被 B 膨胀表示所有结构元素原点位置组成的集合，其中映射并平移后的 B 至少与 A 的某些部分重叠。膨胀定义[10]：

$$A \oplus B = \left\{ z \,|\, \left(\hat{B}\right)_z \cap A \neq \varnothing \right\} \tag{9.4}$$

腐蚀的定义与膨胀相似：$A \ominus B$ 表示 A 被 B 腐蚀，A 为输入图像，B 为结构元素。A 被 B 腐蚀表示所有结构元素的原点位置的集合，其中平移的 B 与 A 的背景并不重叠。腐蚀定义[10]：

$$A \ominus B = \left\{ z \,|\, \left(\hat{B}\right)_z \cap A^c = \varnothing \right\} \tag{9.5}$$

A 被 B 的形态学开运算表示 A 被 B 腐蚀后，再用 B 进行膨胀处理[10]。开运算记做 $A \circ B = (A \ominus B) \oplus B$。$A$ 被 C 的形态学闭运算表示 A 被 C 膨胀后，再用 C 腐蚀膨胀后的结果，记做 $A \cdot C = (A \oplus C) \ominus C$。假设 A 为带有杂散点的二值图像，B 和 C 分别为边长为 m 和 n 个像素的方形结构元素，算法首先对 A 图像先进行开运算，再进行闭运算消除噪声点。

图 9.10 显示了开运算和闭运算运算后的结果图像对比。图 9.10(a)、图 9.10(d)显示带有噪声点的二值图像，图 9.10(b)、图 9.10(e)表示当方形结构元素为 3 个像素时，经过开运算处理后的图像。通过实验结果表明，经过开运算处理后，图案边缘获得的平滑结果，基本消除了噪声点，然而，此时图案区域存在一些空洞点。图 9.10(c)、图 9.10(f)分别表示方形结构元素为 3 个像素和为 2 个像素时，先进行开运算再做闭运算处理后的图像。可以看出，填充了比结构元素小的空洞区域，获得了平滑的图案边缘。实验证明，通过形态学方法较好地消除了噪声点，平滑了白色图案边缘，符合真实刺绣艺术作品中图案边缘光滑、图案层次感较强的特点，为刺绣针迹数字化模拟奠定了基础。

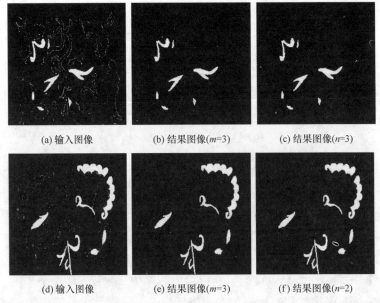

(a) 输入图像　　　　　　(b) 结果图像(*m*=3)　　　　　(c) 结果图像(*n*=3)

(d) 输入图像　　　　　　(e) 结果图像(*m*=3)　　　　　(f) 结果图像(*n*=2)

图 9.10　开运算和闭运算处理结果图像

9.2.4　刺绣针迹数字化模拟

　　经过多阈值分割和形态学处理,消除了噪声点,获得了较平滑的二值图像。在真实的刺绣艺术作品中,不同颜色往往描绘出不同的针迹纹理,具有不同的针迹方向。因此,为了模拟具有不同方向的针迹纹理,采用基于图像矩阵空间变换的方法,对不同灰度的目标图像区域添加不同方向的纹理,获得刺绣针迹图像。

　　图 9.11 显示了刺绣针迹生成算法流程图。在针迹纹理添加过程中,假设图案区域添加的针迹纹理角度为 θ 度。①以输入图像中心坐标点顺时针旋转 θ 度,添加纵向针迹纹理;②将得到的图像按照第一步的方法旋转 $-\theta$ 度;③对图像进行裁剪,获得添加 θ 度针迹纹理的结果图像。

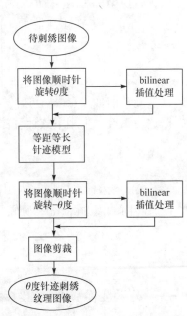

图 9.11　刺绣针迹生成算法流程图

　　图 9.12 显示了针迹纹理添加过程中,以图像为中心坐标点顺时针旋转 θ 度图示。算法主要步骤如下:

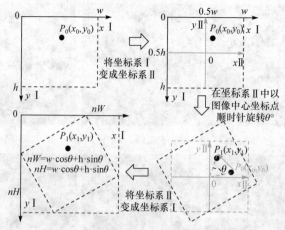

图 9.12 以图像中心坐标点顺时针旋转 θ 度

Step 1：以图像中心坐标点旋转 θ 度。假设以长为 h，宽为 w 的输入图像 F 的中心坐标点顺时针旋转 θ 度后，获得输出图像 P，旋转需要 3 个步骤：

(1) 坐标系变换。将坐标系 I 变成坐标系 II，坐标系 I 是以图像 F 左上角像素为原点，坐标系 II 是以图像 F 中心坐标点为原点。(x,y) 为原坐标内的一个像素点，转换坐标后的点为 (x_0,y_0)。坐标系变换矩阵为：

$$\begin{bmatrix} x^{\mathrm{II}} \\ y^{\mathrm{II}} \\ 1 \end{bmatrix} = \begin{bmatrix} x^{\mathrm{I}} \\ y^{\mathrm{I}} \\ 1 \end{bmatrix} \begin{bmatrix} 1 & 0 & 0 \\ 0 & -1 & 0 \\ -0.5w & 0.5h & 1 \end{bmatrix} = \begin{bmatrix} x^{\mathrm{I}} - 0.5w \\ -\left(y^{\mathrm{II}} - 0.5h\right) \\ 1 \end{bmatrix} \tag{9.6}$$

旋转前像素点 (x,y) 与旋转后像素点 (x_0,y_0) 距离原点 $(0,0)$ 的距离是不变的[14]。根据这一属性，采用下式计算像素点 (x_0,y_0) 位置：

$$\begin{cases} x_0 = x - W/2 \\ y_0 = y - H/2 \end{cases} \tag{9.7}$$

(2) 在坐标系中以输入图像 F 的中心坐标点为参考点，顺时针旋转 θ 度，假设旋转前的点为 (x_0,y_0)，旋转后的点为 (x_1,y_1)。变换矩阵为：

$$\begin{bmatrix} x_1 & y_1 & 1 \end{bmatrix} = \begin{bmatrix} x_0 & y_0 & 1 \end{bmatrix} \begin{bmatrix} \cos\theta & \sin\theta & 0 \\ -\sin\theta & \cos\theta & 0 \\ 0 & 0 & 1 \end{bmatrix} \tag{9.8}$$

(3) 将坐标系 II 变成坐标系 I。得到旋转了 θ 度后的输出图像 P，变换矩阵为：

$$\begin{bmatrix} x^{\mathrm{I}} \\ y^{\mathrm{I}} \\ 1 \end{bmatrix} = \begin{bmatrix} x^{\mathrm{II}} \\ y^{\mathrm{II}} \\ 1 \end{bmatrix} \begin{bmatrix} 1 & 0 & 0 \\ 0 & -1 & 0 \\ 0.5nW & 0.5nH & 1 \end{bmatrix} = \begin{bmatrix} x^{\mathrm{II}} + 0.5nW \\ -y^{\mathrm{II}} + 0.5nH \\ 1 \end{bmatrix} \tag{9.9}$$

图像旋转过程中，顺序扫描输出图像 P 的每个像素，用变换矩阵计算出与输入图像 F 相对应的位置，根据输出图像 P 中该像素点的邻域像素值计算输出像素值[14]。

图 9.13 显示了以图像中心坐标点旋转的图像效果。图 9.13(a)为输入图像，大小为 479×479 像素，图 9.13(b)为旋转 120°的输出图像，大小为 657×657 像素。可以看出，结果图像扩大了输入图像的大小，同时保留了输入图像的细节信息。

(a) 输入图像　　　　　　　　　(b) 旋转结果图像(θ=120°)

图 9.13　旋转 θ 度结果图像

Step 2：添加纵向针迹纹理。假设旋转之后的结果图像为 J，i 和 j 分别代表此时的行数和列数，$J(i, j)$ 代表第 i 行第 j 列的像素值。按扫描线方向遍历输入图像，当 j 能被正整数 n 整除或 $J(i,j)$ 小于某个常数 k 时，将 $J(i,j)$ 赋值为 255，否则为 0。采用下式计算：

$$J(i, j) = \begin{cases} 255, & \text{if } \mathrm{mod}(j,n) = 0 \,\|\, J(i, j) < k \\ 0, & \text{else} \end{cases} \tag{9.10}$$

其中，参数 k 表示灰度阈值，$0 \leqslant k \leqslant 255$，实验中取 k=50。

图 9.14 显示了添加纵向针迹纹理后的结果图像。图 9.14(a)为输入图像，图 9.14(b)为 n=3 时的针迹纹理输出图像。图 9.14(c)~(g)分别表示 n=2、3、4、5、10 时，获得针迹纹理结果的局部放大图像。实验结果可以看出，不同的 n 值导致针迹纹理疏密不同，实验中取 n=3，产生的针迹纹理接近于真实的刺绣针迹。

Step 3：将图像旋转 $-\theta$ 度。对 Step1 的步骤进行逆变换，实验结果如图 9.15 所示。

图 9.15 显示了图像逆向旋转后的结果图像。图 9.15(a)显示了输入针迹纹理图像，大小为 657×657 像素，图 9.15(b)为将图 9.15(a)旋转 $-120°$ 后得到的图像，大小为 901×901 像素。为了保证结果图像与输入图像的大小相同，对图像进行裁剪。

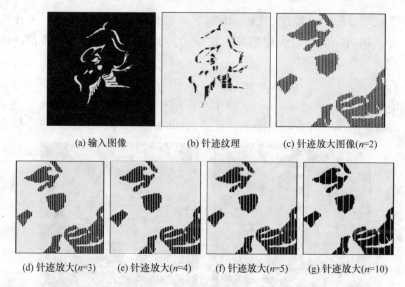

(a) 输入图像　　　　(b) 针迹纹理　　　　(c) 针迹放大图像(*n*=2)

(d) 针迹放大(*n*=3)　(e) 针迹放大(*n*=4)　(f) 针迹放大(*n*=5)　(g) 针迹放大(*n*=10)

图 9.14　添加纵向针迹纹理

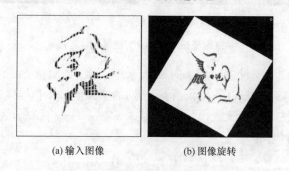

(a) 输入图像　　　　　　　(b) 图像旋转

图 9.15　图像旋转结果

Step 4：图像裁剪。假设 M 表示经过 $-\theta$ 度旋转处理后的结果图像，其宽度为 W，高度为 H；N 表示输入图像，其宽为 w，高为 h。(x, y) 代表图像 M 的左上角坐标，a 和 b 代表从 (x, y) 坐标点开始截取的长宽像素值，裁剪坐标位置计算如下：

$$\begin{cases} x \approx (W-w+1)/2 \\ y \approx (H-h+1)/2 \\ a = w-1 \\ b = h-1 \end{cases} \tag{9.11}$$

图 9.16 显示了剪裁后的结果图像。图 9.16(a)为输入图像，大小为 901×901。图 9.16(b)为经过剪裁得到的图像，大小为 479×479。图 9.16(c)显示了图 9.16(b)局部放大后的结果图像。可以看出，裁剪之后的结果图像与输入目标图像大小一致，此外，较好地模拟出刺绣的针迹纹理特征。当选取不同的 θ 值，可以产生任

意角度的刺绣针迹纹理。

(a) 输入图像　　　　　　(b) 裁剪结果图像　　　　　　(c) 局部放大图像

图 9.16　图像旋转结果

9.2.5　针迹纹理图像合成

基于矩阵空间变换，对不同颜色的局部区域添加了不同角度的针迹纹理，产生了多幅针迹纹理图像，通过线性组合的方式合成最终的纹理图像。假设 A_1，A_2，$\cdots$，A_n 分别表示不同的针迹纹理图像，$K_1, K_2, \cdots, K_n$ 分别代表 $A_1, A_2, \cdots, A_n$ 的权重，采用式(9.12)计算最终的纹理图像：

$$Z = K_1 \cdot A_1 + K_2 \cdot A_2 + \cdots + K_n \cdot A_n \tag{9.12}$$

其中，Z 表示最终合成的针迹纹理图像。

图 9.17 显示了经过图像线性组合运算后的结果图像。图 9.17(a)为不同角度的针迹纹理图像，针迹纹理角度分别为 30°、60°、120°、45°，图 9.17(b)为针迹纹理合成效果图像，$K_1 \sim K_4$ 取值为 0.2，图 9.17(c)显示了针迹纹理合成效果的细节放大图像。可以看出，最终效果图像中针迹纹理特征明显，显示出不同方向的针迹纹理，模拟了真实刺绣艺术效果的针迹特征。

(a) 针迹纹理图像　　　　　　(b) 合成纹理图像　　　　　　(c) 合成纹理图像细节

图 9.17　图像线性组合运算

9.2.6　刺绣艺术风格绘制结果

　　采用与东巴画艺术效果数字化模拟类似的图像叠加方法，将目标图像与针迹纹理图像在 R、G、B 三个不同的色彩通道合成，获得目标图像的色彩信息。基于本章所提方法，针对不同输入目标图像进行实验，获得实验结果。本章实验在 Windows 10 操作系统中进行，基于 2.6GHz Intel CPU，8 GB 内存，采用 MATLAB R2016b 编程实现。

　　图 9.18 显示了刺绣艺术风格数字化模拟结果图像。图 9.18(a) 为输入目标图像，图 9.18(b) 为刺绣艺术效果模拟图像，图 9.18(c) 为数字模拟结果的局部细节放大图像。可以看出，最终的刺绣艺术风格数字化模拟图像色彩鲜明、针迹纹理和立体感明显，此外，不同颜色的图案之间具有层次感和凹凸感，具有不同角度的针迹纹理，模拟了真实刺绣作品的艺术风格特征。

(a) 输入图像

(b) 刺绣效果模拟图像

(c) 局部细节放大图像

图 9.18　刺绣艺术风格数字化模拟

　　图 9.19 显示了刺绣数字模拟图像与真实刺绣图像对比结果，图 9.19(a) 为刺绣数字模拟结果图像，图 9.19(b) 为真实刺绣艺术作品图像。图 9.19(c) 和图 9.19(d) 分别为图 9.19(a) 和图 9.19(b) 局部区域 1 的放大效果，图 9.19(e) 和图 9.19(f) 分别为图 9.19(a) 和图 9.19(b) 局部区域 2 的放大效果。通过比较看出，模拟结果图像中显示除不同角度的针迹纹理，与真实刺绣艺术作品图像相比，具有真实刺绣艺术的风格特征，然而，在纹理材质的细腻、柔和等方面有待提高。

(a) 刺绣数字模拟图像　　　　(b) 真实刺绣图像

(c) 局部细节　　　(d) 局部细节　　　(e) 局部细节　　　(f) 局部细节

图 9.19　刺绣数字模拟图像与真实刺绣图像对比

9.3　基于 CNN 的刺绣艺术风格模拟

卷积神经网络(CNN)依靠其强大的特征提取能力与学习能力，在数字图像处理和计算机视觉领域取得了巨大成功，应用于目标检测与识别、图像语义分割、图像修复、自然语言处理等多个领域，下面对其中一些应用做出介绍。

1. 目标检测与识别

目标检测就是在对输入图像准确分类的基础上，检测出需要的目标并进行准确的定位。例如车牌识别、人脸检测等方面，传统算法的准确率更容易受到环境、光线因素的影响，降低了检测与识别效率。随着 Faster R-CNN、YOLO、SSD 等网络模型的提出，目标检测的效率与识别准确率大幅提升，能较好处理大规模数据识别与特征提取。例如通过将 Faster R-CNN 与 YOLO 相结合，SSD512 能够以 22 帧/秒的速率获得 76.8%的识别准确率[15]，在识别速度与准确率上得到增强，图 9.20 显示了目标检测与识别的结果图像。

图 9.20　目标检测与识别应用领域

2. 图像语义分割

卷积神经网络能够在像素级上识别图像，标注图像中每一个像素点表示的对象类别，将图像中不同属性的物体用不同的标记分割出来。例如，在汽车自动驾驶中能够实时地将行人、车辆、道路、街景以不同的颜色分类标记，以保证汽车能够安全有效地学习自动驾驶，图 9.21(a)显示了自动驾驶物体的分割结果；在医疗诊断上可以对 X 射线、CT 等放射性结果图像进行加强分析处理，辅助医生进行诊断等，图 9.21(b)显示了医学图像分割结果。

(a) 汽车自动驾驶　　　　　　　　　(b) 医学辅助诊断

图 9.21　图像语义分割领域的应用

3. 图像修复

卷积神经网络在图像修复领域结合自编码-解码器(encoder-decoder)的网络结构，采用生成对抗网络(generative adversarial networks，GAN)生成图像损坏部分的纹理[16-18]。首先学习图像的特征以及生成图像待修复位置的预测纹理，其次判断生成的预测结果来自训练集或者预测集的可能性，通过循环的生成结果与判定，当 GAN 网络无法判定生成结果图来自哪个集合时，则认为其生成图为最优解。使用卷积神经网络较好地解决了图形学领域的图像修复问题，在一定程度上还原了不同种类的自然图像。图 9.22(a)、(b)分别显示了输入待修复图像以及修复结果图像。

(a) 输入图像　　　　　　　　(b) 修复图像

图 9.22　图像修复领域应用

除了目标检测、图像语义分割、图像修复与复原等应用，深度卷积神经网络在图像分类、图像识别、三维重建、信息安全等领域也得到了显著成果。深度学习取得的巨大成功，为纹理合成、艺术风格模拟、非真实感绘制领域也提供了全新的解决思路。

Gatys 等[19]提出了一种基于卷积神经网络特征空间的自然纹理参数化模型，不同于传统非参数再采样、扩容的纹理生成方法，该模型用一组图像空间统计来定义一个参数化模型，如图 9.23(a)显示了纹理生成网络模型，将纹理样本图像输入卷积神经网络，计算每一层中特征响应格拉姆矩阵；输入噪声图像，计算每一层的响应与损失，采用梯度下降法计算总损失，当生成图像的格拉姆矩阵与输入纹理图像相同时，产生新的纹理图像。图 9.23(b)显示了不同层级特征响应下的纹理合成与纹理样本对比图像，采用自然纹理参数化模型提高了纹理合成的质量。

建立了自然纹理参数化模型后，Gatys 等[20]提出了一种基于卷积神经网络的艺术风格迁移算法，采用 VGG-19 网络模型提取图像不同层级的特征。CNN 可视化模型网络中每一个通道都对应一个神经元，能相应地识别出图像中某一个特征，通过通道间特征出现频率定义图像风格。图 9.24 显示了 Gatys 风格迁移算法结构图，网络模型中用高层特征(欧氏距离)的相似性表达图像内容的相似性，用低层

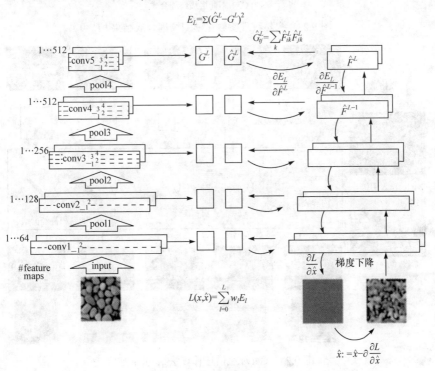

(a) 纹理生成网络结构图

(b) CNN不同层级纹理合成

图 9.23　自然纹理参数化模型纹理合成结果[19]

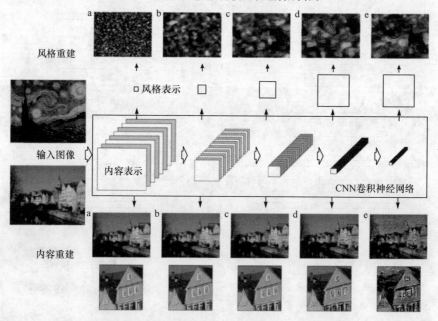

图 9.24　Gatys 风格迁移算法结构图[20]

特征的统计特性(Gram 矩阵)描述风格上的相似性，如果两幅图像通过 CNN 后在某一层的激活值相似，即认为这两幅图像在内容上是相似的，通过梯度下降、调整输入响应，依靠反向传播的过程逐步改变像素值，经过多次迭代计算后，输入响应即为风格迁移后的图像,该算法为采用卷积神经网络进行风格迁移奠定了基础。

此后，在以 Gatys 算法为核心的基础上，针对速度慢的问题，Ulyanov、Johnson 等分别提出优化算法[21,22]，将求全局最优解转换成用前向网络逼近的方法减少了计算代价。图 9.25 显示了网络模型，模型中使用两个网络，即生成网络与描述网络，通过学习描述网络的权值来达到风格迁移的目的。对任意一种风格而言，该模型需要大量的内容图进行训练并存储。当网络模型训练完后，生成网络将输入的目标内容图像转换成具有目标风格的结果图像，同时保留了目标图像的内容语义。

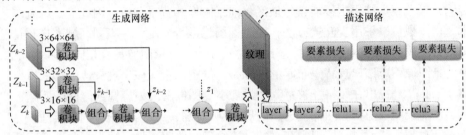

图 9.25　生成网络与描述网络[21,22]

虽然风格迁移模型在计算速度、迁移效果上得到了提升，然而针对某种风格依然需要独立的训练，每一次训练后的模型仅是针对某一种风格的"滤镜"。当同时需要多种风格的迁移时，算法的计算代价将会增加。Chen 等[23]提出了基于像素块的任意风格转换网络(Style Swap)，提高了风格迁移速度。图 9.26 显示了网络模型，算法主要通过两个步骤实现，首先，网络舍去了内容损失的计算，将风格损失改为计算马尔可夫随机场(Markov random field，MRF)损失。其次，引入反向网络(Inverse Network)，使得一次前向传播可得到特征图。因此，当输入任意风格图像及目标内容图像，可迅速产生拥有目标风格的结果图像。

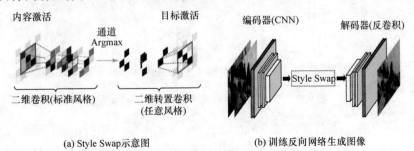

(a) Style Swap示意图　　　　　　　　(b) 训练反向网络生成图像

图 9.26　Style Swap 任意风格快速迁移网络模型[23]

可以看出，深度学习通过增强网络模型的泛化能力，应用于非真实感绘制领域，并从一种艺术风格扩展到多种不同的艺术风格，增强了计算速度，减少了计算代价。已有的网络模型和算法较适用于抽象、绘画等艺术风格模拟，然而，卷积神经网络运用于刺绣艺术风格模拟并不多见，由于刺绣艺术风格具有细腻的针迹纹理和图案，经过卷积神经网络模拟的刺绣艺术风格易产生模糊的线条纹理，部分区域扭曲变形。

9.3.1 系统实现框图

真实的刺绣艺术风格图像由针线编织的前景图案与布匹等织物的背景图像组成，通过卷积神经网络对刺绣艺术风格进行数字化模拟时，由于采用全局的风格传输，导致模拟结果中不能较好地区分前景图像和背景图像。因此，传统刺绣艺术风格模拟可以采用交互式方法，对目标图像进行分割，在不同区域上进行针迹风格传输[4,5]。采用神经网络时，应避免前景图像和背景图像具有相同的艺术风格，即前景图像不应该出现背景布匹的纹理，背景图像不应该出现针迹纹理的风格，如 Luan 等[24]提出在风格迁移过程中添加引导图以解决内容错误匹配的问题，避免了在前景图像与背景图像上产生的局部空间扭曲，增强了图像的写实性。

针对刺绣艺术风格模拟中存在的针迹纹理立体感不强、缺少方向性的问题，提出一种采用卷积神经网络的刺绣艺术风格数字化模拟方法，提取刺绣艺术风格特征，传输到目标图像。图 9.27 显示了采用卷积神经网络模拟刺绣艺术风格的算法流程图，主要的工作如下：

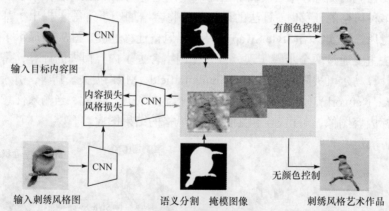

图 9.27 卷积神经网络刺绣艺术风格模拟流程图

(1) 采用基于条件随机场(conditional random field，CRF) 的语义分割网络，对目标图像与刺绣艺术风格参考图像进行语义分割，精确地分离了目标图像与参考图像的前景与背景，并对语义相同区域进行标注。

(2) 采用 VGG-19 模型提取目标图像的内容特征与参考图像的刺绣艺术风格特征。

(3) 对输入的目标图像与刺绣艺术风格参考图像进行颜色空间转换，在亮度通道进行风格迁移，保留目标图像的颜色特征。

(4) 将语义分割图像二值化为风格传输中的掩模图像，对目标图像与参考图像中语义相同区域进行匹配，通过局部空间区域控制对艺术风格进行传输，产生最终的刺绣艺术风格结果图像，避免了在语义不同区域的风格溢出。

9.3.2　图像语义分割

采用图像语义分割将目标图像与刺绣艺术风格参考图像的前景与背景进行分离和标注。全卷积网络(fully convolutional network，FCN)实现了像素级端到端的语义分割，但由于池化层的存在，图像响应张量逐渐减小，在上采样过程中无法将丢失信息进行无损复原，导致结果细节丢失，边缘模糊等[16]。为了改善图像分割效果，引入条件随机场 CRF，产生与图像视觉特征一致的结构化输出[17]；此外，采用基于目标检测的势能(object-detection based potentials)和基于超像素的势能(superpixel-based potentials)2 个高阶势能，进一步改善识别和分割效果，图 9.28 显示了图像语义分割流程图。

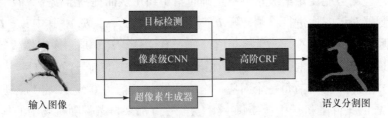

图 9.28　基于条件随机场与高阶势能的图像语义分割

定义 9.1　条件随机场

假设图像 I 具有 N 个像素，语义分割过程将每一个像素分配到一个预定义的标签集合 L 中，$L = \{l_1, l_2, \cdots, l_L\}$。定义一系列随机变量 $x_1, x_2, \cdots, x_N$，每一个变量代表一个像素，$X_i \in L$，定义 $X = [x_1, x_2, \cdots, x_N]^T$，其中任何一个 x 到 X 的指派就是语义分割的解。给定图像 G，其中 G 的所有顶点都来自集合 $\{X\}$，同时它所有的边定义变量 x 之间的相互连接。条件随机场 CRF 定义为[18]：

$$P_r(X = x|I) = \frac{1}{Z(I)} \exp\left[-E(x|I)\right] \tag{9.13}$$

其中，$E(x|I)$ 是指派 x 的能量，$Z(I)$ 是正则化因子，将条件作用 I 上以保持计数

的整齐。P_r 表示概率函数，能量 $E(x)$ 是通过图像 G 中一系列子集 C 进行定义。

定义 9.2　能量函数

假设 x_c 表示通过 x 与子集 c 中相关关系的变量组成的向量，$\psi c(\cdot)$ 是子集 c 的代价函数，作为图像分割的先验，能量函数 $E(x)$ 定义为：

$$E(x) = \sum_{c \in C} \psi c(x_c) \tag{9.14}$$

由于仅有一元势函数的 CRF 不能较好地分割边界的误差[17]，为了改进边界分割效果，加入基于目标检测的高阶势能 ψ_d^{Det} 与基于超像素的高阶势能 ψ_s^{SP}：

$$E(x) = \sum_i \psi_i^u(x_i) + \sum_{i<j} \psi_{ij}^p(x_i, x_j) + \sum_d \psi_d^{\mathrm{Det}}(x_d) + \sum_s \psi_s^{\mathrm{sp}}(x_s) \tag{9.15}$$

其中，$\psi_i^U(\cdot)$ 是一元势函数，$\psi_{ij}^P(x_i, x_j)$ 是紧密连接的成对能量，$\psi_d^{\mathrm{Det}}(x_d)$ 为基于目标检测的高阶势能，$\psi_s^{\mathrm{SP}}(x_s)$ 为基于超像素的高阶势能[16]。向量 x_d 由与图像前景中第 d 个目标检测器相一致的 x 像素组成，超像素标签的一致性是以 $\psi_s^{\mathrm{SP}}(x_s)$ 为基础，其中 x_s 是由与第 s 个超像素一致的 x 组成。通过最小化能量函数 $E(x)$，对图像中的像素产生最大可能的标记指派。

定义 9.3　目标检测势能

目标检测势能在像素级预测不正确时给予纠正从而提高准确率，假定有 D 个目标检测器对该图像进行检测，第 d 个检测器属于 (l_d, s_d, F_d)，其中 $l_d \in \boldsymbol{L}$，是第 d 个检测器的类别标签，s_d 是检测值；$F_d \subseteq \{1, 2, \cdots, N\}$，是图像中像素属于目标检测前景区域的像素索引集，$N_d$ 是在第 d 个检测器中的前景像素数目。引入二进制变量 Y_1，Y_2，$\cdots$，Y_D（每一个对应一个检测器），其值为 0 或 1，将 Y_d 添加到只含有变量 X_i 的条件随机场中，使每一组 (X_d, Y_d) 都来自条件随机场中的集合 c_d，其中 $\{X_d\} = \{X_i \in \{\boldsymbol{X}\} \mid i \in F_d\}$。将目标检测势能 $\psi_d^{\mathrm{Det}}(x_d)$ 定义为一组由 (x_d, y_d) 到集合 (X_d, Y_d) 的指派[25]：

$$\psi_d^{\mathrm{Det}}(X_d = x_d, Y_d = y_d) = \begin{cases} W_{\mathrm{Det}}(l_d) \dfrac{s_d}{n_d} \sum_{i=1}^{n_d} \left[x_d^{(i)} = l_d \right], & \text{如果 } y_d = 0 \\ W_{\mathrm{Det}}(l_d) \dfrac{s_d}{n_d} \sum_{i=1}^{n_d} \left[x_d^{(i)} \neq l_d \right], & \text{如果 } y_d = 1 \end{cases} \tag{9.16}$$

其中，W_{Det} 是表示一个可学习的权重参数，是类标签的函数；$n_d = |F_d|$，表示第 d 个目标检测在分割前景中的像素数。

定义 9.4　超像素势能

采用 P^n-$Potts$ 模型约束[19]，可学习的超像素势更好地保持了区域的一致性。超像素势能定义为：

$$\psi_s^{\mathrm{SP}}(X_s = x_s) = \begin{cases} W_{\mathrm{Low}}(l), & \text{如果所有} x_s^{(i)} = l \\ W_{\mathrm{High}}, & \text{其他情况} \end{cases} \tag{9.17}$$

其中，$\{X_s\} \subset \{X\}$，是由超像素定义的集合，代价函数 $W_{\mathrm{Low}}(l)$ 与 W_{High} 是可学习的，可以集成端到端网络中进行训练，$W_{\mathrm{Low}}(l) < W_{\mathrm{High}}$。在相同的超像素中为像素分配不同的标签会提高计算成本，而如果标签在整个超像素中保持一致则会减少计算代价。

目标检测的势能与超像素的势能可以集成到深度神经网络中端到端的训练，通过最小化能量函数 $E(x)$，得到目标图像最大可能性的标签指派 x，该阶段采用 Pascal VOC2012 数据集对网络模型进行训练[20]，用于识别图像中常见的物体类型。通过网络模型，得到了清晰的语义分割图，精确地分离了目标图像与刺绣艺术风格参考图像的前景与背景，保留了前景图像边缘细节。

图 9.29 显示了图像语义分割结果图像，图 9.29(a)显示了输入的目标图像，图 9.29(b)显示了通过语义分割获得的结果图像。可以看出，通过语义分割能将目标图像的前景区域和背景区域进行分离，获得的分割结果边缘平滑。

(a) 输入目标图像

(b) 语义分割图像

图 9.29　图像语义分割结果图像

9.3.3　生成掩模图像

通过语义分割，将目标内容图像和刺绣艺术风格参考图像的前景和背景进行分离，产生的结果图像将进一步处理为掩模图像，从而在刺绣艺术风格迁移过程中进行区域控制，即在语义相同区域，进行相似的风格化迁移，刺绣艺术风格参考图像的前景风格迁移到目标图像的前景区域。通过对语义分割结果二值化处理获得掩模图像：

$$S = T(r) = 255, \quad \text{if} \quad r \neq 0 \tag{9.18}$$

其中，S 表示掩模的结果图像，T 表示输入图像，r 表示图像位置。

图 9.30 显示了图像二值化处理结果，其中图 9.30 (a) 为目标图像，图 9.30 (b) 为语义分割图像，图 9.30(c) 为掩模图像。

　　　(a) 目标图像　　　　　　　(b) 语义分割图像　　　　　　(c) 掩模图像

图 9.30　图像二值化处理结果

9.3.4　刺绣艺术风格迁移

采用 VGG-19 模型对艺术风格进行提取[26]，用卷积神经网络较高层输出的特征图作为内容表征，某一层的各个通道之间激活项的相关系数作为风格表征[20]。在艺术风格迁移过程中，结果图保留了目标图像的内容同时拥有刺绣艺术风格，卷积神经网络的总损失函数为[26]：

$$L = \alpha L_c + \beta L_s \tag{9.19}$$

其中，L_c 表示目标图像的损失函数；L_s 表示刺绣艺术风格图像的损失函数；α 与 β 分别表示生成图像中目标内容图与刺绣艺术风格图的权重因子,通过调整 α / β

的比例大小控制生成图像的风格迁移程度。

假设 $\bar{x}$ 表示高斯噪声图像，$\bar{x}$ 通过 CNN 的每一层都会被重新编码，设 N_l 表示第 l 层的卷积核个数，每个特征图大小为 M_l，第 l 层的输出结果可以储存为 $N_l \times M_l$ 空间的矩阵 $F^1 \in R^{N_l \times M_l}$，$F_{ij}^l$ 表示噪声图在 CNN 第 l 层第 i 个卷积核上位置于 j 处的激活值；设 $\bar{p}$ 表示输入的目标图像，P_{ij}^l 表示目标图像在 CNN 第 l 层第 i 个卷积核上位置于 j 处的激活值，F^l 与 P^l 分别表示随机噪声图像与目标图像在 l 层的特征表示，内容损失函数 L_c 及其求导计算为[26]：

$$L_c\left(\vec{p},\vec{x},l\right)=\frac{1}{2}\sum_{i,j}\left(F_{ij}^l - P_{ij}^l\right)^2 \tag{9.20}$$

$$\frac{\partial L_c}{\partial F_{ij}^l}=\begin{cases}\left(F^l - P^l\right)_{ij}, & \text{if } F_{ij}^l > 0 \\ 0, & \text{if } F_{ij}^l < 0\end{cases} \tag{9.21}$$

将图像风格定义为 CNN 某一层各个通道之间激活项的相关系数，即格拉姆矩阵(Gram matrix)以判断 CNN 每一层输出结果的相似性，格拉姆矩阵 $G_{ij}^l \in R^{N_l \times M_l}$，其中 G_{ij}^l 表示噪声图像在 CNN 中第 l 层中第 i 个卷积核与第 j 个卷积核输出激活项的积，即第 i 个卷积核下的特征图与第 j 个卷积核下的特征图的内积：

$$G_{ij}^l = \sum_k F_{ik}^l F_{jk}^l \tag{9.22}$$

对随机噪声图像进行梯度下降，求取生成图像的格拉姆矩阵与刺绣艺术风格图的格拉姆矩阵距离的均方误差最小值。假设 $\bar{a}$ 表示刺绣艺术风格参考图像，G^l 与 A^l 分别表示噪声图像 $\bar{x}$ 与刺绣艺术风格图像 $\bar{a}$ 在 CNN 中第 l 层的响应值，l 层的风格损失 E_l 及其求导如下：

$$E_l = \frac{1}{4N_l^2 M_l^2}\sum_{i,j}\left(G_{ij}^l - A_{ij}^l\right)^2 \tag{9.23}$$

$$\frac{\partial E_l}{\partial F_{ij}^l}=\begin{cases}\dfrac{1}{N_l^2 M_l^2}\left(\left(F^l\right)^{\mathrm{T}}\left(G^l - A^l\right)\right)_{ji}, & \text{if } F_{ij}^l > 0 \\ 0, & \text{if } F_{ij}^l < 0\end{cases} \tag{9.24}$$

因此，CNN 所有层的风格损失 L_s 为：

$$L_s\left(\vec{a},\vec{x}\right)=\sum_{l=0}^L \omega_l E_l \tag{9.25}$$

其中 ω_l 代表 CNN 中每一层风格损失的权重因子。

实验中选择 conv4_2 作为内容损失的定义层，conv1_1, conv2_1, conv3_1, conv4_1, conv5_1 五个低网络层作为风格损失的定义层，通过以上计算分别得到

内容损失 L_c 与风格损失 L_s，并调整两个损失权重因子 α 与 β 计算总损失函数 L。α/β 越小，生成的结果图像刺绣艺术风格化程度越高，反之风格化程度越低。

损失权重因子取不同值时，图 9.31 显示了刺绣数字化模拟结果，α/β 的取值分别为 10^{-2}、10^{-3}、10^{-4}、10^{-5}、10^{-6}。可以看出，由于针对目标图像进行整体艺术风格传输，导致目标图像中前景区域内容丢失，溢出到背景区域。因此，可以通过对局部空间的控制保持目标图像的前景内容。

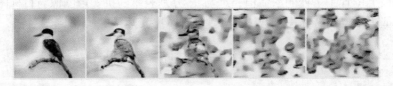

图 9.31 刺绣数字化模拟结果图像

9.3.5 掩模图像与局部空间控制

在刺绣艺术风格传输过程中，缺少局部控制时，导致生成结果图像中前景内容溢出到背景区域，如图 9.31 所示。因此，刺绣艺术风格迁移过程中应保留目标图像的前景内容信息，采用局部空间控制引导风格迁移[23,24]，使目标图像与刺绣艺术风格参考图像在相似场景或者语义相同的区域进行风格传输。将 CNN 中每一层的特征图与 R 个引导通道 T_l^r 相乘，参考图像中每个引导区域计算一个局部空间引导的格拉姆矩阵，局部空间引导特征图计算如下：

$$F_l^r(x)_{[:,i]} = T_l^r F_l(x)_{[:,i]} \tag{9.26}$$

其中，$F_l^r(x)_{[:,i]}$ 是 $F_l^r(x)$ 的第 i 个列向量，$r \in R$，与引导通道 T_l^r 矩阵相乘；T_l^r 表示语义分割后的掩模图像，T_l^r 初始化为 $\sum_i (T_l^r)_i^2 = 1$。引导格拉姆矩阵采用下式计算：

$$G_l^r(x) = F_l^r(x)^T F_l^r(x) \tag{9.27}$$

每一个引导格拉姆矩阵可认为是目标图像掩模图像中相关区域的优化目标，第 l 层的风格损失定义为：

$$E_{rl} = \frac{1}{4N_l^2} \sum_{r=1}^{R} \sum_{ij} \lambda_r \left(G_l^r(\bar{x}) - G_l^r(x_s) \right)_{ij}^2 \tag{9.28}$$

其中，$\bar{x}$ 表示生成图像；x_s 表示刺绣艺术风格参考图像；N_l 表示网络中第 l 层的特征图数目；λ_r 表示区域 r 的刺绣风格化强度的权重因子，即内容损失与风格损失 α/β 的权重比。

图 9.32 显示了采用局部空间控制的生成结果图像，α/β 的取值分别为 10^{-2}、

10^{-3}、10^{-4}、10^{-5}、10^{-6}。可以看出，采用局部空间控制后，较好地保留了目标图像的前景信息，内容完整，没有溢出到背景区域。实验中，通常选取 $\alpha/\beta=10^{-4}$ 进行实验。

图 9.32　刺绣数字化模拟结果图像

艺术风格特征迁移过程中，参考图像的色彩也迁移到生成图像，丢失了目标图像的色彩信息，可采用色彩传输方法保留目标图像的色彩信息。将目标内容图像与刺绣艺术风格参考图像的 RGB 颜色空间转换到 YIQ 颜色空间[21]，由于人眼对亮度更为敏感，仅在目标图像的亮度通道 Y 上进行风格迁移，并将风格迁移结果图像转换到 RGB 色彩空间，在刺绣数字化模拟结果中保留了目标图像的色彩信息。

真实的刺绣艺术作品通常在布匹、丝、绢等材质上进行创作，将通过局部空间控制生成的艺术风格图像看作前景图像，采用图层叠加等方法与材质背景图像进行融合，产生最终的刺绣艺术风格图像。

图 9.33 显示了前景与背景图像的融合结果，其中，图 9.33(a)显示前景图像，图 9.33(b)显示背景图像，图 9.33(c)显示了融合之后的结果图像，可以看出，融合之后的结果图像中前景具有真实刺绣的针迹纹理特征，同时背景具有布匹的纹理特征。

(a) 前景图像　　　　　　　(b) 背景图像　　　　　　　(c) 融合结果

图 9.33　前景与背景融合结果

9.3.6　实验结果

为测试基于 CNN 的刺绣艺术风格模拟方法的可行性与有效性,基于上述方法将刺绣艺术风格参考图像的艺术风格传输到目标图像,模拟出具有刺绣艺术风格的结果图像。本实验在 Ubuntu16.04、64 位操作系统中进行,采用 GTX 1080-8G 显卡及 Tensorflow 框架。

1. 与网络模型算法对比

图 9.34 显示了刺绣艺术风格模拟结果图像,其中,图 9.34(a)和图 9.34(b)为真实的刺绣图像,图 9.34(c)为目标图像,图 9.34(d)为通过 CNN 网路模拟的结果图像,图 9.34(e)～(h)分别表示图 9.34(a)～(d)的局部放大图像。从局部放大图像可以看出,图 9.34(d)中体现了真实刺绣艺术作品中的针迹纹理和方向特征,接近真实的刺绣艺术作品特征。

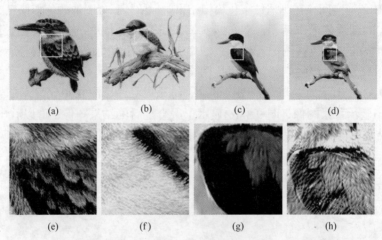

图 9.34　刺绣艺术风格模拟结果

图 9.35 显示了刺绣艺术风格模拟的其他结果图像。图 9.35(a)为目标图像,图 9.35(b)为刺绣艺术风格参考图像,图 9.35(c)为刺绣艺术风格模拟图像。通过色彩传输,将参考图像的色彩传输到刺绣结果图像中,获得 9.35(d)的结果图像,产生了具有参考图像的针迹纹理和色彩信息。

图 9.35　刺绣艺术风格模拟结果

图 9.36 显示了刺绣艺术风格模拟的其他结果图像。图 9.36(a)为刺绣艺术风格参考图像，图 9.36(b)为 Chen 等获得的刺绣艺术风格图像[23]，图 9.36(c)为 Gatys 等获得的刺绣艺术风格图像，图 9.36(d)为采用图像掩模获得的刺绣艺术风格图像，图 9.36(e)～(h)为图 9.36(a)～(d)的局部放大图像。可以看出，图 9.36(d)中的结果图像产生了精细的线条纹理和清晰的线条方向，具有立体感，更加接近真实的刺绣艺术风格作品。

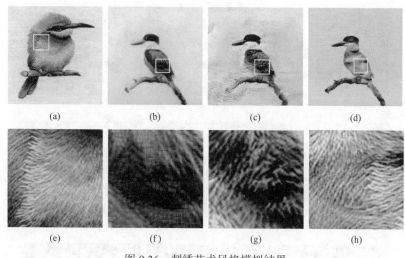

| (a) | (b) | (c) | (d) |

| (e) | (f) | (g) | (h) |

图 9.36　刺绣艺术风格模拟结果

2. 与线条路径生成算法相比

采用文献[5]中的葡萄、花、猫与鸭子作为目标图像，图 9.37 显示了与文献[5]生成算法的对比结果。图 9.37(a)、(d)、(g)、(j)为输入目标图像，图 9.37(b)、(e)、(h)、(k)为文献[5]采用线条路径生成算法获得的结果图像，图 9.37(c)、(f)、(i)、(l)为采用图像掩模方法获得的实验结果，图 9.37(m)为真实的刺绣针迹纹理图像，图 9.37(n)、(o)分别显示了图 9.37(k)、(l)的局部放大图像。从局部放大图像可以看出，采用图像掩模方法产生的针迹纹理具有立体感和层次感，针迹的长度、针迹之间的疏密程度等适中，符合真实针迹纹理的艺术特征。

| (a) | (b) | (c) |

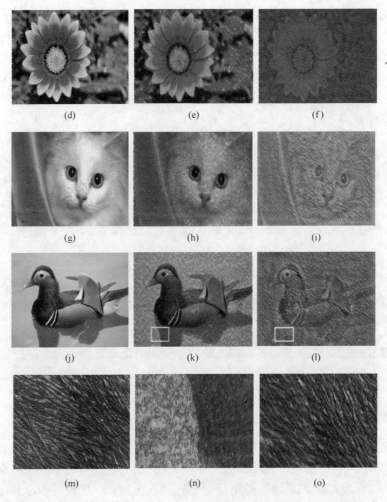

图 9.37 刺绣艺术风格模拟结果

采用掩模技术、局部空间控制等方法较好地区分了目标图像的前景区域和背景区域，在语义相同区域进行风格传输，避免了前景内容溢出到背景区域。此外，通过色彩传输算法保留了目标图像的色彩信息，结果图像中针迹纹理自然精细，具有真实刺绣艺术风格的特征。

9.4　本章小结

中国刺绣艺术作品种类繁多、源远流长，形成了独特的艺术风格，是中国最古老的传统文化与手工艺术之一。除了苏绣、湘绣、蜀绣、粤绣四大名绣之外，不同民族也形成了各具风格的刺绣艺术作品，具有不同的刺绣技法、色彩和图案，刺绣艺术作品题材多样、色彩丰富、表现力强。本章针对刺绣针迹纹理、色彩、立体感等艺术特征进行数字化模拟，采用刺绣针迹纹理合成算法、基于 CNN 的刺绣艺术风格模拟两种方法获得了最终的刺绣艺术风格效果。本章主要的工作如下：

1. 刺绣针迹纹理合成算法

根据真实刺绣图案、色彩、立体感等艺术风格作品特点，本章提出了一种任意角度等距等长刺绣针迹算法，将刺绣纹理图像与目标图像叠加获得最终的刺绣艺术风格图像。其中，刺绣针迹纹理图像通过刺绣图像提取分割、形态学处理等获得，通过与背景图像叠加后产生最终艺术结果图像。算法特点如下：

(1) 针对刺绣图案丰富，构图手法夸张、层次分明的特点，将目标图像进行灰度处理，根据灰度图像灰度级的不同，采用多阈值处理图像的方法分割为多幅刺绣图像。

(2) 针对刺绣图案圆润自然、紧凑饱满的特点，采用形态学运算对图像进行预处理，消除刺绣图像中的杂散点、填充刺绣图像的空洞点并平滑图案边缘。

(3) 针对刺绣艺术作品多角度针迹纹理的特点，基于图像矩阵空间变换建立等距等长针迹模型，使每一幅刺绣图像生成不同角度的刺绣针迹纹理。

(4) 针对刺绣图案和纹样具有凹凸感和刺绣线条具有立体感的特点，采用图像叠加运算将多幅不同角度的刺绣针迹图像合成刺绣纹理图像。

(5) 针对刺绣艺术作品色彩鲜艳等特点，采用 Alpha 透明度混合算法将刺绣纹理图像和目标图像叠加，保留目标图像的色彩。

实验结果表明，本章提出的算法能够较好的对目标图像分割、添加针迹，模拟出任意角度的刺绣针迹纹理，并且能保留目标图像的色彩信息，色彩鲜明、立体感明显，实现了刺绣艺术风格的数字化模拟。

2. 基于 CNN 的刺绣艺术风格模拟

本章还提出了一种基于 CNN 模型的刺绣艺术数字化模拟方法，采用 CNN 网络提取刺绣艺术风格特征，并通过语义分割、掩模图像生成、艺术风格迁移等过程，将刺绣艺术风格传输到目标图像。算法特点如下：

(1) 采用语义分割方法对目标图像和刺绣艺术风格参考图像进行分割，并通过二值化处理生成掩模图像。

(2) 采用掩模图像引导刺绣艺术风格的传输，并采用 VGG-19 模型来提取目标图像和刺绣艺术风格参考图像的特征。

(3) 最后，产生的刺绣艺术风格数字化图像合并到不同的背景材质图像中，产生最终的刺绣艺术风格结果图像。

　　实验结果表明，采用 CNN 模型进行刺绣艺术风格迁移较好地模拟了真实刺绣中针迹纹理明显、立体感强的特点，增强了刺绣艺术的表现力。数字化模拟结果可运用于文化遗产保护、数字娱乐、服装设计等领域。

　　中国刺绣种类繁多、技法多样，本章仅对针迹纹理清晰、线条明显的艺术作品进行数字模拟和合成，下一步工作将对不同刺绣种类、技法进行数字化模拟，通过 CNN 模型改进、光照效果增强等方法改进数字化模拟结果，增强局部针迹纹理的方向、细腻与层次感，减小算法运行时间，提高算法灵活性和适用性。

参 考 文 献

[1] 宋晓丹, 罗予频, 武藤幸好, 等. 刺绣仿真的建模与实现. 计算机辅助设计与图形学学报, 2001, 13(10):876-880.

[2] 田启明, 罗予频, 胡东成. Spiral 刺绣针法的路径生成算法. 计算机辅助设计与图形学学报, 2006, 18(1):9-13.

[3] 陈圣国, 孙正兴, 项建华, 等. 计算机辅助乱针绣制作技术研究. 计算机学报, 2011, 34(3):526- 538.

[4] 周杰, 孙正兴, 杨克微, 等. 乱针绣模拟的参数化生成方法. 计算机辅助设计与图形学学报, 2014, 26(3):436-444.

[5] 项建华, 杨克微, 周杰, 等. 一种基于图像分解的乱针绣模拟生成方法. 图学学报, 2013, 34(4):16-23.

[6] 杨克微, 孙正兴. 物像空间依赖的乱针绣针法定义与风格生成. 计算机辅助设计与图形学学报, 2018, 30(5): 778-790.

[7] Qian W H, Xu D, Cao J D, et al. Aesthetic art simulation for embroidery style. Multimedia Tools & Applications, 2018:1-22.

[8] 安晶. 面向民族特色的图像风格化研究[硕士学位论文]. 北京: 北京交通大学, 2014.

[9] 刘坤, 罗予频, 杨士元. 刺绣 CAD 中一种随机针码的生成算法研究. 计算机工程, 2006, 32(18):280-282.

[10] 冈萨雷斯等. 阮秋琦译. 数字图像处理(MATLAB 第二版). 北京: 电子工业出版社, 2017.

[11] 李森. 基于二维直方图的图像阈值分割法研究[硕士学位论文]. 湖南: 湘潭大学, 2014.

[12] 李磊, 董卓莉, 张德贤. 基于自适应区域限制 FCM 的图像分割方法. 电子学报, 2018,(6): 1312-1318.

[13] 许宪法. 基于显著性检测模型的图像分割算法研究[硕士学位论文]. 兰州: 兰州理工大学, 2018.

[14] Yang S. Improved bilinear interpolation method for image fast processing//Proceedings of the International Conference on Intelligent Computation Technology and Automation. IEEE Computer Society, 2014:308-311.

[15] Liu W, Anguelov D, Erhan D, et al. SSD: Single shot multiBox detector. Computer Vision and Pattern Recognition, 2016, arXiv:1512.02325.

[16] Pathak D, Krahenbuhl P, Donahue J, et al. Context encoders: Feature learning by inpainting. Computer Vision and Pattern Recognition, 2016, arXiv:1604.07379.

[17] Yang C, Lu X, Lin Z , et al. High-resolution image inpainting using multi-scale neural patch synthesis. IEEE Conference on Computer Vision and Pattern Recognition, 2017: 6721-6729.

[18] Zhang H, Goodfellow I, Metaxas D, et al. Self-attention generative adversarial networks. Machine Learning, 2018, arXiv:1905.08317.

[19] Gatys L A, Ecker A S, Bethge M. Texture synthesis and the controlled generation of natural stimuli using convolutional neural networks. Computer Vision and Pattern Recognition, 2015, arXiv:1505.07376.

[20] Gatys L A, Ecker A S, Bethge M. A neural algorithm of artistic style. 2015, arXiv:1508.06576.

[21] Ulyanov D, Lebedev V, Vedaldi A, et al. Texture networks: feed-forward synthesis of textures and stylized images// Proceedings of the 33rd International Conference on Machine Learning, 2016: 1349-1357.

[22] Johnson J, Alahi A, Li F F. Perceptual losses for real-time style transfer and super-resolution// Proceedings of the European Conference on Computer Vision, 2016: 694-711.

[23] Chen T Q, Schmidt M. Fast Patch-based style transfer of arbitrary style. Computer Vision and Pattern Recognition, 2016, arXiv:1612.04337.

[24] Luan F, Paris S, Shechtman E, et al. Deep photo style transfer//Proceedings of the IEEE Conference on Computer Vision and Pattern Recognition, IEEE Computer Society, 2017.

[25] Arnab A, Jayasumana S, Zheng S, et al. Higher order conditional random fields in deep neural networks//European Conference on Computer Vision, 2016.

[26] Simonyan K, Zisserman A. Very deep convolutional networks for large-scale image recognition. Computer Vision and Pattern Recognition, 2014, arXiv:1409.1556.

第 10 章　非真实感粉笔画艺术风格绘制

粉笔画是一种喜闻乐见的绘画艺术，它起源于文艺复兴时代，距今已有六百多年的历史。粉笔画艺术内涵和形式丰富，包括学校社区用于开展教育的黑板画、街头艺人在路面墙壁上的即兴创作，以及专业画家绘制的粉笔画作品[1,2]。粉笔画具有纹理粗糙、色彩鲜艳等特点，不同视角下引人注目，给人以情感欢快的视觉效果[3]，图 10.1 显示了真实创作的粉笔画作品。此外，粉笔画作为大众喜爱的绘画风格，在教育事业、艺术领域都具有不可替代的地位[4]。利用非真实感绘制技术对它的风格进行数字化模拟，是非真实感绘制研究领域的有益补充，能够进一步拓宽该领域的研究范围。

图 10.1　粉笔画艺术作品

针对粉笔画艺术风格的数字化模拟研究并不多见，文献[5]提出一种基于边缘检测及图像融合的线条粉笔画艺术风格模拟方法，算法对目标图像二值化处理、边缘提取获得轮廓信息，并采用滤波扩散技术模拟粉笔画笔划中毛糙的线条特点；其次，基于积分卷积计算、膨胀处理获得粉笔画的笔划纹理信息，模拟出粉笔画的笔划笔触特征。此外，采用纹理映射方法将目标图像的色彩信息、笔划纹理特征及边缘图像与黑板等材质背景图像进行图像融合，实验结果突出了粉笔画的笔划、线条细节信息和艺术特征，图 10.2 显示了粉笔画的数字化仿真结果。

此外，非真实感绘制通常采用建模的方式对不同艺术风格进行数字化模拟，绘制流程包括图像轮廓的提取、边缘的增强、笔触的模拟乃至色彩的分布，算法应用面相对较窄，只能对一类目标图像或者某类特定的图像进行数字化风格化模拟，泛化能力较差。近年来，随着深度学习的发展，卷积神经网络的特征提取能力在图像处理领域得到了充分的应用，如 Gatys 在 2015 年提出在卷积神经网络中利用格拉姆矩阵提取艺术风格[6]，产生了抽象等不同艺术风格的效果。因此，可采用卷积神经网络强大的特征提取和风格传输能力，提取出粉笔画的艺术风格，并传输到其他目标图像。

图 10.2　粉笔画艺术风格数字化模拟[5]

本章基于深度学习和卷积神经网络，构建了粉笔画艺术风格网络模型，对网络进行训练，训练后的模型能够将粉笔画艺术风格传输到目标图像，产生粉笔画艺术风格，提高了网络模型的泛化能力。总体而言，本章针对粉笔画艺术风格进行数字化模拟的主要工作包括：

(1) 介绍粉笔画艺术效果的分类、纹理、色彩等艺术特征。

(2) 采用 GAN 网络和感知网络构建粉笔画风格网络模型，主要包括粉笔画生成网络和粉笔画判别网络，生成网络负责产生粉笔画风格，判别网络负责判定生成的风格化程度是否满足要求。此外，生成网络根据反馈信息不断改进模型参数，最终两者达到"零和博弈"的状态。

(3) 改进生成网络构建、损失函数、训练等参数，提高粉笔画艺术效果风格提取及传输能力。

(4) 生成的粉笔画艺术风格图像与真实的粉笔画进行比较，对不同模型产生的仿真结果进行对比、归纳和总结。

10.1　粉笔画艺术简介

粉笔画又称粉画、色粉画，是一种群众喜闻乐见的艺术风格，具有纹理粗犷、色彩鲜艳的特点。粉笔画有着悠久的历史，早在一万多年前的旧石器时代，人们使用不同颜色的矿石和石粉在岩壁上作画，例如图 10.3 显示了公元前一万五千年法国拉斯科洞窟壁画以及中国古代广西花山岩画。受到矿石颜料和作画介质的限制，粉画图案线条粗犷，颜色多以红色与黑色为主，表现了原始人类质朴的情感和对生活的热爱。

(a) 法国拉斯科洞窟壁画　　　　　　　(b) 战国时期广西花山岩画

图 10.3　岩壁石粉画效果

　　十三世纪末期，文艺复兴运动掀起了思想解放的浪潮，雕塑、绘画等艺术得到了迅速发展。人们将石膏粉与水结合，制造出了一种质地坚硬的粉笔，有了真正意义上的"粉笔"。在文艺复兴时期，许多艺术大师都曾与粉笔画结缘并留下了传世佳作，如图 10.4 所示，图 10.4(a)显示了米开朗琪罗的《利比亚女巫习作稿》，图 10.4(b)显示了达·芬奇的《蒙娜丽莎习作稿》，图 10.4(c)显示了拉斐尔的《阿尔巴麦当娜及其他》，这个时期画家们普遍使用一种以白红黑为主的三色技法进行创作，粉笔画的色泽变得多样，层次上更加饱满，提高了观赏性[7]。

(a)《利比亚女巫习作稿》　　(b)《蒙娜丽莎习作稿》　　(c)《阿尔巴麦当娜及其他》

图 10.4　色粉笔艺术效果

　　十七世纪至十八世纪，粉笔画受到众多艺术家的青睐，并且受到了王室贵族的追捧。同一时期，随着洛可可和新古典主义的兴起，画家们热衷于绘制色粉肖像画，如图 10.5 所示[8]。十九世纪，印象派异军突起，粉笔画以它绚丽夺目的色彩和独树一帜的作画方式再度引起了人们的关注。当今，粉笔画已经发展出了多个种类：有群众喜闻乐见、用于教育和宣传的黑板画；有街头艺人采用粉笔在大街和墙壁上的即兴涂鸦；也有职业画家使用专业粉笔和康颂纸创作的具有较高艺术成就的作品。图 10.6 显示了不同种类的粉笔画艺术创作作品。

图 10.5　夏尔·勒布朗《路易十四像》

(a) 黑板画作品　　　　　(b) 街头3D粉笔画　　　　　(c) 色粉画大师作品

图 10.6　不同种类的粉笔画作品

　　不同粉笔和作画质地产生不同艺术风格的粉笔画艺术效果，现代工艺制作的粉笔是以矿物质颜料为基础，同时加入少量胶水压制而成。用于教学的普通粉笔质地较硬，也称干粉笔，通常在黑板或者墙壁等粗糙介质上使用，笔画细节上粗硬、毛糙，呈现出一种粗犷之美。专业画家所用的粉笔含水量高，质地较软、笔触细腻，画家通常会选择法国的康颂纸作为创作的媒介，康颂纸的纸基光滑柔软，能最大限度地保留住粉笔作画时掉落的色粉，减小粉笔的磨损程度。

　　粉笔画的技法多样，主要包含"勾""擦""揉""抹"四种，"勾"就是利用粉笔勾勒出物体大致的轮廓；"擦"就是利用橡皮擦擦除掉落的色粉和轮廓周围多余的部分；"揉"和"抹"较为直接，通常使用手指将颜色涂抹进纸张纹理，达到调和颜色和固定色粉的作用。粉笔画的创作手法简单，且创作过程中无需调色，可以创作出线条硬朗的建筑制图，也适用于笔触软糯细腻的肖像画。因此，粉笔画风格绚丽不失典雅，色彩变化多样，受到人们喜爱。

本章从作画质地与作画方式的角度上将粉笔画分为两个类别：板报类粉笔画和纸质类粉笔画。我们把使用硬粉笔在黑板、墙壁等粗糙介质上创作的作品归纳为板报类粉笔画，该类粉笔画构图简单、线条粗糙、色彩鲜艳明亮，作画周期短，手法上以勾勒为主，主要用于教育和娱乐；而纸质类粉笔画构图精致、线条细腻、作画手法多样，画家通常使用软粉笔和专业纸张作画，作画周期也较长，产生柔和唯美的艺术作品，具有更高的艺术价值。

10.2　粉笔画艺术风格绘制流程

基于深度卷积生成对抗网络(deep convolution generative adversarial network，DCGAN)的思想和感知网络结构[9,10]，构建的粉笔画艺术风格网络模型分为粉笔画生成模型和粉笔画判别模型两个部分。①粉笔画生成模型主要由卷积层、残差层、反卷积层构成；较深的残差层使生成网络提取到更多的粉笔画艺术风格，残差层加入 1×1 卷积核后加快了网络的训练速度。损失函数的构建依赖于粉笔画判别网络，通过实例正则化的方式对训练集的图像进行预处理，获得较好的实验效果。②由于 VGG-19 模型具有网络层次深、参数量少、训练速度快、特征提取能力强等特点，粉笔画判别模型通过 VGG-19 模型进行训练。

图 10.7 显示了粉笔画艺术风格的绘制流程图，包括构建网络、训练网络、生成图片、改进网络四个部分。网络训练时，采用 MSCOCO 数据集中 32 万张图像和粉笔画判别模型对粉笔画艺术风格进行训练，利用建立的损失函数和反向传播算法(back propagation algorithm，BP)不断更新网络参数的权重；训练完成后，通过粉笔画生成模型能较好地模拟出粉笔画的艺术风格。与传统通过建模的非真实感绘制方法相比，粉笔画艺术风格网络模型的风格泛化能力和风格映射速度有较大提升，网络模型的主要特点为：

(1) 残差层加深。采用较深的残差层，生成网络对粉笔画风格的特征提取能力变得更强。残差层加入 1×1 卷积核，加快网络的训练速度，且能对不同种类的目标图像进行粉笔画风格传输。

(2) VGG-19 模型训练。采用 VGG-19 多卷积结构构建粉笔画判别网络的损失函数，提取出更多的粉笔画艺术风格。

(3) 实例正则化。采用实例正则化代替批量正则化，保留了更多的粉笔画艺术风格特征。

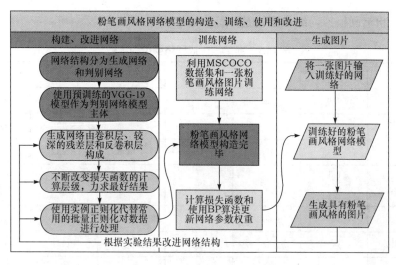

图 10.7　粉笔画艺术风格的绘制流程图

10.3　粉笔画艺术风格数字化模拟

粉笔画艺术风格模拟网络分为粉笔画生成网络和粉笔画判别网络两部分，如图 10.8 所示，生成网络负责提取粉笔画的风格，判别网络使用损失函数判断生成的粉笔画风格是否满足要求，生成网络根据反馈信息不断更新参数权重。训练过程中生成网络不断地拟合粉笔的艺术风格特征，能将该艺术风格传输到目标图像。

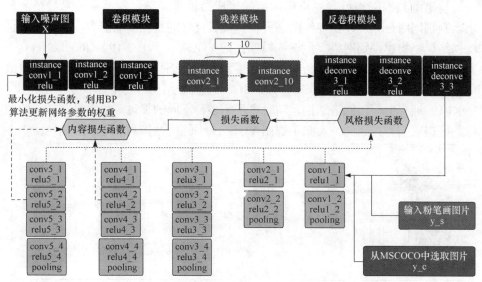

图 10.8　粉笔画风格数字化模拟网络模型

10.3.1　粉笔画模拟网络模型构造

表 10.1　粉笔画生成网络模型的参数

网络层	卷积核大小	卷积核数目	步长	边界填充	激活函数	正则化方式
卷积层	9×9	32	1	零填充	ReLU	Instance
卷积层	3×3	64	2	零填充	ReLU	Instance
卷积层	3×3	128	2	零填充	ReLU	Instance
残差层 (10 个)	1×1 3×3 1×1	128	1	零填充	无	Instance
反卷积层	3×3	64	2	零填充	ReLU	Instance
反卷积层	3×3	32	2	零填充	ReLU	Instance
反卷积层	9×9	3	1	零填充	无	Instance

　　粉笔画生成网络主要以卷积层、残差层和反卷积层构成。表 10.1 显示了生成网络模型的参数设置。可以看出,网络层选用的卷积核都比较小,可加快网络的收敛速度、减少网络的训练时间。此外,生成网络的卷积层采用卷积与反卷积结合的方式,能较好地保留输入图像的尺寸。残差层的卷积核采用了 1×1 和 3×3 的组合,有利于对数据进行降维,激活函数和正则化可防止网络在训练时发生梯度弥散等无法收敛的问题。

　　粉笔画判别网络可判别生成网络的生成结果是否满足粉笔画艺术特征的要求。判别网络是一个卷积神经网络模型,具有良好的特征提取能力,可采用预训练网络模型构建判别网络。预训练模型包括 VGG-16、VGG-19、GoogLeNet 等,其中,VGG-16 与 VGG-19 两种预训练模型用于训练网络具有参数量少、易收敛的特性[11]。图 10.9 显示了 VGG-16 和 VGG-19 模型结构,与 VGG-16 模型相比,VGG-19 拥有更深的网络结构,同时提供了多种不同的损失函数,具有较强的图像特征提取能力,因此,实验中选用 VGG-19 训练模型作为粉笔画判别网络。

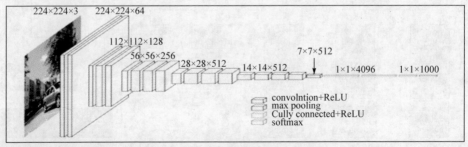

(a) VGG-16模型

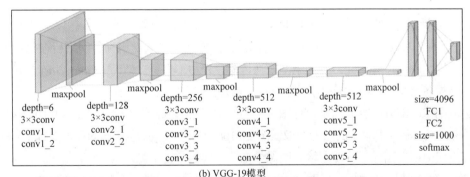

(b) VGG-19模型

图 10.9　VGG-16 与 VGG-19 模型结构[11]

10.3.2　粉笔画模拟网络模型训练

艺术作品的风格主要包括内容和风格两种属性，其中，图像的内容包含图像的结构特征、内容分布等，描述了图像描绘的场景或者画面，而图像风格主要通过颜色、纹理、角度等来表达。因此，通过构建内容损失函数与风格损失函数，对网络生成的结果图像进行判别。

粉笔画艺术风格生成网络与判别网络均属于卷积神经网络，其中低层次的卷积层会提取局部的轮廓边角、曲线等特征，中层次的卷积层则会收集更高级的特征，例如螺旋、方块等，而高层次的卷积层会获得图像语义性的信息。因此，选用粉笔画判别网络中的较高层 relu4_2 和 relu5_2 构造内容损失函数，选用较低层 relu1_1，relu2_1，relu3_1，relu4_1，relu5_1 构造风格损失函数。

此外，选用 MSCOCO2014 数据集对粉笔画艺术风格网络进行训练。粉笔画生成网络参数的更新依靠损失函数和随机梯度下降算法，训练具体流程为：首先，将噪声图像 x 输入粉笔画生成网络，经过网络卷积、反卷积运算后得到与 x 同等大小的图片 $\hat{y}$，$\hat{y}$ 分别与 MSCOCO 数据集中的内容图 y_c 和一幅指定风格的风格图 y_s 进行损失函数计算，计算结果采用 BP 算法反馈给粉笔画生成网络，更新粉笔画生成网络各层的参数和权重，使总的损失代价最小。

内容损失函数通过 $\hat{y}$ 和 y_c 在 VGG-19 模型卷积 j 层 j 得到的响应 $\phi_j(\hat{y})$ 和 $\phi_j(y_c)$ 之间欧式距离的平方计算：

$$\ell_{\text{feat}}^{\phi,j}(\hat{y}, y) = \frac{1}{C_j H_j W_j} \left\| \phi_j(\hat{y}) - \phi_j(y) \right\|_2^2 \tag{10.1}$$

其中，$C_j H_j W_j$ 指在 j 层运算后得到的特征图谱的大小和维度。

通过 Gram 矩阵提取图像风格特征，Gram 矩阵 $G_j^{\phi}(x)_{c,c'}$ 指在卷积层 j 得到的

相同维度 $\left(C_j \times H_j \times W_j\right)$ 特征图谱 $\phi_j(x)_{h,w,c}$ 和 $\phi_j(x)_{h,w,c'}$ 之间的内积。每个卷积层的卷积核位置在卷积神经网络中相对固定，图像数据输入卷积神经网络后在每一个网络层的响应位置不变，有利于图像在传输过程中不失真。然而，Gram 矩阵在同一网络层各个特征图谱之间做内积运算，导致图像数据丢失原有的位置信息，因此，生成图像的部分内容偏离了目标图像的初始位置，但总体风格不变，如图 10.10 所示，图 10.10(a)显示了输入的参考图像，图 10.10(b)显示了通过卷积神经网络和 Gram 矩阵生成的结果图像，改变了输入图像中部分内容的位置信息。

(a) 参考图像

(b) 网络生成图像

图 10.10　Gram 矩阵打乱图像的内容分布[11]

风格损失函数定义为 $G_j^\phi(\hat{y})$ 和 $G_j^\phi(y_s)$ 之间差的 F -范数[6]：

$$G_j^\phi(x)_{c,c'} = \frac{1}{C_j H_j W_j} \sum_{h=1}^{H_j} \sum_{w=1}^{W_j} \phi_j(x)_{h,w,c} \phi_j(x)_{h,w,c'} \tag{10.2}$$

$$\ell_{\text{style}}^{\phi,j}(\hat{y},y) = \frac{1}{C_j H_j W_j} \left\| G_j^\phi(\hat{y}) - G_j^\phi(y) \right\|_F^2 \tag{10.3}$$

此外，采用全变分正则化(total variation regularizer，TVR) $\mathcal{L}_{TV}(\hat{y})$ 平滑最终的生成图像。设置不同的权重，对内容损失函数 $\ell_{\text{feat}}^{\phi,j}(\hat{y},y)$、风格损失函数 $\ell_{\text{style}}^{\phi,j}(\hat{y},y)$ 和全变分正则化 $\mathcal{L}_{TV}(\hat{y})$ 求和，得到最终的全局损失函数 $\hat{y}$[6]：

$$\hat{y} = \arg\min_y \lambda_c \ell_{\text{feat}}^{\phi,j}(\hat{y},y) + \lambda_s \ell_{\text{style}}^{\phi,j}(\hat{y},y) + \lambda_{TV} \mathcal{L}_{TV}(\hat{y}) \tag{10.4}$$

可以看出，粉笔画生成网络的训练目标是最小化全局损失函数，不断更新响

应 $\hat{y}$，并且采用 BP 算法回传给粉笔画生成网络的神经元，神经元使用梯度下降算法更新参数权重。利用粉笔画判别网络获得模拟参数，可对每种不同的粉笔画艺术风格训练一个特定的网络，提高网络的泛化能力。

10.3.3　粉笔画模拟网络模型应用

实验中设置粉笔画生成网络的训练迭代次数为 8000 次，图 10.11 显示了迭代的中间结果。可以看出，此时的训练效果已趋于拟合。训练完毕的网络模型可以直接使用，在粉笔画生成网络中输入目标图像，在粉笔画生成网络中进行一次前向传播运算，产生最终的粉笔画艺术风格模拟结果。

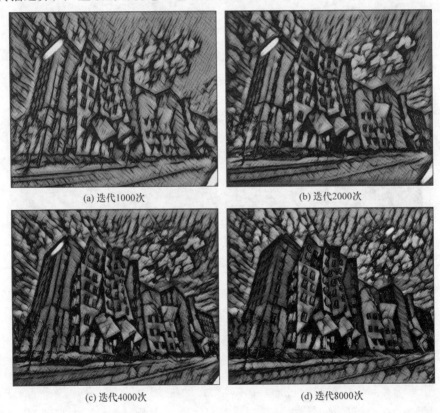

(a) 迭代1000次　　　　　　(b) 迭代2000次
(c) 迭代4000次　　　　　　(d) 迭代8000次

图 10.11　粉笔画艺术风格网络迭代训练

在网络训练过程中通过加深粉笔画生成网络中的残差层、引入 1×1 卷积核、改进损失函数的构建层数、实例正则化改进网络模型，提取更多的粉笔画艺术特征。生成网络中加深残差层加强了网络模型对图像特征的提取能力，残差层采用两个 1×1 卷积核和一个 3×3 卷积核的组合方式，在不增加运算参数的情况下，能够接收维度至多为 2048×2048 的图像。图 10.12 显示了网络模型改进后产生的实验结果对比，其中，图 10.12(a)显示了目标图像，图 10.12(b)显示了粉笔画参考图像，图 10.12(c)显示了残差网络的粉笔画模拟结果，图 10.12(d)显示了改进残差网络的粉笔画模拟结果。可以看出，对生成网络的残差层进行改进后，减少了图 10.12(c)中的噪声，降低了图像边缘附近的过拟合，产生整体艺术风格更加一致的结果图像。

(a) 目标图像　　　　　　　　　　　　　　　(b) 参考图像

(c) CNN模拟结果　　　　　　　　　　(d) 改进残差网络模拟结果

图 10.12　粉笔画艺术风格模拟比较

　　粉笔画实际创作时，通过描绘物体轮廓、色彩填充的方式获得。粉笔画艺术风格的特征在卷积神经网络的较低层更容易提取，因此，在粉笔画判别网络低级别的网络层(relu1_1，relu2_1，relu3_1，relu4_1，relu5_1)计算损失函数。图 10.13 显示了采用不同损失函数的粉笔画模拟结果。其中，图 10.13(a)显示了目标图像，图 10.13(b)显示了粉笔画参考图像，图 10.13(c)显示了卷积神经网络 CNN 对粉笔画的模拟结果，图 10.13(d)显示了通过改进损失函数对粉笔画的模拟结果。可以看出，改进损失函数后生成的结果图像保留了更多的粉笔画特征，与图 10.13(c)

相比，体现出更多的粉笔画线条纹理、边缘和色彩等细节信息。

图 10.13　粉笔画艺术风格模拟比较

　　卷积神经网络中，批量正则化(batch normalization)对输入卷积神经网络的训练数据分批做归一化处理，加快网络的收敛，减少模型训练时间。然而，对于亮度低、对比度低的目标图像，采用批量正则化获得的结果图像存在噪声多、色彩丢失等问题。因此，采用实例正则化对网络进行训练，对数据集中的图像进行归一化处理，能有效提高粉笔画风格模型的泛化能力。图 10.14 显示了改进正则化获得的粉笔画模拟结果。其中，图 10.14(a)显示了目标图像，图 10.14(b)显示了粉笔画参考图像，图 10.14(c)显示了卷积神经网络 CNN 对粉笔画的模拟结果，图 10.14(d)显示了通过正则化修改产生的结果图像。可以看出，改进正则化后的网络能保留更多的对比度、亮度细节信息，减少了噪声，体现出更多的粉笔画艺术风格特征。

(a) 目标图像　　　　　　　　　　　(b) 参考图像

(c) CNN模拟结果　　　　　　　　　(d) 改进正则化模拟结果

图 10.14　粉笔画艺术风格模拟比较

10.4　实验结果及分析

通过改进后的卷积神经网络对粉笔画艺术风格进行模拟，在一台装载了 Ubuntu16.04 系统、GTX1070 显卡、8GB 内存的计算机上进行实验，实验平台采用 Tensorflow。改进后的卷积神经网络加快了训练速度，通过对不同风格的目标图像进行风格传输，例如纹理粗犷、色彩鲜艳的板报类粉笔画，以及笔触细腻、偏于写实的纸质类粉笔画，数字化模拟了粉笔画艺术风格，保留了更多的粉笔画艺术风格特征。

10.4.1　模型参数的设定

为了与板报类、纸质类等不同类别的粉笔画进行比较分析，本章训练了 25 个粉笔画艺术风格网络模型。网络模型训练之前，设定了不同的训练参数，如表 10.2 所示。其中，内容权重与风格权重在损失函数中的比例 α/β 对最终的效果影响较大。α/β 越大,产生的结果图像中粉笔画风格化程度越小,反之越高。当输入板报类粉笔画参考图像时,设置的 α/β 较大以保留线条的粗糙感和色彩交织的视觉效果,实验中设置 α/β=0.15;当输入板报类粉笔画参考图像时,设置的 α/β 较小以保留目标图像中的内容结构信息,实验中设置 α/β=0.075。

表 10.2　粉笔画网络模型的训练参数

参数设定 模型类别	α/β	Batch Size	Iteration	Epoch
板报类粉笔画网络模型	0.15	4	2000	2
纸质类粉笔画网络模型	0.075	4	2000	2

批数据(Batch Size)是指在训练时每次从数据集 MSCOCO 中取出的样本数目,受限于实验环境,较大的 Batch Size 数值会降低网络模型训练速度。循环次数(Iteration)表示训练过程中选取 Batch Size 的次数,随着 Iteration 次数的增加,网络模型趋于拟合。通过实验,Iteration 的数值在 2000 左右能产生较好的实验效果。迭代次数(Epoch)指通过 Iteration 训练数据集中样本的次数,Epoch 增大导致训练周期和训练时间增加,实验中网络模型训练过程的迭代次数 Epoch 设置为 2。

10.4.2　模拟结果与真实粉笔画比较

图 10.15 显示了数字化模拟的结果与真实粉笔画比较,图 10.15(a)显示了真实的粉笔画,图 10.15(b)显示了数字化模拟的实验结果。可以看出,实验结果中显示出真实粉笔画线条的粗糙感,也体现出粉笔涂抹的纹理效果,此外,保留了边缘等细节信息,增强了层次感。

(a) 真实粉笔画　　　　　　　　　(b) 实验模拟结果

图 10.15　模拟结果与真实的粉笔画比较

图 10.16 显示了其他比较结果,其中,图 10.16(a)显示了真实的板报类粉笔画,

图 10.16(b)显示了模拟的实验结果。图 10.16(a)中采用了清晰硬朗的线条刻画建筑物的整体轮廓，并且采用绚丽柔和的色彩对图像进行填充，体现出类似抽象的艺术效果。图 10.16(b)中的物体呈现出与真实粉笔画相似的线条轮廓和色彩特征。此外，由于整体风格传输，实验结果中在背景部分加强了粉笔画风格，产生强烈的视觉冲击效果。

(a) 真实粉笔画　　　　　　　　　　　(b) 实验模拟结果

图 10.16　模拟结果与真实的粉笔画比较

图 10.17 显示了其他比较结果，其中，图 10.17(a)显示了真实的纸质类粉笔画，图 10.17(b)显示了模拟的实验结果。在真实的粉笔画创作过程中，艺术家通常会采用水分较足的"软粉笔"进行绘制，绘制手法也会以"抹"和"揉"为主。可以看出，图 10.17(b)与真实粉笔画艺术风格类似，线条清晰柔软、颜色艳丽和谐。此外，实验结果背景中也体现出纸质类粉笔画的艺术特征。

(a) 真实粉笔画　　　　　　　　　　　(b) 实验模拟结果

图 10.17　模拟结果与真实的粉笔画比较

图 10.18 显示了其他比较结果，其中，图 10.18(a)显示了真实的纸质类粉笔画，图 10.18(b)显示了模拟的实验结果。图 10.18(a)展示了人物头像特写，保留了粉笔

画创作时的痕迹，背景虚化，细节突出。实验结果图 10.18(b)中五官轮廓清晰，而帽子、人脸和衣领等次要部分虚化，色调、对比度与真实粉笔画相似，突出了粉笔画的艺术特征。

(a) 真实粉笔画　　　　　　　　　(b) 实验模拟结果

图 10.18　模拟结果与真实的粉笔画比较

10.4.3　板报类粉笔画风格模拟结果

我们把人们日常所见的黑板画、手抄报以及涂鸦作品归为板报类粉笔画，该类粉笔画具有线条粗犷、色彩丰富的特点。图 10.19 显示了真实的动物、风景、植物等板报类粉笔画，实验中建立了 5 个板报类粉笔画风格传输网络模型，对动物、人物、风景等不同输入目标图像进行粉笔画风格传输。

(a)　　　　　　(b)　　　　　　(c)　　　　　　(d)　　　　　　(e)

图 10.19　板报类真实粉笔画

图 10.20 显示了板报类动物图像的粉笔画艺术风格模拟结果,其中,图 10.20(a)显示了输入目标图像，通过网络模型将图 10.19(a)～(e)的 5 类艺术风格传输到图 10.20(a)中，产生图 10.20(b)～(f)的结果图像。可以看出，不同板报类粉笔画艺术特征能较好地传输到目标图像，较好地保留了目标图像中的细节信息，区分出前景和背景内容，同时根据参考图像，产生出粗犷、柔和的粉笔画笔划特征，增强了视觉效果。

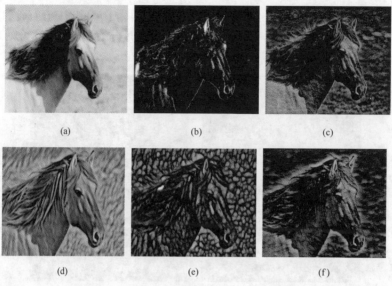

图 10.20　板报类动物图像粉笔画风格模拟结果

图 10.21 显示了板报类人物图像的粉笔画艺术风格模拟结果，其中，图 10.21(a) 显示了输入目标图像，通过网络模型将图 10.19(a)～(e)的 5 类艺术风格传输到 图 10.21(a)中，产生图 10.21(b)～(f)的结果图像。可以看出，不同板报类粉笔 画艺术特征能较好地传输到目标图像，模拟了真实粉笔画的笔划、色彩等信息。 由于图 10.21(a)中脸部亮度较高，网络模型在渲染过程中强调了这一部分， 图 10.21(b)中脸部产生了高光。当色彩变化比较柔和时，能获得较好的模拟结 果，如图 10.21(c)～(f)所示。

图 10.21　板报类人物图像粉笔画风格模拟结果

图 10.22 显示了板报类风景图像的粉笔画艺术风格模拟结果,其中,图 10.22(a)显示了输入目标图像,通过网络模型将图 10.19(a)～(e)的 5 类艺术风格传输到图 10.22(a)中,产生图 10.22(b)～(f)的结果图像。可以看出,当目标图像为风景时,网络模型能产生较好的粉笔画模拟结果,结果图中突出了主体部分,虚化了背景部分,突出了粉笔画的笔划纹理、色彩等特征。

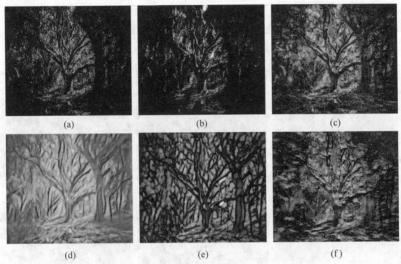

图 10.22　板报类风景图像粉笔画风格模拟结果

图 10.23 显示了板报类建筑图像的粉笔画艺术风格模拟结果,其中,图 10.23(a)显示了输入目标图像,通过网络模型将图 10.19(a)～(e)的 5 类艺术风格传输到图 10.23(a)中,产生图 10.23(b)～(f)的结果图像。可以看出,数字化模拟的结

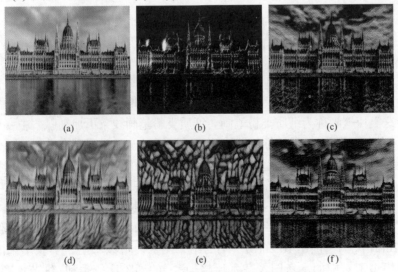

图 10.23　板报类建筑图像粉笔画风格模拟结果

果图像较好地保留了建筑的边缘、结构细节信息，同时体现出粉笔画的艺术风格特征。

图10.24显示了板报类建筑图像的粉笔画艺术风格模拟结果，其中，图10.24(a)显示了输入目标图像，通过网络模型将图 10.19(a)～(e)的 5 类艺术风格传输到图 10.24(a)中，产生图 10.24(b)～(f)的结果图像。由于图 10.24(a)中前景与背景对比度低，通过网络模型传输时，当色彩较少时导致噪声点增多，如图 10.24(b)所示。图 10.24(c)～(f)较好地体现了板报类粉笔画艺术风格，保留了目标图像的边缘等细节信息。

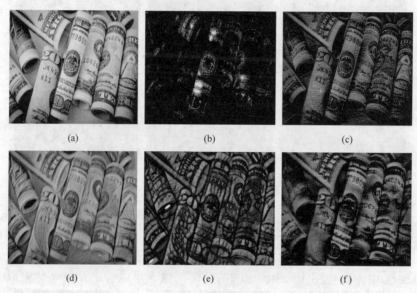

图 10.24　板报类实物图像粉笔画风格模拟结果

10.4.4　纸质类粉笔画风格模拟结果

除了常见的板报类粉笔画，艺术家使用质地细腻的粉笔在康颂纸等专业画纸上作画，这类粉笔画具有较高的艺术价值，创作周期相较于板报类粉笔画更长，我们把这类粉笔画称为纸质类粉笔画。纸质类粉笔画线条更加细腻，主要用来表现写实作品，风格更接近于油画或水彩画。图 10.25 显示了真实的风景、建筑等纸质类粉笔画，实验中建立了 5 个纸质类粉笔画风格传输网络模型，对动物、人物、风景等不同输入目标图像进行粉笔画风格传输。

图 10.26 显示了纸质类动物图像的粉笔画艺术风格模拟结果，其中，图 10.26(a)显示了输入目标图像，通过网络模型将图 10.25(a)～(e)的 5 类艺术风格传输到图 10.26(a)中，产生图 10.26(b)～(f)的结果图像。可以看出，实验结果图像都较好地模拟了对应的参考图像艺术风格，色彩的铺陈比较柔和、细节保存完整，

体现了写实的粉笔画艺术特征。

图 10.25 纸质类真实粉笔画

(a)　　　　　　　(b)　　　　　　　(c)

(d)　　　　　　　(e)　　　　　　　(f)

图 10.26 纸质类动物图像粉笔画风格模拟结果

图 10.27 显示了纸质类人物图像的粉笔画艺术风格模拟结果,其中,图 10.27(a)
显示了输入的人物特写目标图像, 通过网络模型将图 10.25(a)~(e)的 5 类艺术风
格传输到图 10.27(a)中, 产生图 10.27(b)~(f)的结果图像。可以看出, 实验结果图
像都较好地模拟了对应的参考图像艺术风格的色调、纹理, 较好地体现出纸质类
粉笔画艺术效果的写实风格。

对风景图像进行粉笔画艺术风格取得了较好的效果。图 10.28 显示了纸质类
风景图像的粉笔画艺术风格模拟结果, 其中, 图 10.28(a)显示了输入的风景目标
图像, 通过网络模型将图 10.25(a)~(e)的 5 类艺术风格传输到图 10.28(a)中, 产生
图 10.28(b)~(f)的结果图像。可以看出, 结果图像保存了风景图像中的枫叶、道
路等细节信息, 较好地模拟出纸质类粉笔画艺术风格细腻的写实效果。

图 10.27　纸质类人物图像粉笔画风格模拟结果

图 10.28　纸质类风景图像粉笔画风格模拟结果

　　图 10.29 显示了纸质类建筑图像的粉笔画艺术风格模拟结果, 其中, 图 10.29(a) 显示了输入目标图像, 通过网络模型将图 10.25(a)~(e)的 5 类艺术风格传输到图 10.29(a)中, 产生图 10.29(b)~(f)的结果图像。可以看出, 实验结果较好地保存了建筑物体的边缘信息, 色调、纹理体现了真实纸质类粉笔画的绘画手法和绘画风格。

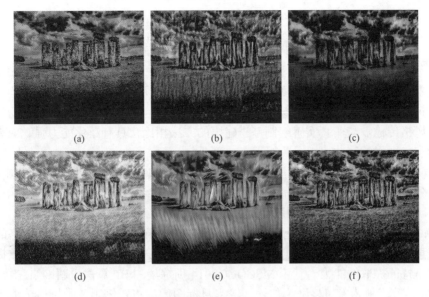

(a)　　　　　　　　　(b)　　　　　　　　　(c)
(d)　　　　　　　　　(e)　　　　　　　　　(f)

图 10.29　　纸质类建筑图像粉笔画风格模拟结果

图 10.30 显示了纸质类实物图像的粉笔画艺术风格模拟结果,其中,图 10.30(a) 显示了输入目标图像,通过网络模型将图 10.25(a)~(e)的 5 类艺术风格传输到 图 10.30(a)中,产生图 10.30(b)~(f)的结果图像。可以看出,通过网络模型对 粉笔画艺术风格传输,实验结果中原本清晰的目标图像添加了粗糙的纹理和鲜 艳的色彩,体现了纸质类粉笔画的笔划、色彩等艺术风格特征。

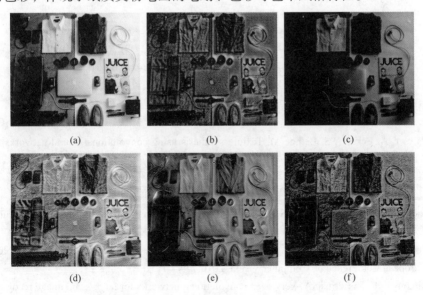

(a)　　　　　　　　　(b)　　　　　　　　　(c)
(d)　　　　　　　　　(e)　　　　　　　　　(f)

图 10.30　　纸质类实物图像粉笔画风格模拟结果

10.5 本 章 小 结

本章提出了一种基于深度卷积神经网络的粉笔画艺术风格模拟算法，构造的卷积神经网络提取粉笔画的颜色、纹理等艺术风格信息，对目标图像进行粉笔画艺术风格传输。与非真实感绘制基于建模的方法相比，具有泛化能力强、效率高等特点，提出的算法可以分为以下三个部分。

(1) 粉笔画艺术风格传输网络构建：基于 GAN 和感知网络模型，将粉笔画风格网络分为粉笔画生成网络和粉笔画判别网络。生成网络负责生成粉笔画艺术风格图像，判别网络采用 VGG-19 预训练模型判定生成的图像是否具有粉笔画的艺术风格。

(2) 粉笔画艺术风格网络训练：通过构建损失函数定义粉笔画判别网络的判定信息。通过修改损失函数定义层、改进网络训练正则化、采用 1×1 卷积核提高了网络特征提取的能力，基于 MSCOCO2014 训练集和 BP 算法更新网络参数。

(3) 粉笔画艺术风格网络传输：输入目标图像，将粉笔画艺术风格传输到目标图像，获得具有板报类和纸质类的粉笔画艺术效果图像。

本章提出的基于深度卷积神经网络的粉笔画艺术风格模拟算法解决了传统风格化模拟算法中泛化能力弱、艺术风格映射效果不强等问题，今后将加速网络的训练速度，生成不同种类的粉笔画艺术效果，同时将进一步提高网络的抗干扰能力，采用归一化、均衡化等思想对目标图像预处理，在结果图像中减少噪声点和光影变化的影响。

参 考 文 献

[1] 沈海燕. 色粉画表现中的装饰性构成研究. 艺术品鉴，2017(2):268-269.

[2] 梁双升. 色粉画独特的"美"与"趣". 艺术科技，2014(4):166-167.

[3] 张冬梅. 运用粉笔画的教学方法引领学生探究. 小学科学(教师版), 2018(2):128.

[4] 张宝霞. 粉笔画让美术教学绽放灵动之美. 北京教育(普教版), 2017(4):85.

[5] 钱文华, 徐丹, 官铮, 等. 粉笔画艺术风格模拟. 中国图象图形学报, 2017, 22 (05):622-630.

[6] Gatys L A, Ecker A S, Bethge M. Texture synthesis using convolutional neural networks. Febs Letters, 2015, 70(1):51-55.

[7] 谭明. 色粉人物画研究与创作实践[硕士学位论文]. 广州: 广东工业大学, 2017.

[8] 冯艺发. 浅谈粉笔画的基本表现技法. 美与时代, 2004, (5):29-30.

[9] Radford A, Metz L, Chintala S. Unsupervised representation learning with deep convolutional generative adversarial networks. Computer Science, 2015, arXiv: 1511.06434.

[10] Johnson J, Alahi A, Li F F. Perceptual losses for real-time style transfer and super resolution. European Conference on Computer Vision, 2016: 694-711.

[11] Simonyan K, Zisserman A. Very deep convolutional networks for large-scale image recognition. Computer Vision and Pattern Recognition, 2014, arXiv: 1409.1556.